中国海洋发展研究文集

王曙光　主编

海洋出版社

2014年 · 北京

图书在版编目（CIP）数据

中国海洋发展研究文集. 2014/王曙光主编. —北京：海洋出版社，2014. 10
ISBN 978 - 7 - 5027 - 8974 - 9

Ⅰ. 中…　Ⅱ. ①王　Ⅲ. ①海洋战略 - 中国 - 文集　Ⅳ. ①P74 - 53

中国版本图书馆 CIP 数据核字（2014）第 249647 号

责任编辑：白　燕　朱　瑾
责任印制：赵麟苏
海洋出版社　**出版发行**

http://www. oceanpress. com. cn
北京市海淀区大慧寺路 8 号　邮编：100081
北京华正印刷有限公司印刷　　新华书店北京发行所经销
2014 年 11 月第 1 版　2014 年 11 月第 1 次印刷
开本：787 mm × 1092 mm　1/16　印张：17. 25
字数：347 千字　定价：58. 00 元
发行部：62132549　邮购部：68038093　总编室：62114335

序　言

21 世纪是海洋世纪。海洋已经成为国家间政治、经济、军事、科技和外交较量的重要舞台。我国是海陆兼备的大国，在海洋上有着重要的主权权利和广泛的战略利益。

党中央和国务院十分重视海洋工作。党的十八大作出了“提高海洋资源开发能力，发展海洋经济，保护海洋生态环境，坚决维护国家海洋权益，建设海洋强国”的重大战略部署。十八届三中全会决定提出“推进丝绸之路经济带、海上丝绸之路建设，形成全方位开放新格局”。“海上丝绸之路”建设是实现“建设海洋强国”目标的重大举措，对开创我国对外开放新格局，推进中华民族伟大复兴进程，乃至促进世界和平发展，都具有划时代的重大意义。

中国海洋发展研究会自 2013 年 1 月 11 日正式成立以来，坚持以“打造中国海洋发展智库”为目标，以“为国家海洋重大问题决策提供咨询服务、为涉海政府部门（企事业单位和院校）提供工作服务、为海洋科学技术人员提供平台服务和为海洋科技队伍建设提供条件服务”为宗旨，全面筹划研究课题、搭建研究平台和组织研究工作，并取得了一批研究成果。为了贯彻落实党中央、国务院的重大战略部署，中国海洋发展研究会举办第一届中国海洋发展论坛，并选择“建设海上丝绸之路，实现海洋强国梦想”为主题。值此之机，研究会秘书处从近期资助项目和本年度论坛征文中，选择有关论文，汇编成《中国海洋发展研究文集（2014）》，献给关注、关心和热爱海洋的每一位读者。错误在所难免，敬请批评指正。

中国海洋发展研究会理事长　王曙光

2014 年 10 月 18 日

目 次

第一篇 海上丝绸之路

第二篇 海洋强国战略

第三篇 区域性海洋问题研究

第四篇 国际海洋动态

第五篇 北极问题研究

第一篇　海上丝绸之路

21 世纪海上丝绸之路：机遇与挑战*

朱 泽** 林 晖

摘要：海上丝绸之路承载着我国对外交流与合作的悠久历史和丰厚资源。推进21 世纪海上丝绸之路建设，是顺应世界经贸发展新趋势，坚持和平发展、合作共赢原则，强化区域经济纽带，培育国际经济合作竞争新优势，构建全方位开放新格局的重大部署。近年来，由于美国等西方势力不断介入，建设海上丝绸之路的敏感性和复杂性不断增加。当前，推进21 世纪海上丝绸之路建设，既面临历史机遇，也存在诸多挑战。

关键词：海上丝绸之路；机遇；挑战；和平发展；合作共赢

一、建设 21 世纪海上丝绸之路已成为国家战略

海上丝绸之路始于秦汉，发于三国，兴于唐宋，盛于明，衰于清，延续至今，是最古老的海上航线。海上丝路是我国古代连接东西方的交通要道，是我国同其他国家进行经济、文化交往的重要渠道，承载着我国对外交流与合作的悠久历史和丰厚资源。它以我国的东南沿海为中心，以宁波、泉州、广州等地为起点，经南海、马六甲海峡，到达印度洋、亚丁湾、波斯湾和红海，并延伸至东非和欧洲，将我国生产的丝绸、陶瓷、茶叶等物产运往欧洲和亚非其他国家，将香料、毛织品、象牙等带回我国。海上丝绸之路的开辟，使我国当时的对外贸易兴盛一时。泉州曾与埃及的亚历山大港并称为“世界第一大港”。

21 世纪海上丝绸之路是基于古代海上丝绸之路，注入现代运输工具、信息技术、贸易制度而连接起来的货物运输通道或贸易网。2013 年 10 月，国家主席习近平在出席亚太经济合作组织（APEC）领导人非正式会议期间，在印度尼西亚国会发表演讲时提出中国愿同东盟国家加强海上合作，共同建设“21 世纪海上丝绸之路”的倡议。党的十八届三中全会通过的《中共中央关于全面深化改革若干重大问题的决定》更明确提出，“加快同周边国家和区域基础设施互联互通建设，推进丝绸之路经济带、海上丝绸之路建设，形成全方位开放新格局。”2014 年中央经济工作会议更具体提出了丝绸之路“一带一路”的举措，要求抓紧制定战略规划，加强基础设施互联互通建设。

建设 21 世纪海上丝绸之路已上升到国家战略层面。新形势下党中央为什么高度重

* 来源：本文为第一届中国海洋发展论坛征稿

** 朱泽，男，中国海洋发展研究会常务理事。

视海上丝绸之路建设？这个问题需要站在改革开放和现代化建设的大局上来认识。

（一）建设21世纪海上丝绸之路是拓展全方位开放新格局的战略需要

建设海上丝绸之路是我国在新形势下扩大对外开放、提高区域竞争力的战略举措，有利于凭借我国区位和产业布局的“地利”优势，建立“以我为主”的国际贸易和投资格局，提升我国在全球产业价值链中地位；有利于深化同亚欧各国特别是周边国家的务实合作，强化经济纽带，促进我国企业对相关国家的投资，优化国内经济结构；有利于深化区域合作，推进周边国际经济走廊建设，培育新的经济增长极，打造延伸至印度洋、太平洋的海上合作带，拓展内外联动、互联互通的全方位开放新格局。

（二）建设21世纪海上丝绸之路是构建多元化经济体系的战略需要

改革开放以来，中国与发达经济体的经贸合作较为密切。2012年，中国对发达经济体出口占67.9%，对新兴及发展经济体出口占32.1%；从发达经济体进口与从新兴及发展经济体进口规模相当。同期，中国实际利用外资来源国前十位是发达国家，占91.4%；对中国香港、美国、东盟、欧盟、澳大利亚、俄罗斯、日本7个主要经济体的投资占同期对外直接投资总额的70%。总的看，我国外经贸发展具有不平衡性，加强与新兴及发展经济体的外经贸关系十分必要。21世纪海上丝绸之路沿线国家多是发展中国家，对中国外经贸平衡发展会起到重要作用。建设21世纪海上丝绸之路，是中国构建多元化、开放型经济体系的组成部分。

（三）建设21世纪海上丝绸之路是实现我周边安全的战略需要

周边安全是我国外交的首要。东南亚地区自古以来就是海上丝绸之路的枢纽，又是最接近中国的邻邦，与我有着密切的商缘亲缘关系。建设21世纪海上丝绸之路，是在新形势下继续高举和平、发展、合作、共赢的旗帜，坚定不移地致力于维护世界和平、促进共同发展的战略选择。它将成为我国与沿线国家尤其是东盟之间开拓新的合作领域、深化互利合作的战略契合点，有利于搁置争议、增进共识、合作共赢，推动构建和平稳定、繁荣共进的周边环境，真正实现“与邻为善、以邻为伴、共同发展”周边外交战略。

二、我国面临建设21世纪海上丝绸之路的重要历史机遇

（一）我国经济发展潜力巨大，为建设海上丝绸之路奠定了坚实的物质基础

改革开放以来，经过35年的高速增长，我国经济总量已位居世界第二，国际影响力不断提升，世界各国对我国经济的依存度不断加大。2013年中国成为世界第一货物贸易大国，货物进出口总额达到4.16万亿美元。随着经济全球化的深化和全球价值链的拓展，我国开放型经济仍然蕴含巨大发展潜力。我国服务贸易进出口总额居世界第三位，并且仍有较大提升空间。从对外投资看，2012年我国对外直接投资额居世界第三位。当前，我国已处在新的发展起点上。一方面，随着人口、资源、环境压力越来

越大，我国发展的比较优势正在下降，急需寻求新的发展空间。另一方面，我国正在由“世界工厂”向兼具“世界工厂”和“世界市场”的角色转变，正在由“资金吸引国”向兼具“资金吸引”和“资金出口”国的角色转变。未来5年，我国的城镇化建设将带动4万亿美元的需求，这给周边国家提供了最便捷、最具吸引力的市场机遇，也为我国拓展发展新空间提供了可能。东南亚、南亚、西亚和非洲有关国家人口众多、市场广阔，大多处于加快推进工业化的阶段，发展潜力大，与我经济互补性强，分享我发展红利的意愿强烈。

（二）我国与周边国家经济合作深度、广度和范围日趋扩大，为建设21世纪海上丝绸之路初步搭建起了合作平台和机制

我国已与海上丝绸之路沿线国家搭建了多个双边或多边合作平台。2010年成立的中国—东盟自由贸易区，包括11个国家、19亿人口，经济总量超过6万亿美元，贸易额超过4.5万亿美元，占世界贸易总额的13%。目前，我国与东盟双向投资累计超过1 200亿美元，东盟也已超过澳大利亚、美国、俄罗斯等国家，成为我国对外直接投资的第四大经济体。我国与印度共同倡议建立中印缅孟经济走廊，与海合会展开了自贸区谈判，与巴基斯坦启动了中巴经济走廊建设。我国已同东南亚、南亚等国建立了30余个海上合作机制。充分利用并不断充实这些合作平台、机制，将大大降低建设21世纪海上丝绸之路的合作成本。

（三）我国与周边国家互联互通稳步推进，为建设21世纪海上丝绸之路创造了有利条件

我国同相关国家一起制定了包括《亚洲公路网政府间协定》、《泛亚铁路网政府间协定》、《中国—东盟交通合作战略规划》、《大湄公河次区域交通发展战略》、《中亚区域交通发展战略》等在内的区域性交通战略发展规划，确定东南亚、南亚“四纵三横”的运输通道格局。完成了印度尼西亚泗水—马都拉大桥、中越红河大桥、清孔—会晒湄公河大桥等项目，改善了澜沧江—湄公河国际航运通道通航条件，接收了瓜达尔港的经营权。建立了包括上海合作组织交通部长会议、中国—东盟交通部长会议、多层次的交通合作机制、马六甲海峡航行安全合作机制在内的交通合作机制。与老挝、缅甸、泰国签署了澜沧江—湄公河商船通航协定，实现了四国通航。上述规划、项目、机制的实施，将有助于进一步实现国际运输的便利化。

（四）金融合作初建成效，服务于21世纪海上丝绸之路建设的国际金融体系雏形正在形成

一是人民币国际化进展明显。自2009年跨境贸易人民币结算试点正式启动以来，国内银行已与多个国家开展了人民币结算业务。当地企业使用人民币结算的意愿也在不断增强，马来西亚、泰国已将人民币纳入外汇储备。2013年，人民币跨境贸易结算总额达到了4.63万亿元。我国与泰国、马来西亚、印度尼西亚等国的货币互换协议总

额超过1.4万亿元。

二是区域性金融合作平台建设取得实效。为了加强与东盟国家的海上合作、发展好海洋合作伙伴关系，2010年，中国东盟银联体正式成立；2013年，我国又发起成立了中国—东盟投资合作基金。这些，既促进了东盟地区基础设施建设与能源、资源开发，也为在“海上丝绸之路”框架下建立“亚洲基础设施投资银行”等区域性、开发性金融平台积累了丰富经验。

三是银行业合作进程不断加快。截至2013年，东盟国家共在华设立了7家法人银行（下设35家分行），6家外国银行分行和5家代表处。中资商业银行也在东南亚国家设立了15个分支机构。

（五）我国与周边国家海洋合作取得成效，有助于推动21世纪海上丝绸之路成为和平安全的海上通道

我国同印度尼西亚、缅甸、马来西亚、泰国、柬埔寨、文莱、印度、巴基斯坦、斯里兰卡等国签署了一揽子海洋合作协议，积极落实《南海各方行为宣言》，合作范围已涵盖海洋经济、海上运输、海洋科技、海洋环保、海洋人文等多个领域，并逐渐向海上航道安全、海洋防灾救灾、海上执法交流等领域拓展。2011年，我国设立30亿元人民币的中国—东盟海上合作基金，支持双方海上务实合作项目。2012年，我国倡议建设“中国—东盟海洋合作伙伴关系”，东盟国家反响积极。2013年，在中国—东盟海上合作基金支持下，已启动了18个海上合作项目。

三、建设21海上丝绸之路面临的挑战

由于海上丝绸之路地理位置相对松散，沿线国家分属于不同区域或次区域组织，政治生态迥异，宗教文化差异大，矛盾复杂多变，各方力量此消彼长，想要形成一个各方都高度认同的合作机制和共识难度较大。尤其是近年来西方势力不断介入，我国与邻国的岛礁主权争端升温，建设海上丝绸之路的敏感性和复杂性增加。

（一）沿线国家经济发展不平衡，利益诉求多元化

一些国家经济结构较为单一，过度依赖石油、旅游等少数行业，经济发展的基础并不稳固。比如，印度尼西亚的商业环境和基础设施正在恶化，马来西亚财政赤字日益严重，新加坡持续数年的结构转型未见成效。尤其是美国宣布缩减量化宽松政策后，东南亚国家的货币再次大幅贬值，但此轮贬值的主角，不再是基本面较弱的泰国和印度尼西亚，而是较为坚实的经济体，亚洲金融危机阴霾再次显现。另外，有些国家政局还不稳定，政策连续性和稳定性较差，法律法规不健全，对投资者利益保护不够。比如，印度尼西亚“禁矿令”的颁布与实施履生变数，提前一周宣布实施，又在最后一小时放宽条例，使投资者损失惨重。

（二）沿线一些国家基础设施滞后，国家政策支持不足

除我国和新加坡外，海上丝绸之路沿线各国主要港口规模小、基础设施不足、设

备老化，集装箱吞吐量大多在500万吨以下，部分不足100万吨，临港产业发展不强。这一方面是因为规划的区域性骨干通道项目涉及地域广阔、线路长、基础弱、投资大，沿线国家对我期待超出我现有实力。另一方面，是因为国内相关投资体制、融资渠道还不完善，援外资金和优惠贷款规模也比较有限，国家还没有相应的支持或补偿政策，企业积极性较低，投资动力不足。

（三）西方势力不断介入，增加了海上丝绸之路建设的敏感性和复杂性

近年来，围绕我国周边的政治、经济、外交、军事等博弈日益激烈。美国高调“重返亚洲”，推行“亚太再平衡”战略，对我周边投子布棋，旨在利用美日同盟，通过政治、经济、外交和意识形态等手段拉拢周边国家，肆意挑起主权争端，对我进行“围堵”。美日力推《跨太平洋战略经济伙伴协定》（TPP）谈判，并有意无意排除中国，以期重构亚太贸易投资关系新版图。美国通过调配军事部署，介入我国领土、领海纠纷和亚太区域安全，并利用多重岛链对我进行牵制，形成危及我国海上交通运输和能源资源安全的“马六甲困局”。

（四）我国海洋管理体制有待加强和完善，影响了海上丝绸之路建设的顶层设计效率

建设海上丝绸之路涉及国内多个管理部门，责任主体不明，政策不统一，协调难度大。目前，关于建设海上丝绸之路尚无时间表和路线图，政策调整和资金运用都还不配套协调。涉海部门正在整合之中，海洋保护开发管理等方面体制机制问题仍较突出，由于条块分割导致陆海统筹能力相对较弱，许多互联互通项目实施主体落实困难。另外，我国对外开展海洋交流合作的顶层设计不足，缺乏整体规划和部署。而在航道安全、防灾救灾等国际和地区涉海事务中，国际社会希望我承担更多国际责任，而我这方面的意识和能力尚有待提升。

建立我国与东南亚渔业合作的海上丝绸之路*

黎祖福** 熊安安

（中山大学 广东 广州 510275）

摘要： 渔业是我国海洋经济的重要组成部分，水产品是我国农产品出口的首要支柱。我国渔业具有发展速度快、规模大、全球市场份额高等特点，为世界水产贸易做出了重大贡献。但是，我国渔业发展中依然存着诸多问题，如产业结构单一而不能满足对市场多样化的需求、渔业科技投入有限而发展缺乏创新、产品质量不高而易受贸易壁垒影响、对外合作程度低和竞争压力较大等等。

本文在分析周边各国家和地区渔业状况的基础上，结合我国渔业现状和优势特点，提出了促进当前渔业发展问题的措施，提出了加强与东南亚各国和地区开展渔业生产、技术与贸易的合作、共同打造渔业产业合作平台、促进东南亚地区渔业经济一体化的对策，以建立我国与东南亚渔业合作的海上丝绸之路。同时，结合广东独特的区位优势和优厚的经济基础，分析了广东与东南亚渔业合作的必要性和可行性。本文还对我国与东南亚渔业合作的机制进行了探讨，并提出将广东珠海打造成为与东南亚渔业合作平台的设想。

关键词： 渔业；东南亚；合作；海上丝绸之路

改革开放30多年来，我国渔业快速发展，举世瞩目。水产养殖业的发展，使我国成为唯一养殖产量超过捕捞产量的渔业大国，水产养殖产量占世界的三分之二，促进世界渔业发生了根本性的转变，即由“只注重捕捞”转变为“既注重捕捞，更注重水产养殖”。我国不仅成为世界第一渔业大国，水产品总产量占世界三分之一（约占35%左右），而且成为世界第一水产品出口国和第一水产品贸易大国，为世界水产品贸易的发展做出了巨大的贡献。

全球水产品出口额已于2008年突破了千亿美元大关，主要出口国家中，中国以10%的市场份额占据首位[1]，显示出中国在全球渔业产业的角色日益重要。

---

* 来源：本文为第一届中国海洋发展论坛征稿

** 黎祖福，男，中山大学教授，中国海洋发展研究中心研究员、中国海洋发展研究会理事。主要从事海洋经济动物种苗繁育和养殖、渔业环境及其调控等创新技术方面的研发和产业化工作。

尽管中国渔业在近几十年来得到飞速的发展，但是，中国渔业在高速发展的同时也出现了诸多问题，而发展中国家水产品的结构竞争日趋激烈，也对我国水产品出口提出了挑战。面对世界渔业产业格局的巨大变革，中国渔业市场依然有很大的市场和发展空间，尤其是面对港澳台及东南亚地区经济一体化的趋势，为有针对性地让中国渔业“走出去”而进行必要的产业战略布局和调整并根据需要探索适当的创新模式显得极为重要。

1　我国水产品贸易现状

农业部统计数据显示，2014 年第 1 季度水产品一般贸易出口量为 57. 79 万吨，出口额为 32. 15 亿美元，同比分别下降 3% 和 5%。墨鱼、鱿鱼及章鱼、对虾、贝类、罗非鱼、鳗鱼、蟹类、大黄鱼、淡水小龙虾等是一般贸易主要出口品种，出口额之和占我国一般贸易出口总额的 63. 43%。除贝类和罗非鱼出口量额双增外，其他品种出口额均有不同程度下降。其中，墨鱼、鱿鱼及章鱼、鳗鱼、蟹类出口量价齐跌，对虾和小龙虾出口量减价增大，大黄鱼出口量增价跌。国际市场罗非鱼需求的增加是推动罗非鱼出口量额双增的主要原因。由于连续两年养殖病害高发，南美白对虾产量下降，同时国内市场需求持续增加，预计未来一段时间出口加工厂原料供应仍将偏紧，对虾出口价格有继续走高的可能[2]。

过去几年，我国对东盟、香港、台湾市场出口快速增加，传统的日美欧韩市场出口占比逐年萎缩。但从 2014 年第 1 季度的数据来看，随着发达国家经济稳固复苏，我水产品对其出口总体呈现恢复向好态势，而东盟、香港、台湾市场则出现较大波动。其中，美国、韩国市场明显向好，第 1 季度出口额同比分别增加 10. 4% 和 32. 99%。日本和欧盟市场虽然第 1 季度出口额仍为负增长，但 3 月当月出口额同比分别增长 13. 42% 和 21. 81%，表现出较强的复苏态势。前两年表现抢眼的香港、东盟和台湾市场出口量额双降，出口额同比分别下降 27. 1%、30. 22% 和 3. 37%，且 3 月份的数据仍延续着下降的态势[2]。

1. 1　大陆与港澳台水产品贸易情况

香港是一个渔业消费较大的区域，然而其水产品供应中仅 35% 是来自本港渔业生产者，其余全依赖于大陆和从澳大利亚、印度尼西亚、马来西亚、菲律宾等国进口。最近几年香港水产品进口量持续稳定成长，使香港人均水产品消费量跃至亚洲最高。香港一直是活水产品的主要消费市场，苏眉鱼、老鼠斑、红斑、东星石斑等高价珊瑚礁鱼类是香港高价位海鲜餐厅最爱用的食材。除餐馆外，香港超市及连锁商店的水产品销售业绩也愈来愈好，特别是生鲜、冰藏鱼片或鱼块，以及高价的冷冻水产品。冷冻水产品也会在解冻后，透过鱼贩、超市、饭店及餐馆，以生鲜品的形式销售。香港超市及餐馆的冷冻水产品销售量愈来愈大，现已占香港整体水产品供应量的 10% ~15%，而香港水产品则主要依赖进口[3]。

一直以来，大陆与台湾两岸加强渔业合作的步伐从来没有停歇，在这一过程中受益最大的莫过于福建省。福建省以得天独厚的对台湾的地理优势，利用台湾先进的养殖技术和科学的管理理念，承接了台湾渔业的外移。2013 年，福建省渔业总产量达到了 658 万吨，渔业经济生产总产值达到了 2 197 亿元人民币。福建省始终保持对台渔业合作的先行先试，大量吸引台湾渔业进驻投资，投资领域涵盖了水产养殖、水产品及深加工、畜禽渔业、水产贸易、劳务合作以及水产科技交流等。福建省先后批准设立了台湾水产品集散中心、海峡两岸福建东山水产品加工集散基地等两岸合作平台，吸引了大批的台湾水产界人士。2013 年闽台水产品贸易总量达到 13.59 万吨，金额达 9.49 亿美元，占大陆对台水产品贸易的 70% 以上，台湾成为福建省第一大水产品的出口地[4]。同时，福建省为了方便台湾水产品输往大陆，对台湾水产品进入采取了一些补贴等政策。这一成熟的模式值得其他地区渔业合作借鉴。

大陆已成为世界水产品的主要生产地和消费地，同时日本、韩国、美国、欧盟和中国香港等市场也成了大陆水产品的主要出口地，其出口总量占总额约 9 成[5]。可以看出大陆与台湾地区的水产品出口市场重叠性非常高，与台湾形成了竞争关系。当然，大陆对港台地区渔业合作还依然有很多有待开发的空间，如加强水产品质量安全合作，提高水产品质量；加强海洋生物的深度开发和合作，提升水产品的加工高附加值；加强渔业产业的双向对接，使渠道更畅通；探讨两岸合作的新模式，共同拓展发展空间，全面提升渔业合作的层次。

1.2　中国与东盟水产品贸易情况

中国南部和东盟各国在地域上属于一个自然地理综合体，海陆相连，交通十分便利，为渔业合作提供了基础。除老挝以外，东盟其他国家都与海洋相接，多数国家由多个岛屿、海湾、滩涂等构成，有广阔的海域，蕴藏了丰富的鱼类和水产资源。

近年来，中国与东盟渔业合作的步伐不断加快，合作主体从部分民间个体往来，向由政府主导的企业间合作、区域合作和国际合作不断变化升级。合作内容涵盖渔业养殖技术、饲料加工、水产品贸易、渔业资源养护、海上渔业联合监管等领域。东盟区域最流行的贸易品种主要有鲐鱼、鲹鱼、鲳鱼、鲷鱼、石斑鱼、金枪鱼、马鲛鱼、尖吻鲈、罗非鱼、虾类和头足类等。东盟各国由于地理条件的不同，其水产各具特色和优势。如泰国是全球头号金枪鱼罐头和虾产品出口国，近年来采取了一系列措施以实现其成为东盟地区海鲜中心的战略目标。柬埔寨是亚洲网箱的发源地，拥有良好的发展海水养殖条件，但其渔业主要是淡水渔业并在柬埔寨农业产值中有举足轻重的地位。印度尼西亚向马来西亚、新加坡及泰国出口大量的水产品，出口到马来西亚和新加坡的主要是原条生鲜和冷藏鱼，而出口到泰国的主要是冷冻产品，特别是制罐头用的鲣鱼和金枪鱼。马来西亚鱼肉消费量位居东盟各国之首，从印度尼西亚进口的主要品种为马鲚鱼、鲹鱼、鲳鱼、虾类、白卜鲔和金眼鲷，而经其出口的主要鱼种则为黑罗非鱼、羽鳃鲐。新加坡是东南亚国家中的富国，也被认为是进口高价水产品的重要市场，而其主要供应国为邻国的印度尼西亚、马来西亚和泰国。缅甸拥有较大规模的淡水养殖品种，从泰国、中国等周边引进的鲶鱼、鲤鱼、草鱼等都获得了成功，但海水鱼类养殖基本近乎空白状态，具有广阔的发展空间。总体上讲，东盟各国渔业发展程度不同，产业差异较大，与我国水产业具有一定的互补性，也为我国渔业发展提供了一个良好的国际市场空间。

2 我国渔业走出去所面临的问题及策略

我国渔业资源丰富，发展迅速，近年来取得了不小的成就，但其优势在与其他国家的竞争中并未充分的发挥。究其原因在于我国水产虽总体规模庞大，但内部问题较多，形成了“大而不强”尴尬局面。例如，我国水产品精深加工率较低，仍是以初级生产为主的第一产业[6]。大多数水产品加工企业由于技术水平较低、设备简陋、投入不足，仍以传统的粗加工为主，产业链短、附加值低。其次，水产品质量检测体系不完善，面对国外严格的技术、质量壁垒，加工企业疲于应对，产品出口困难，严重影响了渔业整体效益。要切实提高我国水产品质量，实施渔业“走出去”战略，需要针对当前存在的主要问题采取适当的措施，充分利用国家各级政府出台的各项政策，大胆尝试，逐步实现我国渔业的现代化和国际化。

2.1 加强政策引导，为企业铺平道路

渔业的长期发展、企业的生存和壮大离不开相关政策的引导，这对于提高我国渔业整体实力，使渔业企业能够明确目标有的放矢具有重要意义。《国务院关于促进海洋渔业持续健康发展的若干意见》指出，要按照《全国海洋功能区划（2011—2020 年）》等相关涉海规划，制定并落实水域、滩涂养殖规划，引导渔民依法规范养殖。加大水产养殖池塘标准化改造力度，推进近海养殖网箱标准化改造，大力推广生态健康养殖模式。推广深水抗风浪网箱和工厂化循环水养殖装备，鼓励有条件的渔业企业拓展海洋离岸养殖和集约化养殖。[7]

2.2 加大科技投入，增强发展动力

我国渔业科技投入不足，技术支撑薄弱。长期投入不足，使渔业缺乏自我积累和自我发展机制，渔业生产缺乏后劲[8]。科技经费不足，科研力量薄弱，科技体制不完善，制约了渔业科研工作的正常进行；面向中小型渔业企业技术推广机构不健全，渔技推广队伍不稳定，资金短缺，造成水产新技术的引进、推广和转化迟缓[9]。为了进一步缩短同渔业发达国家在科技方面的差距，在加强养殖水域修复工程的同时，应加大对渔业科技装备和设施的投入，建立科技兴渔专项基金，专门用于养殖新品种新技术的开发、引进和推广；充分发挥各级水产研究机构的优势，推广科研成果。

2.3 拉长渔业产业链，扩大产业覆盖面

目前，我国与渔业发展相适应的水产品第二、第三产业发展相对滞后[10]。要继续支持和引导水产加工业的发展，扶持龙头企业，形成企业与渔民相结合的产业化生产

方式，带动渔业效益的提高。有条件的地方可以率先从渔港建设和搞活渔业流通着手，加快渔区第三产业的发展，进而带动渔区经济全面发展。

积极扶持渔港经济板块的发展，应当以渔港为依托，高标准、高起点、科学合理选划渔港邻近区域，大力发展服务业、鲜销渔业等新兴渔业产业。建立海岛渔业经济区，大力扶持海岛经济的发展。

2.4 加强水产品质量把控，打破贸易壁垒

我国水产品在品种、数量、成本、价格等多方面的优势明显，扩大出口前景广阔。但水产品质量管理体系不健全，出口贸易壁垒增多，影响了我国水产品市场开拓。近年来，一些国家采取了许多针对我国水产品的贸易壁垒措施，贸易纠纷增多。由于企业的组织化程度不高，处理贸易纠纷的机制不成熟，使我国水产品出口受到了很大的制约；加之我国水产品质量安全监测和管理体系尚不健全、质量安全监控手段薄弱制约了水产品国内和国际市场的开拓。要进一步建立健全水产品质量安全监控和检验检测体系，推动水产品对外贸易。重点是做好国内的质量管理工作，全面提高水产品质量安全水平。强化水产品质量安全执法，将水产品质量安全执法日常化、制度化，确保水产品品质优良，达到国际标准要求。

2.5 加强区域交流合作，建立产业合作体系

近年来我国不断强调发展海洋经济和文化，建设海洋强国，因此渔业产业走出国门与周边国家乃至世界进行渔业合作是必然。由于东南亚与我国文化相近，因此可以建设海上丝绸之路文化圈，在经济和文化上促进中国与东南亚的高度融合。我国有比较适合东南亚的产品、技术和管理经验，东南亚有丰富的资源和广阔的市场，双方互补性很强。中国与东盟自由贸易区的建立，有利于我国企业增加对东盟国家的渔业投资，派遣渔业专家和技术工人带动产品和技术出口。同时也为我国与东盟在水产品进出口、渔船建造维修、水产养殖、水产品加工业、水产品保鲜仓储实施和渔业工程投资等方面创造了更为广泛的合作空间。

3 建立海上丝绸之路，打造渔业生产、技术与贸易合作平台

在中国东盟合作十周年之际，我国高瞻远瞩提出了通过中国东盟自贸区的升级，重振海上丝绸之路的宏伟国家战略。这也为我国渔业“走出去”提供了难得的契机。渔业既是建设海上丝绸之路的重要内容，也是巩固“海洋强国”战略的重要组成。中国渔业应当借此良机，不断加强与东盟、港澳的交流合作，构建水产品生产、贸易合作体系，打造海上技术、交易合作平台，这也是实现渔业“走出去”的必经之路。

3.1 合作是区域经济一体化的必然要求

东盟是一个区域性国际组织，由10个国家组成，拥有近5亿人口、面积约430万平方千米。中国拥有约13亿人口，市场广阔。截至2014年6月末，中国外汇储备余额为3.99万亿美元，逼近4万亿美元大关。2013年我国实现进出口总值25.83万亿人民

币（4.16 万亿美元），超过美国首次位列全球货物贸易第一。[11]

中国和多数东盟国家都是临海国家，开展海上合作优势得天独厚。随着中国和东盟国家广阔的“边海循环经济带”的形成，各国经济发展模式也开始转向“海陆综合发展新方向”。在过去的“黄金十年”中，中国成为东盟第一大贸易伙伴，东盟成为中国第三大贸易伙伴。2012 年，双方贸易额达到 4 000 多亿美元，比 2011 年增幅达 10.2%，高于中国同期对外贸易平均增幅（6.2%），为 10 年前的 5 倍（未来 2020 年目标 1 万亿美元）；相互累计投资超过 1 000 亿美元，为 10 年前的 3 倍。2013 年，中国对东盟进出口额为 4 436.1 亿美元，增速达 10.9%，而同期欧美日占我国对外贸易总额的 33.5%，同比下滑 1.7 个百分点[12]。相比之下，东盟对中国外经贸发展地位日益突出。国家主席习近平指出，中国和东盟关系正站在新的历史起点上，下一步，中国愿提高中国—东盟自由贸易区水平，争取使 2020 年双方贸易额达到 1 万亿美元[13]。

在中国和东盟的多数国家的贸易中，农业都是重要的经济支柱。农业发展的差异性和互补性，决定了双方贸易和合作领域的发展前景。从渔业资源开发角度来看，中国是一个人口大国，拥有丰富的人力资源；自然资源丰富，但人均资源拥有量就相对稀缺；渔业资源相对有限，但沿海渔业养殖技术相对成熟。在合作方式上，越、老、缅、柬等东南亚国家，资源丰富，但经济技术水平差，中国在资源开发和加工业业领域可以展开合作。

中国与东盟实行经济一体化和零关税制，有利于在更大范围、更宽的领域和更加广阔的空间内，根据国际市场和东南亚市场的需要组织渔业生产、优化配置渔业资源，把我国丰富的渔业生产优势转化为强大的经济优势；有利于提高具有比较优势的水产品在国际竞争中的价格和地位，一些优势水产品将随着各国非关税壁垒的“关税化”和关税削减而扩大其出口量。自由贸易区（CAFTA）建成后，各成员国关税已大幅降低，这为中国企业降低交易成本、扩大对东盟的出口提供了机遇。同时，CAFTA 贸易便利化进程，将涉及各国之间通关、检验检疫、产品技术标准、市场准入门槛、人员流动便利等诸多环节的衔接和相互承认，非关税壁垒将逐步消除，区内贸易、相互投资将大大方便。[14]

3.2 成熟的客观条件是合作的根本保障

从政治上看，中国与东盟签署了《关于非传统安全领域合作联合宣言》、《南海各方行为宣言》以及中国加入《东南亚友好合作条约》等协议，中国—东盟自由贸易区的建立扫清了政治和安全方面的障碍，为中国、东盟的经济发展创造了良好的政治环境。

在农业方面，东盟国家基本上处于热带地区，而中国大部分地区处于温带，双方主要的农产品种类不同，存在较强的互补性。正是这种农业资源上的互补性，使得中国和东盟的渔业合作成为可能。澜沧江—湄公河流域地处中国与东南亚区域、太平洋与印度洋的结合部，流经中国云南和东盟的缅甸、老挝、泰国、柬埔寨、越南等，该流域的渔业资源丰富。即使老挝地处内陆，其西部被湄公河绕过，长达 1 900 千米。所以，江河、海洋丰富渔业资源为中国与东盟渔业合作提供了广阔基础。[15]

从文化上看，东南亚的华人华侨构成了双方经贸合作的文化基础。中国和东盟国家虽然民族风俗有异，但受东方文化的影响，在意识形态、哲学、伦理、道德等方面都有一些共同点。中国和东盟国家早在两千多年前就有经济上和文化上的交往，海上“丝绸之路”源远流长，把中国与东南亚各国紧密联系起来。

从经济上看，东盟已于2011 年超过日本成为中国第三大贸易伙伴。中国—东盟自由贸易区的建立，大大增加了中国同东盟的经济交流与合作，增进了彼此了解与互信，为双方企业开展各种合作搭建了广阔的平台。2010 年中国和东盟的双边贸易额已达 2 927. 8 亿美元，20 年来平均的增速都在20% 以上；2012 年双边贸易额突破4 000 亿美元，预计到在2015 年，双边的贸易额将超过5 000 亿美元的目标。双方经济合作已有广阔平台，各方面交流正在如火如荼地进行。[15]

中国与东盟优势互补，通过建立渔业生产、贸易全作体系深化合作，共享机遇共迎挑战，从而实现共同发展共同繁荣。中国与东盟各国进行渔业合作已有良好基础，在新的形势下进行更深入细致的合作也是大势所趋，各方面的客观条件都已基本成熟。有了国家层面的高度技持，地方与企业的合作与交流也有了有效的保障。

3. 3　广东是东盟最理想的海洋渔业合作伙伴

广东濒临南海，毗邻港澳，邻近东盟，面向亚太，位处日韩—东南亚—大洋洲这一亚太经济走廊的中心位置，是中国通向世界的桥头堡。广东水网密布，海洋资源丰富，天然良港众多，大陆海岸线居全国第一位，具备建设海上丝绸之路得天独厚的地理优势。2013 年广东 GDP 总量和进出口总额均突破万亿美元，广东经济总量已经连续 24 年位居全国首位，具有建设海上丝绸之路优良的经济基础。广东文化在世界各地尤其是亚太地区影响深远，广东华侨在各地的经济、文化甚至政治等方面的影响力强，文化认同度高。因此，广东建设海上丝绸之路，具有十分有利的历史人文优势。

广东因其历史渊源、区位优势和改革开放 30 多年来形成的发展基础，必然要在建设海上丝绸之路中发挥不可替代的重要作用。建设 21 世纪海上丝绸之路，也将为广东全面深化改革、扩大对外开放提供难得的历史机遇和重要平台。建设海上丝绸之路是广东产业转型升级的需要，是实施海洋强省战略的需要，也是加快综合交通运输体系建设的需要。

广东是我国的海洋大省和渔业大省，连续 18 年海洋生产总值居全国首位，海洋渔业经济在其中发挥着基础性的作用。发展现代渔业是加快转变发展方式、建设现代农业强省的重要组成部分。2012 年，渔业经济总产值为 1984 亿元，水产品总产量为 790 万吨，总产值为 941 亿元；在对外贸易上，2012 年广东省水产品出口量为 43 万吨，水产品出口额为 28 亿美元[16]。因此，广东的海洋渔业经济有着一定的经济基础和对外贸易优势。

与此同时，东南亚各国也有与广东加强海洋渔业合作的需要。东南亚各国除了老挝是内陆国外，其他都是沿海国家，对海洋经济发展需求较大；在海洋经济发展中，由于大多数国家市场发育程度较低，海洋渔业经济对外部市场和技术需求较高。而相对于东盟各国，广东在水产养殖、水产品仓储、保鲜与加工方面有一定优势。不仅如此，广东与海上丝绸之路沿线国家已具有较好的海洋渔业合作基础。近年来，广东省海洋渔业发展积极实施“引进来、走出去”的发展方针，已经与马来西亚、印度尼西亚、菲律宾和文莱等国开展了形式多样的交流与合作；分别与文莱、菲律宾等国家渔业局签订渔业合作备忘录，形成了比较稳定的海洋渔业合作机制；举办了多期中国与东盟养殖技术培训班；省内企业分别在文莱、菲律宾等国家建设了深水网箱养殖基地。广东省与东盟的渔业全作可谓渊源已久，广东是中国与东盟渔业合作最适合的伙伴。

4　与东盟合作进行渔业开发的机制探讨

东盟是一个区域性国际组织。目前，其成员有新加坡、马来西亚、泰国、文莱、菲律宾、印度尼西亚、越南、老挝、柬埔寨、缅甸等10国，周边韩国、日本及中国台湾也参与到南海诸岛海域的渔业资源开发中，东盟各国的渔业资源极为丰富，但渔业基础条件相对较差。为了良好解决南海争端问题，中国以共同开发南海渔业资源为突破口，十分重视与东盟各国的渔业资源合作。

中国与东盟国家的渔业合作大体可划分为两类：一类是对新加坡、马来西亚、泰国、文莱、印度尼西亚、菲律宾等有较多海洋渔业的国家，主要在海洋捕捞、海洋渔业资源保护和调查，取得捕捞配额许可，岛屿、海湾、滩涂、人工鱼礁和渔港建设，渔船建造和维修，水产品保鲜与仓储设施，渔业工程投资，进口水产品关税调整等方面进行双边开发和合作。另一类则是对越南、老挝、柬埔寨、缅甸等陆地国家推进以发展养殖渔业为主的政策，通过推广繁育试养罗非鱼、罗氏沼虾、太平洋扇贝、牡蛎、日本鲤、海带、珍珠贝等优良品种来提高水产品产量并增加双方水产品的进出口量。双方合作的形式也有多种，包括资金投入、技术参股、工程建设、人才与技术培训、科技交流、贸易合作等。

4.1　成立南海地区渔业资源合作开发与共同保护管理组织

随着北部湾近海大量渔船集中作业，渔业资源过度捕捞，海洋生态环境破坏与渔业资源衰竭严重，中国政府已多次强调南海渔业资源合作开发、共同保护、持续发展的重要性。自1999年在南海北纬12度以北，开始每年有两个月的禁渔期；2002年开始，围绕南海，中国大陆增加了2个红树林自然保护区，香港设立5个海洋保护区；2007年，台湾在东沙群岛建立海洋公园。同时，中国省区间也相继展开共同开发和保护南海渔业资源的合作，建立相应的合作机制。2009年，中国大陆与台湾签订了《海峡两岸海洋与渔业学术交流与合作意向书》、《两岸共同制定台湾海峡渔业资源养护方案意向书》和《推动海峡两岸渔事纠纷调解备忘录》，进一步促进两岸政府间及民间在渔业领域的合作。2011 年，“两广”签署了渔政管理协作协议，深化南海北部湾渔业资源在开发中的加强合作与管理。同时，为降低近岸捕捞强度，恢复近岸渔业资源，可将近岸捕捞强度转移到外海区，以保障整个南海渔业资源的可持续利用[17]。

4.2　夯实渔船装备及技术人的基础，培植远洋渔业总体实力

2010 年，我国远洋渔船 1 899 艘，总产值 136 亿元，对世界公海渔业资源利用率已从 5% 提高到 6%。目前，大陆已批准加入了包括《中西部太平洋渔业管理公约》、《美洲间热带金枪鱼养护与管理公约》等在内的多个国际渔业管理公约，并与东盟成员国印度尼西亚、加拿大、阿根廷等签署了双边渔业合作协定或备忘录，增强了中国参与制定国际渔业规则的影响力。

精良的渔船渔具、捕捞技术技巧、数字化监管监控、从业人员的技能素质等诸多因素制约着远洋渔业发展的总体实力水平。南海北部湾、南沙诸岛海域近海区已充分开发利用，未来南海渔业发展方向定格为深海区及外海资源的开发利用，这就势必要优化渔船船型、捕捞装备、助渔仪器、作业船队等；加大节能技术、船载渔获保鲜储运技术、新型灯光罩网和单船有囊围网船型设计等研制与应用；增强合作，加大作业船队联合开发生产模式与大型补给船为核心母船的船队化作业模式。

同时，加强南海特色生物资源的增殖与养护，开展南海特色鱼类、热带海参等方面的研究，构建我国热带鱼类、海参等高值化利用技术创新平台等，从而增强我国在南海特色生物资源研究与开发的总体实力，实现现有国际渔业管理格局下的健步发展[18-19]。

4.3　建立中国与东盟多层级合作机制，共同推动南海渔业发展

2000 年 12 月 25 日，在北京签署《中越北部湾划界协定》和《中越北部湾渔业合作协定》，2004 年 6 月 30 日正式生效，这是我国第一次签署海上划界协定，同时也是第一次在海域划界后就渔业问题签署渔业合作协定。2001 年中国与印度尼西亚签署《谅解备忘录》，2004 年中国和菲律宾在渔业合作方面设立“渔业合作联合委员会”。在相关《渔业协定》实施过程中，中越、中菲等渔业纠纷、抓扣渔民事件时有发生，2009 年中国实施“渔政护航”，使南海北部湾海域渔业资源的开发得以稳定发展。中国农业部南海区渔政主管部门及其渔政渔港监督管理机构，联合公安边防海警，在农业部、外交部、公安部、总参谋部联合协作下“北部湾海上联合监管机制”，为我国沿海地区渔业监管带来了新的思路。

为加强南海诸岛海域渔业生产发展，保证海上作业秩序相对稳定，中国与东盟国家合作双方或多方签订协议时，应立足于各国渔业法律法规、行政执法系统、渔业基本素质及生存条件等诸多因素的差异，避免渔民出现大量技术性违规。同时，中国与东盟及周边国家签订双边或多边协定后，应成立相应的联合管理委员会，建立渔业资源专家组，配合行政部门落实《协定》具体内容。还需建立海上联合监管机制、海域护渔巡航协作机制，严格履行协议职责，积极开展工作，努力促进单边或多边的渔业

合作。

4.4 大力推行民间合作模式，实现南海渔业资源共同开发与养护

南海渔业资源“共同开发”是中方所倡导的原则，区域渔业组织主要依据南海各国家或地区的历史渔获量，以及对渔业资源调查与养护的贡献进行限额分配。越南、台湾地区在南海大洋性鱼类——金枪鱼的捕捞上处于领先地位，同时越南超配额进行捕捞。如果南海大洋性渔业资源将来也实行共同开发与管理，中国大陆地区将因没有历史渔获量记录而处不利地位。同时，由于南海渔业和主权之间的关系，要有更加长远的规划，可考虑大力推行民间合资、合作模式，通过民间合作来处理与东盟及南海周边国家的关系，更加侧重各个击破，找到共同诉求，寻找盟友，可从单边到双边再到多边。

推行民间合资合作，开发利用南海大洋性渔业资源也是突出渔业存在，维护国家海洋权益的需要。民间合作企业应加强与东南亚渔业发展中心（SEAFDEC）、东盟渔业协调组（CGFI）、西太平洋渔业磋商委员会（WPFCC）、“10+3”渔业合作论坛等组织的联系，最大限度发挥民间渔业组织作用的前提下，也主动参与到南海渔业生境的管理，保护退化渔业资源的持续发展中，发挥一定积极作用，在某种程度上，可推动南海地区部分国家渔业资源的合作开发与共同保护。

为确保民间渔业合资、合作过程中，双方或多方的共同利益得到保障，签署的合作框架体系要可行，在入渔条件、数据信息共享、渔业配置技术整合、利润分配等方面都要严格遵守框架协议。同时，厘定高级别联席会议的双方或多方列席代表比例，以确保对渔业捕捞、海水养殖、水产品加工、科技交流、渔业设施装备等问题磋商，达成原则性共识。借助《联合国海洋法公约》、《渔业合作法律协定》等法律规章条款建立可靠的国际、民间仲裁制度对民间合资合作组织进行约束，以确保双方或多方利益的保障。

4.5 加强港、澳、台南海渔业资源合作，推行“一国代理制模式”

所谓“一国代理制模式”，是指缔约双方政府，由一国代理两个政府，对共同开发活动实行全面管理，另一国享有收益权并可对开发经营活动进行监督。

目前大陆在南海年捕捞量约300万吨，主要为近海中上层鱼类，台湾在南海年捕捞量约5万吨，主要为外海金枪鱼类。目前台湾2 000多艘渔船从事远洋渔业，年捕捞量约80多万吨，总体实力在世界排名第四，其中金枪鱼和鱿鱼产量分别居世界第二、三位。而且台湾远洋船队吨位马力大、设备先进、续航能力强，生产活动已涉及世界三大洋及20多个国家和地区的海域，并设立了60多个海外渔业基地。大陆远洋渔业已初具规模，从事远洋渔业的生产企业有120多家，各类远洋作业渔船1 500余艘。

台湾远洋渔业起步较早，船队技术设备先进、续航能力强、基地分布广。但在南海渔业资源开发利用上，由于没有外交权，在处理渔业争端事件时，都是采用民间协调或第三方代理处理方式，有时处境很被动。中国大陆自2009年开始渔政船伴随渔船

护渔，渔船数量保持逐步稳定增长。“两岸”政府可以达成更深程度的南海渔业资源开发合作协议，台湾提供良好的渔业科学技术，大陆护航，提供外交处理渔业争端问题，形成实实在在的优势互补、利益互盈。双方政府合作成立公司，在美济礁（大陆实际控制）和太平岛（台湾实际控制，是南沙最大且唯一拥有淡水资源的岛屿）设立南海大洋渔业作业补给基地，以提供船舶维修、油料补给、水产冷冻等后勤保障服务，从而提升南海外海作业能力和效率。

南海生产鱼货多销往港澳地区，但因航程较远而耗费大量的燃油与宝贵的时间，致使货品的新鲜度降低，价格受到一定影响。可以借鉴远洋渔业的经验及香港、澳门、台湾的资源优势，联合发展专业加工船、补给船、运输船。同时开展渔场渔情数字化信息服务和增养殖区类型划分、种类优选、生态评价等技术研究，加强研发渔政、海巡、救援和应急响应的综合服务管理平台等联动服务机制的建立，实现“港、澳、台”南海渔业持续发展、共同开发、有效管理的战略格局。

4.6　着力打造珠海合作平台

珠海是中国第二大口岸城市，是中国南方通往世界的门户城市，东距香港 36 海里，南与澳门陆地相接，也与东盟地区紧邻。正在建设的港珠澳大桥完工后，珠海市将成为唯一与香港、澳门陆地相连的城市。凭借临近粤港澳的区位优势，珠海市在“粤港澳海洋经济合作先行区”的深度破题将颇有意义。同时，为了深化与东盟的经贸合作，珠海还专门成立了“珠海与东盟合作工作小组”，东盟国家已逐步成为广东企业“走出去”的重点区域。近几年来，珠海在与港澳、东盟的渔业合作中已作出了不少的尝试并取得了很大的成效。

2010 年 2 月，中国与菲律宾渔业合作项目首批 40 吨返销成品金鲳鱼运抵珠海桂山岛。首批成品鱼的成功返销，掀开了中菲渔业合作的新一页，迈出了广东渔业“走出去”的第一步，珠海也因此成为了连接东盟和内地、港澳渔业市场的桥梁。

2011 年 11 月 18 日，在珠海出入境检验检疫局的直接指导下，经过数月的筹备建设，珠海供港澳水产品配送加工中心正式启动运作。供港澳的水生动物和水产品都将从这里保质保量的提供给港澳市场。这是珠海出入境检验检疫局帮助企业调整结构、转型升级、整合资源、强化监管，确保供港澳食品质量安全的一项创新举措。

2012 年 4 月广东省海洋与渔业局与珠海市人民政府签署了《关于共同推进珠海市海洋经济强市建设合作框架协议》。根据协议，广东省海洋渔业局将支持珠海市建设粤港澳海洋经济合作先行区，充分发挥其毗邻港澳的优势，依托港珠澳大桥兴建、横琴新区开发，促进与港澳的紧密合作、融合发展。珠海明确强调要加快建立有利于加强与粤港澳海洋开发合作的相关政策，积极探索粤港澳海洋经济发展、海洋资源环境保护合作新模式，为深圳前海、广州南沙等地提供粤港澳海洋经济合作的先行经验。

作为高速发展的经济特区，珠海已基本具备了作为承接中国与东盟及港澳渔业技术贸易平台的条件。如果能够充分利用珠海闲置待开发的海岛资源，在离岸海岛上建立起一个集仓储、物流中转、水产加工、质量检测、多方交易为一体的全新港口，对外可供各国货轮停靠，对内具有休闲、会议功能，拥有现代化信息管理系统的海上交易平台，以便收集各国渔业资讯，建立各国渔业资源数据库，实现供需对接、资源共享，不断加强中国同港澳台、东盟各国渔业更加广泛、深入、全面的交流与合作，中国渔业必将走上国际化的新台阶，呈现出崭新的局面；中国也必将为东盟各国、港澳台地区带来切实利益，实现共同发展共同繁荣；重振海上丝绸之路、实现“海洋强国”这一伟大战略目标也将指日可待。

参考文献

[1] 朱亚平，雷建维. 全国水产品对外贸易形势分析［N］. 中国渔业报，2010 - 11 - 15006.

[2] 农业部渔业渔政管理局市场与加工处. 2014 年 1 季度全国水产品进出口贸易情况［N］. 中国渔业报，2014 - 05 - 19A01.

[3] 李励年. 全球主要渔业国家 2011 年水产品生产和与国际贸易回顾［J］. 渔业信息与战略，2012，01：74 - 81.

[4] 林晖，许珠华. 浅谈闽台海洋经济合作［J］. 海洋开发与管理，2014，05：94 - 97.

[5] 陈蓝荪. 中国水产品进出口现状与趋势（上）［J］. 科学养鱼，2011，04：1 - 3.

[6] 杨林. 水产品加工业及其在中国的发展［A］. 中国水产科学研究院. 2008 中国渔业经济专家论坛论文集［C］. 中国水产科学研究院 . 2008：3.

[7] 孙岩. 我国水产技术推广队伍能力建设研究［J］. 基层农技推广，2013，07：18 - 27.

[8] 史磊. 我国渔业经济增长方式转变问题研究［D］. 中国海洋大学，2009.

[9] 孙吉亭. 中国海洋渔业可持续发展研究［D］. 中国海洋大学，2003.

[10] 张萌. 中国—东盟自由贸易区的经济效应分析［D］. 首都经济贸易大学，2010.

[11] 吕余生. 深化中国—东盟合作，共同建设 21 世纪海上丝绸之路［J］. 学术论坛，2013，12：29 - 35.

[12] 李光辉. 中国—东盟战略伙伴关系与经贸合作十年回顾与前景展望［J］. 国际经济合作，2013，09：4 - 6.

[13] 孙宇. 中国区域经济一体化战略构建研究［D］. 首都经济贸易大学，2013.

[14] 张士海，陈万灵. 中国与东盟渔业合作的框架与机制［J］. 海洋开发与管理，2006，01：29 - 33.

[15] 张玉强. 借力丝路建设 发展广东渔业［N］. 中国海洋报，2014 - 05 - 27003.

[16] 陈文河，刘学东，卢伙胜. 南沙群岛海域鱼类群落结构的季节性变化研究［J］，热带海洋学报，2010，29（4）：118 - 124.

[17] 柳珺，胡婧. 推进南海外海渔业资源开发利用［N］. 中国渔业报，2013 - 1 - 28（001）.

[18] 刘禹松.《中越北部湾渔业合作协定》实施 5 周年特别报道［J］，中国水产，2009，（7）.

[19] 褚晓琳. 两岸合作开发南海渔业资源法律机制构建［J］，台湾研究集刊，2013，（2）.

建设海上丝绸之路：完善海洋法律制度的契机*

李业忠**

（广东省惠州市人大　516001）

摘要： 21 世纪海上丝绸之路是实现海洋强国梦的时代抉择。维护国家海洋权益，包括海洋资源开发、保护海洋环境、海岛主权争夺、海上交通安全等方面，依赖于法律、科技、军事力量。本文试图在建设海上丝绸之路的大背景下，从海洋法律制度方面进行论述，提出海洋法律制度对建设海上丝绸之路的重要意义，分析目前我国海洋法律制度的现状和存在的不足，并从海洋基本法、海洋经济、海上交通安全、海岛主权、海洋执法五个方面提出完善海洋法律制度的相应对策。

关键字： 海上丝绸之路；海洋强国；海洋法律制度

党的十八大提出了"建设海洋强国"的战略构想；2013 年 9 月，国家主席习近平在印度尼西亚国会演讲时，提出中国愿同东盟加强海上合作，共同建设 21 世纪海上丝绸之路的倡议。"海洋强国"和"海上丝绸之路"建设都已经上升到了国家战略层面。在改革开放新的历史时期，海上丝绸之路这条黄金大通道是实现海洋强国梦的时代抉择。加强与海上丝绸之路沿岸国家特别是东盟国家的海洋经济、海上交通、海洋环境、海洋防灾减灾、海上安全、海洋人文等重点领域的交流合作，探讨有关的合作机制和模式，真正实现"主权在我、搁置争议、共同开发"的良好愿景，将南中国海打造成和平、合作、友谊之海。

海洋法律制度是我国社会主义法律体系的重要组成部分，包括所有关于海洋权益维护、海洋资源开发利用、海洋环境保护、海洋科学研究、海上交通运输等法律和法规[1]。完善的海洋法律制度是海洋强国战略的重要保障，是海洋强国软实力的重要体现，在海上丝绸之路建设中显得尤为迫切和重要。笔者在建设海上丝绸之路的大背景下，尤其是与菲律宾、越南等国存在岛屿主权归属纠纷的现实处境中，通过查阅相关文献资料，尝试探讨海洋法律制度的重要意义、现状及存在的不足，并提出相应的完善对策。

---

* 来源：本文为第一届中国海洋发展论坛征稿。

** 李亚忠，男，广东省惠州市人大常委会农工委主任，中国海洋发展研究会理事。

一、海洋法律制度对海上丝绸之路建设的重要意义

21 世纪海上丝绸之路是指从中国沿海港口出发，途径东南亚、南亚、波斯湾、红海湾及印度洋西岸各国的航线，通过沿线港口及其城市合作机制建立起来的国际贸易网，包含了沿海国家的海洋经济合作关系[2]。与众多沿岸国家的经贸、海洋经济的往来，涉及贸易通关、港口管理、海上交通安全等一系列问题，需要国内、国际一整套海洋法律制度进行规范和约束，确保海上丝绸之路的顺畅、繁荣与稳定。

（一）海洋法律制度是海洋经济发展的必然要求

海上丝绸之路上的货物贸易是通过远洋货轮从我国沿海港口运输到沿岸其他国家港口。海洋交通运输业是我国海洋经济的重要产业。2013 年全年实现增加值 5 111 亿元，比上年增长 4.6%，占全国主要海洋产业增加值的 22.5%；全年沿海规模以上港口货物吞吐量 72.7 亿吨，同比增长 9.3%；集装箱吞吐量 1.69 亿标箱，同比增长 7.3%[3]。随着我国海洋经济的快速发展，对外贸易额不断扩大，由此而引发的问题不断增多，要求更加完善的海洋法律制度，保证现实发生的冲突能在法律领域找到解决的法律条款，使海洋经济有法可依，有章可循。

（二）海洋法律制度是维护海洋权益的现实需要

中国—东盟共建的这条海上丝绸之路穿越南中国海，而这片海域恰恰是我国与东盟中的菲律宾、越南、马来西亚等国家存在海岛权属争议的区域。在《联合国海洋法公约》等国际海洋法的基础上制定相应的法律制度以及海洋资源开发、海洋环境保护、防空识别区等方面的立法，对现阶段维护我国的海洋权益显得更加迫切。

（三）海洋法律制度是海上交通安全的有力保障

海上交通安全，特别是国际水域或公海的安全，是海上丝绸之路顺畅、繁荣和稳定的基础。没有安全稳定的海上环境，海上丝绸之路只会萧条甚至是中断。加强同东盟国家在海上船舶航行安全、海洋气象信息交流，打击走私、海盗等非法活动，有赖于强有力海洋法律制度做协调和保障。

二、我国海洋法律制度现状及存在的不足

海洋法律制度是调整、规范海洋事务的法律、法规、规章及相关条约等规范性法律文件的总和。《联合国海洋法公约》的缔结和生效，标志着国际海洋新秩序的确立[4]，成为国际海洋法的主要渊源，被称为“世界海洋宪章”[5]。世界各主要海洋国家纷纷制定出台了本国的海洋法律制度。加拿大于 1996 年颁布实施《海洋法》，并陆续出台了《加拿大海洋战略》（2002 年）、《海洋行动计划》（2005 年）、《联邦海洋保护区战略》（2005 年）；英国 2009 年颁布《海洋法》；美国 2000 年颁布《海洋法案》，据此成立美国海洋政策委员会，2004 年发布了《美国海洋行动计划》；日本于 2007 年通过了《海洋基本法》，韩国 2005 年颁布《海洋宪章》，越南 2012 年颁布《海洋法》[6]。

（一）我国海洋法律制度现状

我国现有的海洋法律制度主要涉及两个部分：一是《联合国海洋法公约》，它的基本原则是我国海洋法律制度的组成部分；二是现有海洋法律法规，在内容上构成了我国海洋法律体系的组成部分[7]。按照所属领域、管辖范围，可以将我国的法律法规分为五类：①综合类法律文件；②海洋环境保护类法律文件；③海洋资源类法律文件；④海洋运输、海事、海商类法律文件；⑤科学研究和其他方面海洋法律文件[8]。

目前我国参加和签署的包括《联合国海洋法公约》、《生物多样性公约》、《保护世界文化和自然遗产公约》等国际海洋法领域的国际公约有50多个，并制定了《领海及毗连区法》、《专属经济区和大陆架法》等国内法加以落实。我国还制定了《渔业法》、《矿产资源法》、《海洋环境保护法》、《海域使用管理法》、《海岛保护法》和《海上交通安全法》等规范海洋资源开发利用与保护的法律法规。

另外，我国也出台了大量的行政法规、部门规章和规范性文件，处理实践中遇到的具体问题。如《铺设海底电缆管道管理规定》、《海底电缆管道保护规定》、《海域使用权登记办法》《海域使用权管理规定》和《填海项目竣工海域使用验收管理办法》等。

新中国成立以来，特别是改革开放以来，我国的海洋立法工作取得了显著成效，海洋法律制度的基本体系已经形成，在提升海洋资源开发能力、保护海洋环境、促进海洋经济发展、维护海上安全和海洋权益等方面发挥了重要作用。

（二）我国海洋法律制度存在的一些不足

但在新的历史时期，特别是建设21世纪海上丝绸之路的大背景下，我国现有的海洋法律制度还存在一些不足。

1. 缺乏统领全局的海洋法律——海洋基本法

目前我国已经制定的有关海洋的法律、法规大多采取分领域、分事务、分行业的分割式立法模式，以单个要素为调整对象[6]。虽然貌似具体问题具体分析，但实质上，各个法律之间存在重复、衔接不上甚至相互冲突[9]。随着海上丝绸之路建设和海洋强国战略的实施，海洋管理任务更加繁重，涉外问题更加复杂，海洋法律制度的整体性和协调性存在相当大的问题，迫切需要借鉴欧美日等发达海洋国家的做法，制定我国自己的海洋基本法。

2. 海洋经济方面的法律不健全

我国在海洋立法中注重海洋的管理和保护以及由此导致的海洋法体系的行政性和政治性，而对于海洋的开发和利用方面的立法欠缺，这与我国近年来海洋经济的快速发展不相适应。

3. 海洋权益方面的立法滞后

我国对以《联合国海洋法公约》为主的国际海洋法律重视和研究不够，诸如专属经济区的配套法律、公海生物资源利用与养护制度、国际海底矿产资源开发管理制度等[10]有待建立。涉及钓鱼岛、南海诸岛的主权争端等方面的立法相对滞后。

4. 涉海外事纠纷法律的操作性不强

我国颁布一些大法，如《中华人民共和国领海及毗连区法》、《中华人民共和国专属经济区和大陆架法》、《中华人民共和国渔业法》等，这些法律原则性强而操作性不强，如遇到外方违法行为或武装暴力抗法时，我方执法人员执法力度不足，甚至有生命危险。

三、完善海洋法律制度，助力海上丝绸之路建设的对策建议

21 世纪海上丝绸之路建设是一项庞大的系统工程，涉及经贸、海上交通运输、海事安全救助、海洋权益维护等。笔者从海洋基本法、海洋经济、海上交通安全、海岛主权、海洋巡查五个方面提出完善海洋法律制度的相应对策，助力海上丝绸之路建设。

（一）制定海洋基本法

海洋基本法是“海洋宪法”，为国家整个海洋活动和其他海洋立法提供基本准则的法律，有效协调和整体把握海洋法律体系，为维护海洋权益、促进海洋经济发展提供强有力支撑。海洋基本法应借鉴美国《海洋法案》、加拿大《海洋法》和日本《海洋基本法》等发达国家海洋立法体例，明确我国管辖的海域，包括领海、毗连区、专属经济区和大陆架延伸范围；确立海洋基本政策；加强海洋综合管理，统筹协调国内涉海部门事务；明确国家海警局在我国管辖海域的执法权限，维护国家海洋权益；制定涉海岛屿争端的一般原则等。

（二）完善海洋经济方面的立法

海上丝绸之路，首先是经贸之路、合作之路。我国对涉及领海主权问题提出“主权在我、搁置争议、共同开发”的方针，在与东盟共建海上丝绸之路的过程中，鉴于我国现有的海洋经济法律主要集中在传统海洋渔业、海底石油等产业，其他的海洋产业几乎没有专门的立法[11]，有必要制定完善海洋矿业（包括海底石油）、滨海旅游业、海洋渔业等相关产业的专门法律，加入合作开发的条款，加强海洋资源开发的技术交流与金融合作，促进海洋经济又好又快发展。

（三）健全海上交通安全方面的立法

海上交通安全，是海上丝绸之路的“命根子”。我国现有的《中华人民共和国海上交通安全法》是 20 世纪 80 年代制定的，主要适用于领海内的海上交通，已不能适应 21 世纪对外经济发展的需要。因此，有必要修改补充与东盟各国在有争议海域进行海上缉私、打击海盗、海难救助等方面展开安全合作，确保海上丝绸之路的顺畅、安全与繁荣。

（四）完善海岛主权方面的立法

岛屿及其周围海域，对于所属国不仅具有重要的经济价值和军事价值，而且具有

极其重要的地缘政治意义和重大战略价值。我国现有的《中华人民共和国海岛保护法》为了规范国内的海洋、海岛利用活动，与海岛主权争议无关。《中华人民共和国领海及毗连区法》虽然规定了海岛主权，但对于海上丝绸之路中的南海争议岛礁缺乏有效的管控及反制措施，因此，有必要制定完善相关法律，明确海岛主权的维护、对违法侵占、破坏行为的反制等法律条款。

（五）细化海洋执法方面的立法

我国刚组建中国海警局，进行海洋执法，维护国家的海洋权益。但海警局主要还是行政执法，在维权方面力度不够。各沿海地区海监与边防、渔政、海关缉私的执法队伍仍各自为政；中国海警执法范围和权限尚不明确，如对海上违法人员、货物、船只等处理仍然没有明确执法的法律依据。因此有必要制定相应的法律法规赋予中国海警刑事执法权，规定中国海警主要任务、执法职责，针对海洋执法中的冲突事件的不同程度而有相应的应对处置措施。

参考文献

[1] 刘海廷．健全海洋法律制度 依法开发海洋资源．中国渔业经济，2007，(2)：25－27.

[2] 陈万灵，何传添．海上丝绸之路的各方博弈及其经贸定位．改革，2014，(3)：74－83.

[3] 我国海洋经济进入增速“换挡期”．中国海洋报，2014年3月12日.

[4] 姜延迪．国际关系理论与国际海洋法律秩序的构建．长春师范学院学报（人文社会科学版），2010，29（2）：21－23.

[5] 邓正来．王铁崖文选．北京：中国政法大学出版社，2002，337.

[6] 刘惠荣．制定海洋基本法 依法维护海洋权益．中国海洋报，2014年6月17日.

[7] 张连莲．海权视角下中国海洋法律制度完善对策研究（硕士学位论文）．大连海事大学，2013.

[8] 张楚晗．中国海洋法律体系研究（硕士学位论文）．大连海事大学，2013.

[9] 宋慧敏．日本海洋基本法研究（硕士学位论文）．中国海洋大学，2009.

[10] 张辉．论我国海洋立法的现状、问题及完善途径．桂海论丛，2012，(4)：104－107.

[11] 杨先斌．完善中国海洋法律体系的思考．法制与社会，2009，(4)：22－23.

中国21世纪海上丝绸之路战略构想若干思考[*]

金永明[**]

2013年9月7日和2013年10月3日，国家主席习近平在分别访问哈萨克斯坦和印度尼西亚时提出了丝绸之路经济带和21世纪海上丝绸之路的战略构想。在2013年10月的中央经济工作会议上，习近平同志再次明确指出，要抓紧制定战略规划以推进丝绸之路经济带建设，并加强海上通道互联互通建设以促进21世纪海上丝绸之路进程。为此，有必要就如何推进21世纪海上丝绸之路战略构想予以规划和布局，特别需要对其战略定位和具体路径予以探讨。

一、21世纪海上丝绸之路战略构想的背景及定位

丝绸之路经济带和21世纪海上丝绸之路战略构想的提出，是应对我国经济社会持续发展、消除美日等国“围堵”中国“进出”海洋，确保海上运输通道安全，运用我国经济、文化优势转化为政治和外交正能量，消除亚太“二元”权力结构，着力改善中国与周边国家关系，逐步确立中国亚太权力中心地位，充实世界多极化发展趋势的重要战略举措。对于确保我国大国外交政策方向，树立区域大国良好形象，承担国际责任，确保国家安全等具有重大意义。

同时，21世纪海上丝绸之路战略构想是中国和平发展战略体系的重要组成部分和具体路径选择，也是丰富和实施我国外交大战略（新亚洲安全观、利益和命运共同体、新型大国关系、全球治理、和而不同等）的具体倡议和有力措施，更是对中国和谐世界、和谐海洋、共同发展、共同安全理念的丰富和发展，所以，必须运用综合性的力量加快规划和推进落实，为世界多极化的发展、稳固世界安全作出中国的贡献。

二、21世纪海上丝绸之路战略构想的基本特征

不可否认，中国提出的构建21世纪海上丝绸之路战略构想是适应新时期、新发展和新秩序的必然产物。传统意义上的丝绸之路是在中国逐步衰落的过程中消失的，基本特征为东方文明被西方文明所替代，所以，中国的发展需要运用新举措和新理念为世界和区域的进一步发展和稳固新秩序，确保安全等作出贡献，为此，中国提出的21

---

[*] 来源：本文为第一届中国海洋发展论坛征稿。

[**] 金永明，男，上海社会科学院法学研究所研究员，上海社会科学院中国海洋战略研究中心主任，法学博士，中国海洋发展研究会理事。

世纪海上丝绸之路战略构想，是适应时代发展的必然产物，以逐步地恢复东方文明在世界中的地位和作用，并确保中国的大国强国地位。

从21世纪海上丝绸之路战略构想的背景和意义看，其主要具有以下基本特征：时代性、战略性、安全性、综合性、互利性、阶段性、和平性、开放性和共同性。换言之，21世纪海上丝绸之路战略构想能否成功实施，需要得到各国的积极响应和有力参与，也需要克服和消除各种挑战和威胁，以共同实现和平、安全、发展和共赢的目标。

三、21世纪海上丝绸之路战略构想的实施路径及挑战

众所周知，规划和实施21世纪海上丝绸之路战略的主要目的为通过发挥中国在基础设施建设、产业生产能力、历史文化和资金储备等方面的优势，提升国家和区域之间的合作能力，确保中国海上运输通道安全，发挥中国的积极作用，所以在构建21世纪海上丝绸之路战略的过程中势必会遇到一些挑战和威胁，特别需要有阶段、分步骤、有重点地处理国家之间的关系，树立中国的和平发展形象。

从我国能源资源和商品贸易的来源和依赖性看，21世纪海上丝绸之路存在不同的区域板块和特点。首先，东南亚国家是关键。中国必须重点搞好与东南亚国家之间的关系，特别需要稳控诸如南海问题争议那样的问题，使其不影响中国与东盟关系的大局，确保航行安全；同时，应加强对马六甲海峡运用多国合作管理的参与力度和机制建设投入。其次，南亚国家是重点。关键应搞好中国与印度之间的关系，因为印度的发展需求、广阔的市场等与中国合作（海上合作）的潜力巨大。再次，中东是我国进口石油的主要来源地，所以必须与中东国家搞好关系。特别应在美国等国家撤出阿富汗和伊拉克后，中国如何参与这些国家的经济建设，确保其国家安全等采取必要的措施，因为这是发挥中国优势的有利时机。最后，欧盟和其他国家是基础。欧盟不仅是中国最大的贸易伙伴，也是国际机制的发源地，所以，中国也应继续搞好与欧盟国家之间的关系，特别应正确地处理乌克兰事件，避免中国选边站的态势，从而冲击中国发展的战略环境。此外，澳大利亚和非洲等地是我国矿产资源进口来源地，尤其在非洲我国应加快基础设施建设、培训当地管理人员，尽力在改善和提升非洲国家治理能力等方面采取必要的措施。

总之，在构建21世纪海上丝绸之路战略的过程中，会出现各种的困难和挑战。为此，我国不仅要统筹规划，全面合理部署，特别需要有重点、分阶段地选择一些友好国家予以先期合作，重点突破，逐步实现“海上战略合作伙伴关系”目标，包括为我国在主要海上通道上的国家内共建港口、获取和增设补给点等创造有利的条件和基础，以应对海上危急事态，确保运输通道安全。在此，不仅要发挥当地华侨的影响和作用，同时也要对中国海外投资的企业进行社会责任的贡献统筹予以谋划，为消除对中国的不利影响而不断努力。

四、创设推进 21 世纪海上丝绸之路的国内统筹机制

21 世纪海上丝绸之路倡议是中国的国家战略，所以应予以统筹规划和综合部署，特别应积极发挥各省、市、区的自身优势，参与 21 世纪海上丝绸之路建设进程，为此，建议由国家安全委员会予以统筹协调，具体任务可由海权工作领导小组安排落实，以应对可能出现的问题和挑战，实现具体的战略目标。

历史的回首、现实的使命*

——中国“新丝绸之路”战略

仇华飞**

（同济大学政治与国际关系学院）

中华民族历史上出现过多次辉煌时期。汉代的张骞两次出使中亚，开启了中国同中亚各国友好交往的大门，开辟出一条横贯东西、连接欧亚的丝绸之路。张骞出使西域后，汉朝的使者、商人接踵西行；西域的使者、商人也纷纷东来。他们把中国的丝和纺织品，从洛阳、长安通过河西走廊、今新疆地区，运往西亚，再转运到欧洲，又把西域各国的奇珍异宝输入中国内地。中国与西亚、欧洲各国的政治、经济、文化交流日益密切。

历史上的陆上丝绸之路起于西汉都城长安（东汉延伸至洛阳），是一条东西方之间经济、政治、文化进行交流的主要道路。汉武帝以后，西汉的商人还常出海贸易，开辟了海上交通要道，这就是历史上著名的海上丝绸之路。海上丝绸之路是中国与世界其他地区之间海上交通的路线。中国的丝绸通过海上交通线源源不断地销往世界各国。① 中华文化与西方文化的相互交融，推动了东西方关系的和谐稳定发展。

今天，国家主席习近平提出构建“21 世纪海上丝绸之路”战略，不仅具有深远的历史意义，而且具有划时代现实意义。首先，海洋是各国经贸文化交流的天然纽带，建设“21 世纪海上丝绸之路”，是全球政治、贸易格局不断变化形势下，中国连接世界的新型贸易之路，其核心价值是通道价值和战略安全。其次，中国作为世界上第二大经济体，在全球政治经济格局合纵连横的背景下，开辟和拓展 21 世纪海上丝绸之路，将会极大地改善中国周边的安全环境。第三，通过“21 世纪海上丝绸之路”建设，进一步发展东盟、南亚、西亚、北非、欧洲国的战略伙伴关系，发展面向南海、太平洋和印度洋的战略合作经济带，以亚欧非经济贸易一体化为发展目标，推动中国与世界各国经济、贸易上互利共赢。

* 来源：本文为第一届中国海洋发展论坛征稿。

** 仇华飞，教授、博士生导师，我国著名的国际关系研究学者，中美关系研究专家，国家社会科学基金委和全国哲学社会科学办公室通讯评审专家，全国高校国际政治研究会常务理事，现任同济大学政治与国际关系学院副院长，国际与公共事务研究院副院长。

① 在德国地理学家李希霍芬（Ferdinand Freiherr von Richthofen）将横贯东西的陆上交通路线命名为丝绸之路后，有的学者又进而加以引申，称东西方的海上交通路线为海上丝绸之路。

一、构建“21世纪海上丝绸之路”战略的意义

当前，亚太安全环境既充满战略机遇，也面临巨大的挑战。日本在东海及钓鱼岛问题上不断制造事端，试图利用日美安保条约，向中国施加压力，迫使中国在事关国家核心利益问题上让步。在南海问题上，一些东南亚国家借美国实施重返亚太战略，不断挑衅和威胁中国在南海地区的主权利益。面对极其复杂的国际和周边环境，习近平主席提出构建“丝绸之路经济带”战略，对缓解中国周边安全环境的压力，推动中国与东南亚、南亚、西亚、北非及欧洲各国的政治、经济、贸易和文化交流，具有深远的时代意义和战略意义。

2013年9月7日，国家主席习近平在哈萨克斯坦纳扎尔巴耶夫大学发表题为《弘扬人民友谊　共创美好未来》的重要演讲，倡议用创新的合作模式，共同建设“丝绸之路经济带”，将其作为一项造福沿途各国人民的大事业。习近平指出，两千多年的交往历史证明，只要坚持团结互信、平等互利、包容互鉴、合作共赢，不同种族、不同信仰、不同文化背景的国家完全可以共享和平，共同发展。习近平强调，20多年来，随着中国同欧亚国家关系快速发展，古老的丝绸之路日益焕发出新的生机活力①。发展同中亚各国的友好合作关系是中国外交优先方向。我们希望同中亚国家一道，不断增进互信、巩固友好、加强合作，促进共同发展繁荣，为各国人民谋福祉。习近平提出，为了使欧亚各国经济联系更加紧密、相互合作更加深入、发展空间更加广阔，我们可以用创新的合作模式，共同建设“丝绸之路经济带”，以点带面，从线到片，逐步形成区域大合作。

二、面向中亚、南亚的外交新布局

在中国外交布局上，中亚和南亚构成我国西南和西北两个战略方向，是我国“向西开放”战略的重要目标和必经之地。2013年，习近平主席提出与有关国家共同建设“丝绸之路经济带”和“21世纪海上丝绸之路”的倡议。“一带一路”倡议是以中国新一轮对外开放，特别是加快“向西开放”为契机提出的，是我国将自身发展战略与区域合作相对接的重大战略构想，充实了我国“向西开放”战略的内涵。

中亚既是我国西北边疆的安全屏障，又是我国西北方向推进经贸、能源合作的战略伙伴。上合组织是我国深耕与中亚关系所倚重的战略性平台。中亚地区内部“三股势力”和国际跨国犯罪团伙沆瀣一气，在这种环境下，中国提出建设“丝绸之路经济带”，加强与中亚、南亚各国的政治、经济以及安全领域的合作，稳定各国社会政治、经济秩序，建立地区反恐统一战线，具有潜在的战略意义。

---

① 习近平主席提出五项建议：第一，加强政策沟通。各国就经济发展战略进行交流，协商制定区域合作规划和措施；第二，加强道路联通。打通从太平洋到波罗的海的运输大通道，逐步形成连接东亚、西亚、南亚的交通运输网络；第三，加强贸易畅通。各方应该就推动贸易和投资便利化问题进行探讨并作出适当安排；第四，加强货币流通。推动实现本币兑换和结算，增强抵御金融风险能力，提高本地区经济国际竞争力；第五，加强民心相通。加强人民友好往来，增进相互了解和传统友谊。

南亚在我国外交布局中的地位正在上升。中国与南亚的合作正处于双方历史上最活跃、最富有成果的时期。建设“21 世纪海上丝绸之路”倡议的提出给中国与南亚合作插上一双有力的翅膀。印度既处于“丝绸之路经济带”辐射区，又是“海上丝绸之路”的重要节点，中印合作对于“一带一路”战略构想的成功具有举足轻重的意义。马尔代夫和斯里兰卡地处印度洋中部地带，扼守印度洋重要国际航道，自然是“海上丝绸之路”的重要组成部分。斯里兰卡还是第一个以政府声明的形式来表达对“21 世纪海上丝绸之路”倡议支持的国家。不久前习近平主席对上述三国的访问，凸显中国构建“丝绸之路经济带”的战略理念。

三、运用上合组织创新模式，共同建设“丝绸之路经济带”

丝绸之路经济带，是在古丝绸之路概念基础上形成的一个新的经济发展区域。东边牵着亚太经济圈，西边系着发达的欧洲经济圈，被认为是“世界上最长、最具有发展潜力的经济大走廊”。丝绸之路经济带概念的提出，也为上合组织的发展注入了新的内容和活力。这是一项造福沿途各国人民的大事业。丝绸之路经济带总人口 30 亿，市场规模和潜力独一无二，各国在贸易和投资领域合作潜力巨大。

哈萨克斯坦是古丝绸之路经过的地方，曾经为促进不同民族、不同文化相互交流和合作作出过重要贡献。千百年来，在这条古老的丝绸之路上，各国人民共同谱写出千古传诵的友好篇章。中国古代，丝绸之路从古都长安经过亚洲腹地一直延伸到欧洲和非洲，见证了中国历史上的富足与开放，同样也成为当时世界各国之间沟通的桥梁和纽带。而丝绸之路上，中亚各国占据着重要地位。如今中国与中亚各国、俄罗斯等国家都面临着加强合作、发展经济的重任，随着合作的加强，隐约间，当年的那条丝绸之路仿佛又呼之欲出。

上合组织正在协商交通便利化协定，将尽快打通从太平洋到波罗的海的运输大通道。中国将在建设丝绸之路经济带的过程当中发挥核心作用。中国是世界上的第二大经济体，又是最大的一个制造国、最大的出口国，最大的进口国，中国通过和世界的合作交流，而取得了巨大的发展，但我们到目前为止主要是同发达国家、主要同亚太发达经济体这样的合作比较多。上合组织 6 个成员国和 5 个观察员国都位于古丝绸之路沿线。构建“丝绸之路经济带”所强调的“五通”举措，即政策沟通、道路联通、贸易畅通、货币流通和民心相通，已有一定基础，上合组织在这些方面可以成为构建“丝绸之路经济带”的重要载体之一，发挥独特作用。

上合组织首倡以相互信任、裁军与合作安全为内涵的新型安全观，提供了以大小国共同倡导、安全先行、互利协作为特征的新型区域合作模式。经过 10 多年的实践，上合组织结合本地区形势，将新安全合作理念逐步推向完善，在本地区政治、经济、能源、安全等领域的合作不断拓展。因此，借助上合组织经验模式，未来新丝绸之路建设，将成为中国开展与中亚、南亚中东政治、经济、安全领域合作的重要战略举措外交战略的重要部分。

海上丝绸之路：周边外交的动脉与桥梁*

高　兰**

2013 年 10 月以来，中国正在全面升级周边外交，“亲诚惠容”成为今后中国周边外交的指导思想，而海上丝绸之路将成为中国周边外交的动脉与桥梁。

随着中国步入海陆复合型发展道路，海上丝绸之路被赋予了新的内涵与新的意义。

一、海上丝绸之路是中国与周边国家跨越时空的和平纽带

自汉代建立起海上丝绸之路以来，以中国古都长安为起点，连接亚洲、非洲和欧洲的古代陆上商业贸易路线，千百年来成为连通东西方的重要“交通走廊”，频繁地进行和平的航海贸易，促进了相关国家的相互交流。如今，21 世纪的海上丝绸之路，不仅仅是当年郑和下西洋远抵非洲大陆的线路，而是可以连接到各个大洲，它将把中国的和平理念传输到世界各地。中国奉行的“睦邻、安邻、富邻”外交政策对于营造良好的周边环境、维护海上安全意义重大。中国奉行和平外交政策，化解疑虑和矛盾。针对周边复杂的地缘政治状况和一些潜在的冲突和矛盾，中国始终坚持睦邻友好的和平外交政策，用和平的方式处理彼此的争端，赢得了周边许多国家的信任和支持。

二、海上丝绸之路是中国与周边国家传播海洋文化、增强软实力的新渠道

联合国大会把每年的 6 月 8 日定为“世界海洋日”，旨在通过宣传活动，传播海洋意识和海洋文化，呼吁全社会认识海洋、关注海洋、善待海洋，共建和谐海洋。

历史上我国曾有过辉煌的海洋文明。历史上早有“环九州为四海”之说，更有郑和七下西洋，海上丝绸之路等开拓与探索海洋之壮举。中国的海洋文化，以海上丝绸之路为精神载体，重视文化理解与相互包容，倡导双边与多边对话，并且注重公共外交作为软实力外交的特殊作用。中国倡导海洋发展的综合理念，既要依托军事、经济等硬实力，也要推进运用政治、法律、科技、文化等软力量，利用国际法、《联合国海洋法公约》等维护国家海洋权益，同时增强与周边国家的互信与互利。目前，中俄战略协作伙伴关系正在进一步巩固，中国与印度尼西亚建立起战略伙伴关系，中国澳大利亚关系也在不断拓展。

---

* 来源：【文汇报】发表时间：10/31/2013

** 高兰，教授，博士生导师，现任同济大学政治与国际关系学院副院长。中华日本学会常务理事、上海日本学会理事、上海国际关系学会理事、复旦大学日本研究中心兼职研究员、中国海洋发展研究中心研究员、中国海洋发展研究会理事、上海社会科学院中国海洋战略研究中心副主任。

三、海上丝绸之路是中国与周边国家海洋经济发展的助推器

“十二五”期间中国海洋经济生产总值将年均增长8%，2015年海洋经济生产总值占GDP的比重将达到10%。在宏观经济增速回落的背景下，海洋经济将成为持续拉动我国经济发展的有力引擎。

中国海洋经济的发展与其他产业经济的发展特点类似，具有内生型与外驱型的综合特征，因此需要进行国际海洋经济合作。2010年中国—东盟自由贸易区全面建成以来，中国已成为东盟第一大贸易伙伴，而东盟也超过日本成为中国第三大贸易伙伴。而且，中日韩自由贸易区（FTA）也在商谈之中，中国是日本和韩国最大的贸易伙伴国，韩国和日本则分别是中国的第三和第五大贸易伙伴国。

巨大的海洋经济利益为改善和加深中国与东亚各国的关系提供了契机。海洋合作包括产业合作、海洋资源开发与海洋生态环境保护、海洋科技合作等。例如，在发展现代海洋服务业方面，日本、美国有很多成熟的经验做法可以借鉴，与新加坡、日本等国可以在港区对接、口岸互通、信息共享、运输业、仓储业、船舶和货运代理方面深度合作。在海上钻井平台和海底石油勘探、开采方面，新加坡和美国的技术优势与我国的庞大市场可以结合起来。在海洋科技合作方面，目前两大海洋科技前沿技术是深海开发和极地考察，这方面我国与美国、英国、俄罗斯、日本等国可以开展国际海底区域勘查，发展深海技术及其延伸，培育深海产业发展，同时与美国、加拿大、俄罗斯等极地经验先进国家进一步拓展极地考察空间，完善极地考察工作体系。

四、海上丝绸之路是中国与周边国家海洋安全的缓冲器

近年来，西太平洋各主要海洋国家纷纷对其海洋发展战略做出不同程度的调整，在这一过程中，部分已有的海洋争端频频爆发。为此，海上丝绸之路的良性建设与运营，将有力地缓解争端的力度与强度。

在海洋领土争端上，中国与部分东盟国家间存在的双边争议问题，应通过双边友好协商妥善解决，避免南海问题影响中国—东盟友好合作的大局。在争议海域海洋资源的开发上，可以引入国际合作机制，吸引国际大财团、油气资源勘探和开采公司参加南海的共同开发，形成集约化的生产与开采，从而带动整个南海海域的共同开发。另外，在争议海域的非传统安全问题，如：打击海盗、毒品走私、海洋污染治理等问题上，可以建立由南海各方共同组成的国际安全合作机制，保证海路资源运输的安全，加强海上战略通道的保障能力。即使是中日钓鱼岛争端目前也仍然处于可控范围之内，中国依然主张对话解决争端，力争将钓鱼岛问题控制在中日关系的局部，避免扩大化。

中国发展海洋强国道路，将以海上丝绸之路为媒介，在确保海洋领土主权的前提下，不仅发展海军等硬实力，同时要推进海洋文化等软实力的海洋战略，全面发展中国海洋经济，积极开发海洋资源，共同维护海上通道，提供共同的海洋治理公共产品。

第二篇　海洋强国战略

中国特色海洋强国理论的若干问题探要*

冯 梁** 刘应本***

摘 要：中国特色海洋强国理论积淀于悠久的海洋历史实践，演变沿革突出，内容博大精深，阶段指导意义深远。从中国古代海洋发展观，到中国近代海权思想，再到新中国成立后历代党的中央领导集体努力寻求符合中国国情、具有中国特色的海洋事业发展之路，逐步形成了相对完整的中国特色海洋强国理论体系，为推动国家海洋强国建设积累了丰富的经验，也为走出一条完全不同于西方国家几百年形成的模式而独具中国特色的海洋强国建设发展之路提供了理论上的基本遵循。

关键词：中国特色；海洋强国；海洋战略；理论探要

中国特色海洋强国理论的确立，与国家文化、经济、军事、体育等领域的强国理念比肩而行，其实质是为了实现海洋强国这一宏伟目标，国家综合筹划和指导海洋开发、利用、管理和安全等各个领域，通过发展海洋经济、提升海洋科技、弘扬海洋文化、培树海洋人才、加强海洋管理、维护海洋生态来达到海洋经济综合实力发达、海洋科技综合水平先进、海洋产业国际竞争力突出、海洋资源环境可持续发展能力强大、海洋事务综合调控管理规范、海洋生态环境健康、海洋文化健康发达、海洋人才高素质队伍不断涌现、海上力量强大、海洋外交事务处理能力跃升的系列指标，最终把我国建设成为与中国国际地位相称、与中国国情相符、与国家安全与发展需求相适应的强大海洋国家。

一、中国特色海洋强国理论的历史演变

中国特色海洋强国理论溯源于人们对海洋能够“行舟楫之便”、“兴渔盐之利”的朴素认识，到渴求并完成征服海洋的壮举形成初步的海权思想，历经中国传统海权的萎缩和衰弱导致海洋理论在徘徊中演绎曲折发展的路径，直至新中国成立后，中国共产党人以其筋骨之劳，心志之苦，真正开始了中国特色海洋强国理论的历史性求索，走出了一条完全不同于西方国家几百年形成的模式而独具中国特色的海洋强国建设与

* 来源：本文为第一届中国海洋发展论坛征稿。本文系国家社科基金重大项目《维护海洋权益与建设海洋强国战略研究》阶段性研究成果。

** 冯梁，男，博士，大校，博士生导师，海军指挥学院海洋安全研究中心主任，中国海洋发展研究会理事，中国南海研究协同创新中心副主任。

*** 刘应本，男，硕士，中校，海军陆战学院讲师。

发展之路。

(一) 中国特色海洋强国理论的起源

中华民族伴随着世界历史的发展进程，在掌握和利用海洋社会属性过程中，不断通过海洋实践活动识知其规律，逐渐形成了对海洋的理性认识。追溯中国特色海洋强国理论的起源，以古代郑和和近代孙中山为代表的海洋战略思想堪称典型。

郑和通过七下西洋的伟大实践，总结出“若欲国家强，不可置海洋于不顾。财富取之于海，危险亦来自海上……一旦他国之君首夺南洋，华夏危矣。我国船队战无不胜，可用之扩大经商，制服异域，使其不敢觊觎南洋也……”① 等海洋战略思想。他把海洋与国家的富强、海洋与国家的安危联系在一起，鲜明地揭示了海洋与国家政治、经济、军事之间的密切关系，深刻地阐述了发展海军船队、控制海洋对国家安全和贸易的极端重要性。正因为有了郑和的海洋战略思想，才建立了“超过所有欧洲国家海军总和”的无敌舰队，才激发了人们大范围宽领域开发利用海洋的热情，推动着传统海洋观的重大变革。然而遗憾的是，明、清两朝置郑和的经典海洋理论于不顾，转而长期实行“海禁”和“闭关锁国”政策，固守重陆轻海、重农抑商及封建文化专制的恶果使中国海洋事业萎缩、海洋产业凋敝、海上力量弱化、海权丧失殆尽。

在晚清有识之士为恢复中国海权而做最后努力之际，伟大的民主革命先行者孙中山先生百折不挠地探索海权问题，他把对海洋的认识上升到国家政治和战略的高度，明确指出“国家之盛衰强弱，常在海而不在陆，其海上权优胜者，其国力常占优胜”②，强调突出以海兴国、以海强国思想，把发展海洋权与制海权、发展海军与发展海洋实业同国家民族兴衰紧密相连，这与传统海洋思想有着质的区别。孙中山的海权思想和理论，顺应了20世纪初世界海洋战略竞争的大潮，掀开了中国现代化海权发展的序幕，是近代中国海洋强国理论的重要标志。关于海权、海军建设以及发展海洋事业方面，其真知灼见已经勾勒了一幅具有现代科学意义和革命精神的海洋观。这既是对中华民族传统“重陆轻海”观念的深刻反思，又是引领中华民族适应世界发展大势、重新走向海洋、振兴中华的近代海权理论。可惜的是，后来无休止的军阀混战导致中国海权日趋沉寂，建立强大海军的理想和以海洋为纽带带动整个国民经济发展的美好蓝图化为泡影。

(二) 中国特色海洋强国理论的发展

新中国成立后，以毛泽东、邓小平、江泽民、胡锦涛、习近平为代表的党中央领导集体努力寻求符合中国国情、具有中国特色的海洋事业发展之路，根据不同时期的具体情况不断创新海洋强国发展理论，调整海洋强国发展思路，规划海洋强国发展进程，制定海洋强国发展举措，逐步形成了相对完整的中国特色海洋强国理论体系。

---

① 郑一钧：《论郑和下西洋》，海洋出版社1985年版，第419、442页。

② 中国社会科学院近代史研究所中华民国史研究室等编：《孙中山全集》第2卷，中华书局1981年版，第564页。

1. 以"海上长城"和"海上铁路"战略思想为标志的中国特色海洋强国理论萌芽期

毛泽东同志作为党的第一代中央领导集体核心，从中国历史教训、海洋上面临的形势和将来融合于国际社会的战略需求出发，逐渐形成了建设"海上长城"、"海上铁路"的海洋战略思想。"海上长城"本质上是一种随着国家海洋权益在海洋上延伸而变动的"利益边疆"，"海上铁路"是组成强大的海上综合力量，支撑国家的开放战略。[①]

"海上长城"和"海上铁路"这一海洋战略思想结构合理、体系完整，勾画了捍卫国家主权完整和海洋权益不受侵犯，与各国共享海洋资源、共同管理海洋的深刻战略内涵，开创了中华民族海洋观念的新纪元，正式开启了中国特色海洋强国的建设步伐。在该思想指导下，中国海洋政治、经济、安全等领域发展彼此促进，良性互动，实现了海洋事业的跨越式发展。然而，在以革命与战争为时代主题的年代，在以意识形态论亲疏的国际关系大背景下，"海上长城"和"海上铁路"战略思想受到了诸多国际条件的制约和高度计划经济及国内政治生态的约束，没有根本体现海洋的自然属性和社会属性方面的开放特征，致使国家海洋经济发展缺乏持续驱动力，海军建设与运用也因一味排斥"海权论"而从根本上限制了海军的机动本能。就构建中国特色海洋强国的宏观视野、科学内涵与战略要求而论，"海上长城"和"海上铁路"战略思想尚属中国特色海洋强国理论的萌芽。

2. 以"进军海洋"和"经略海洋"战略思想为标志的中国特色海洋强国理论初步形成期

以邓小平同志为核心的党的第二代中央领导集体，多次强调要"进军海洋，造福人民"，"发展海洋事业，振兴国家经济"[②]。19世纪80年代中后期又适时提出以开放沿海地区、开发近海资源、开拓海洋公土为基本方针的"经略海洋"伟大构想，明确了新时期我国海洋政治、经济和军事等方面的发展目标。"进军海洋"和"经略海洋"的海洋战略思想，从根本上说，就是利用"海"的优势率先使沿海地区的经济高速发展，并以此为"龙头"，带动全国经济的发展。

"进军海洋"和"经略海洋"战略思想的提出和实施，进一步唤起了民族的海洋意识，极大地促进了国家经济的腾飞，通过建立经济特区、开放沿海港口城市、开辟沿海经济开放区等战略举措，由南到北形成了由点到线，由线到区域的海洋开放格局，整个中国沿海地区的国门实现多层次、全方位的对外开放，对中国特色社会主义的建设和综合国力的提高产生了极其深远的影响。这充分表明，党的第二代中央领导集体非常注重从经济角度关注海洋，并将海洋作为中国开放战略的传送带，是海洋作用观认识上的一个飞跃。从此，中国开始真正走向世界，中华民族在海洋战略思想的发展

① 李海清、陈红主编：《走向海洋》，海洋出版社2012年版，第180－181页。

② 转引自王立东著：《国家海上利益论》，国防大学出版社2007年版，第98页。

中步入复兴之门，同时也正式开启了共同筑就中国特色海洋强国之梦的伟大征程。

3. 以“开发利用海洋、保卫海洋权益”战略思想为标志的中国特色海洋强国理论快速发展期

以江泽民同志为核心的党的第三代中央领导集体更是从战略的高度认识海洋，针对新形势下的新情况、新挑战，提出了“开发利用海洋、保卫海洋权益”的系列新观点、新论断，并正式将“维护国家海洋权益”写入到党的全国代表大会报告、政府工作报告、国民经济和社会发展规划等党和国家法规性、纲领性文件之中，这在我们党的历史上尚属首次。

2002 年 3 月 5 日，江泽民敏锐地指出：“建设海洋强国是新时期的一项重要历史任务”①，“建设海洋强国”战略思想首次进入到党和国家最高领导人的视野，表明了党和国家领导人在“濒海大国”基础上“建设海洋强国”的宏远志向和战略自信，筹划部署了“建设海洋强国”这一伟大战略目标，无疑推动着“建设中国特色海洋强国”的快速发展。随着“开发利用海洋”的进一步深入，江泽民同志对海洋安全的地位、内涵、模式、途径等进行了深刻的反思和揭示，提出了迥异于传统海洋安全观的寓海洋国土观、海洋经济观和海洋安全观为一体的新的海洋观，这是对毛泽东、邓小平建设强大海防、捍卫海洋国土和开发利用海洋资源为主要内容的海洋观在新时期的继承和发展，反映了中华民族对海洋认识的历史性飞跃，是国家发展和安全战略的重要理论基础，也是海军军事理论的重要基石。

4. 以“维护国家海洋权益和发展利益”战略思想为标志的中国特色海洋强国理论丰富拓展期

以胡锦涛为总书记的党中央领导集体立足于世界大发展大变革大调整，基于国家利益在海洋空间不断拓展、海上安全形势日益严峻等客观实际，指出：“我国在海洋空间都拥有巨大的战略利益，我们要高度重视维护国家海洋权益和发展利益。”②“维护国家海洋权益和发展利益”战略思想，在传承“开发利用海洋、保卫海洋权益”基础上，注重国家海洋利益的自然延伸和正常扩展，注重在统筹国内国外两个大局中充分发挥海洋与世界“接轨”的自然功能，是国家海洋事业发展中“务实、开放、合作、自信”的充分展现，是解放和发展国家海洋生产力的又一次质的突破，是海洋认识观上的又一次历史性飞跃。

2006 年胡锦涛在会见海军第十次党代会代表时强调指出：“我国是一个海洋大国。”③ 这是中国最高领导人首次公开宣称中国是海洋大国，清晰展现了中国将在“海

① 王曙光：《海洋开发战略研究》，海洋出版社 2004 年版，第 20 页。

② “论新世纪新阶段我军的历史使命”，载于《解放军报》，2006 年 1 月 9 日。

③ “胡锦涛在会见海军第十次党代会代表时强调：按照革命化现代化正规化相统一的原则　锻造适应我军历史使命要求的强大人民海军”，载于《解放军报》，2006 年 12 月 28 日第 1 版。

洋大国”基础上建设海洋强国的战略决心，统一了建设海洋强国的基本立足点，彰显了中国从一个传统的大陆国家向海洋国家转变的立场。此外，胡锦涛同志坚持把捍卫国家主权、安全和领土完整，保障国家发展利益放在高于一切的位置，倡导构建“和谐世界”、“和谐海洋”理念，力争共建“和平之海、友谊之海、合作之海”，力求以“和平的方式”解决与周边国家的海洋争端问题。这充分体现了中国维护世界和平和地区稳定以及双边友好关系的最大诚意和良好愿望，也是对邓小平和平解决岛礁争端思想和江泽民海洋合作安全新模式的创新发展，是新世纪新阶段化解各国海洋战略矛盾的科学指南。

5. 以“建设海洋强国”战略思想为标志的中国特色海洋强国理论日趋成熟期

党的十八大报告明确提出：“坚决维护国家海洋权益，建设海洋强国。”[①] 这是“建设海洋强国”历史性地跃然于党的报告之中。表明党中央在我国全面建设小康社会的决定性阶段，科学分析和把握世情、国情等因素而作出了重大战略决策和部署，为我国海洋事业的发展确定了清晰的战略目标和前进方向。这也是“上下一致”、“举国一致”的海洋再认识、再定位，是坚持“以海兴国”民族史观的生动再现，是中国特色海洋强国理论日趋成熟的风向标。

2013 年 7 月 30 日，习近平总书记在主持中央政治局就建设海洋强国研究集体学习时强调：海洋在国家经济发展格局和对外开放中的作用更加重要，在维护国家主权、安全、发展利益中的地位更加突出，在国家生态文明建设中的角色更加显著，在国际政治、经济、军事、科技竞争中的战略地位也明显上升。要进一步推动我国海洋强国建设不断取得新成就。我们要着眼于中国特色主义事业发展全局，统筹国内国际两个大局，坚持陆海统筹，坚持走依海富国、以海强国、人海和谐、合作共赢的发展道路，通过和平、发展、合作、共赢的方式，扎实推进海洋强国建设。[②] 这充分表明，建设海洋强国已被纳入国家大战略视野。10 月，习近平主席访问东盟各国期间，提出要共同建设 21 世纪“海上丝绸之路”。党的十八届三中全会在做出全面推进改革的决定里，将推进丝绸之路经济带和 21 世纪海上丝绸之路的建设专门作为一项任务。这是国家海洋事业继毛泽东“注重沿岸地区的牵引”、邓小平“注重沿海经济带价值”、江泽民“注重濒海产业链打造”、胡锦涛“注重海洋利益向远海拓展”之后形成的对外开放的全新格局和思路，把握了海洋在中国融入世界体系过程中的本质规律和特征，找到了一条中国与世界快速联通的“捷径”，构筑了中国与世界紧紧联系在一起的“大循环”和“正反馈”系统，二者互相促进、相得益彰，正式张开了中华民族腾飞的翅膀，彰显了民族复兴之路中实现海洋辉煌的决心与自信。

---

① 胡锦涛：《坚定不移沿着中国特色社会主义道路前进 为全面建成小康社会而奋斗》，人民出版社 2012 年版，第 40 页。

② 习近平：“进一步关心海洋认识海洋经略海洋 推动海洋强国建设不断取得新成就”，载于《人民日报》2013 年 8 月 1 日第 1 版。

二、中国特色海洋强国理论的基本属性

中国特色海洋强国理论既与一般海洋强国理论存有共性，也有属于自己的个性，作为一个国家层面的战略理论，其基本属性大致包括哲学、政治、社会、文化、战略等几个方面。

就哲学属性而言。中国特色海洋强国理论是国家各领域、各部门、诸要素构成的复杂系统，对“海洋强国”认识需要运用历史和辩证唯物主义的方法，以全面综合的观点分析力量的强与弱，并善于在全面的基础上把握重点，以重点要素的考察来牵引和推动全面要素的分析。中国特色海洋强国理论中“海洋强国”更多地体现在追求“强”的过程，更多地体现在“纵向”对比上的“强”，更多地体现在局部的“强”。“中国特色海洋强国”在世界上的影响力也更多的是“内敛”到与国家的国际地位相“匹配”，而不是“强”到要企图挑战现有国际体系架构。结合当前国际形势，中国建设特色海洋强国一要提防在海洋领域整体强势国家的全面打压促使战略“内收”，二要提防在海洋领域相对弱势国家的恶意诱导促使战略“犯错”。对于机会，我们必须紧抓不放，对于威胁，我们必须善于化解，只有抓住机会、化解威胁才能使海洋国家由大变强。

就政治属性而言。一方面，中国特色海洋强国理论是以国家为行为主体进行考察，而国家向来是一个历史和政治的范畴。中国特色海洋强国理论的最终目的就是更好地实现对内对外两种国家职能，更好地处理中国与世界的关系，更好地统筹国家、集体、个人之间的利益关系。另一方面，中国特色海洋强国理论是在中国共产党领导下，代表广大人民根本利益的无产阶级，结合中国经济基础一步步发展创立的，并指导相关“国家权力”的运用，直接作用于政治上层建筑各个领域，从而实现海洋强国的目标。

就社会属性而言。从国际角度看，海洋是联系世界各国的“大通道”、“大动脉”，在世界各国“向海洋进军”的道路上，海洋必然是世界各国合作互赢、打造利益共同体的天然“试验田”。中国特色海洋强国理论在谋求本国发展中促进各国共同发展，通过建立新型全球发展伙伴关系，同舟共济，权责共担，增进人类共同利益，这是其在国际上的社会属性体现。从国内角度看，海洋经济始终是国民经济的一大亮点，是国民经济可持续发展的引擎甚至是支柱。从这个意义上讲，海洋是国家可持续发展的保证，是解决社会矛盾的根本“靠山”，是解决社会“瓶颈”之忧的重要领域，这也是中国特色海洋强国理论在国内体现出的社会属性所在。

就文化属性而言。中国具有自己独特的海洋发展史，形成了不同于西方海洋发展模式的海洋文化传统和凸显的中国式的民族个性。中国在海洋文明进程中夹杂着传统的“重农抑商”生产方式带来的内向和保守，在处理与他国之间存在的海洋利益矛盾时，倾向于认同世界的一体化和相互依存性，认同国际行为主体之间的和平共处和良性互动，在战略手段的选择上有“慎战”的文化心态，期望“不战而屈人之兵”。此外，中国特色海洋强国理论还有其独有的价值观特性，“和合”、“和谐”是中华民族

几千年来的核心价值取向和价值观传统。如今建设中国特色海洋强国也不可避免将在海外有系列军事行动，但行动的性质是防御性的，所采用的手段是和平性的，所借助的方式是合作性的。

就战略属性而言。中国特色海洋强国理论所具有的战略内涵特别丰富，既涉及战略思维空间的世界性，又广及海洋经济、政治、军事、外交、文化、科技、环境等各个领域之间的整体协调性。一方面，中国特色海洋强国理论与世界其他海洋强国理论一样，也是从世界性战略思维角度进行考察分析，只不过面临的时代和地缘形势，所使用的海上力量和所采取的方法手段与西方传统海洋强国理论不同罢了。另一方面，中国特色海洋强国理论注重战略运筹的整体性和协调性。从整体性要求上看，建设中国特色海洋强国是一个复杂系统工程，涉及经济、政治、外交、国际文化等多个领域多个部门，战略运筹的宏观性、整体性和综合性要求较高。从协调性要求上看，中国特色海洋强国理论的战略运筹协调要囊括当前改革和发展所需要解决的一系列战略性、全局性的重大问题，反映中国特色社会主义现代化建设的客观规律，贯彻落实科学发展观的战略构想。

三、中国特色海洋强国理论的主要特色

中国特色海洋强国理论走出一条不同于西方大国的崭新的海洋强国之路，其显著特色表现在：

（一）时代特征与海洋现状相统一

从中国建设海洋强国面临的战略环境来看，具有时代特征与海洋现状相统一的特色。一方面，时代特征赋予了中国建设海洋强国的“正能量”。当今世界的时代潮流是和平、发展、合作、共赢，中国建设海洋强国坚持走一条符合我国和平发展战略、体现和谐海洋理念的海洋发展道路，同世界各国合作发展、共同发展、寻找利益交汇点，构建利益共同体，顺应了时代潮流。另一方面，海洋现状给中国建设海洋强国带来的影响不容忽视。中国无论在何等国际战略高度提出和执行新的海洋战略，都将面对当今世界各国为了狭隘的国家利益争夺海洋控制权，争夺海洋资源的政策惯性。同时，中国建设海洋强国必然要涉及国家间实力和利益的变化，往往牵动各国的利益神经。形形色色的海上争端可能造成中国在维护海洋权益与维持周边战略环境方面面临着二者不可兼得的被动局面。此外，如何将国家内在的改革与海洋强国的内在与外在建设有机地结合起来推进，是中国建设海洋强国过程中战略方向宏观整合的关键所在。

（二）长远谋划与阶段目标相统一

中国建设海洋强国是一项宏大的系统工程，必须系统思考、整体筹划，将长远谋划与阶段性目标统一起来，有计划有步骤地重点突破、全面推进。综合分析中国自身的海洋先天禀赋、总体实力情况、所面临的国际环境和时代背景等影响因素。现阶段中国海洋强国建设长远谋划的重点主要包括建成国际海洋政治大国、建成世界海洋经

济强国、建成一支强大的地区性海上力量三个方面。中国海洋强国建设的阶段性目标（2015年，2020年）在《国家海洋事业发展“十二五”规划》中有了直接体现。可以看出，中国建设海洋强国的长远谋划和阶段性目标是相统一的，长远谋划是总体方向，是战略目标，是阶段性目标得以实现的根本指导，而阶段性目标是分要求，是策略目标，是长远谋划得以成功的基础。

（三）竞争获益与合作共赢相统一

在合作中公平竞争，在竞争中获益共赢，是中国在建设海洋强国过程中坚持以斗争求团结的辩证诠释。在目标方向上，中国建设海洋强国推动建立多极化世界和多极化海洋，绝不拥护单极海上霸权也绝不建立自己的海上霸权；在利益关系上，中国建设海洋强国既着眼于中国国家利益也着眼于国际社会共同利益，努力寻找中国与国际社会利益的平衡点；在本质要义上，中国以和平的方式建设海洋强国，并作为和平的力量登上世界海洋舞台，不至于对国际社会现有秩序和利益造成重大冲击。这无疑突破了历史上海洋强国采取的战争崛起的陈旧模式，根本上破解海洋强国崛起必然导致战争的“历史性难题”。

（四）海上维权与海上维稳相统一

海上维权和维稳是中国建设海洋强国所必须正确处理的一对矛盾。从维护并尽可能延长国家和平发展战略机遇期的要求来看，我国的海上维权斗争必须兼顾海上维稳。这是其一。其二，从“与邻为善”、“以邻为伴”的外交方针来看，决定了我国海上维权斗争必须兼顾海上维稳。面临既不能急于求成，但又不能无所作为的海上争端现状，“斗而不破”将是建设海洋强国过程中确保海上维权与维稳相统一的基本策略。其三，海洋资源开发的可合作性，决定了建设海洋强国过程中在进行海上维权斗争的同时实现海上维稳的可能性。“主权归我、搁置争议、共同开发”的主张，为我国的海洋维权斗争指明了方向，也广为合作意愿强烈的周边国家所接受。从搁置岛礁争议，到搁置海域划界问题，中国的海洋维权方式已悄然将合作开发视为重点，为避免争端无限升级、共创和平双赢局面奠定了基础。

（五）国际责任、权利、能力相统一

中国建设海洋强国，既是依法享有和维护海洋权利的需求，又是主动承担更多国际责任、履行更多国际义务的需求，更是扎实提升海洋能力以确保国际责任和国家海洋权利顺利实现的需求。从承担国际责任来看，中国特色海洋强国建设需要将国际责任置于中国国家利益的大战略中去考量，从而塑造负责任的地区和国际大国形象。从实现海洋权利来看，建设海洋强国是国际法赋予中国人的权利，在集中精力加强领海、毗连区、专属经济区、大陆架等管辖海域管控、开发与保护的同时，进一步拓展经略海洋的战略视野，积极开展大洋和极地科考、国际海底勘探、远洋战略通道安保等活动，为人类海洋事业发展作出贡献。从海洋能力提升来看，随着中国国际责任的日益增多和实现维护海洋权利面临的重重阻力，其需求是迫切而宏远的。针对一些国家在国际法上采取双重标准，对我面临的海上争端肆意挑唆和妄加指责，争端当事国不顾历史事实而刻意挑起争端和使争端进一步扩大化、复杂化，试图共同探底中国和平发展“诚意”，指望我放弃正当海洋权益，牺牲海上的国家核心利益，而这些都恰恰印证了加强海洋能力提升、以实力求和平的重要性和必要性。

四、中国特色海洋强国理论的根本要求

中国特色海洋强国理论内涵十分丰富，涵盖了国家海洋安全与发展的各个领域，对发展海洋经济、捍卫海洋安全、维护海洋权益、弘扬海洋文化、提升海洋科技、培树海洋人才、加强海洋管理和维护海洋生态等方面提出了具体要求。

（一）发展海洋经济是核心，着力推动海洋经济向质量效益型转变

习近平总书记强调：“要提高海洋资源开发能力，着力推动海洋经济向质量效益型转变。”① 这就要求我们要加强海洋经济发展整体规划，制定近期与长期海洋经济发展基本原则、指导方针和战略目标，制定跨行业的海洋经济发展政策，聚集海洋经济的重点发展领域，优化海洋开发的空间布局，逐步构建起海岸带、海岛、近海、远海多层次经济区于一体的海洋经济空间新格局，有机统一海洋经济核心层、海洋经济支持层、海洋经济外围层各类产业②，使海洋开发范围从近海、浅海逐步向远海、深海拓展，海洋开发种类从传统渔业资源逐渐向海洋能源、战略性矿产资源、深海基因资源等扩展，海洋开发方式从粗放式向高效、低碳、安全方向发展。

（二）捍卫海洋安全是基础，着力推动海洋安全向内外兼修型转变

针对我国海洋安全具有关联性、复杂性、对抗性、时效性等特点，建设海洋强国必须着力推动捍卫海洋安全向内外兼修型转变。内要练力，掌握克敌制胜的传家法宝。外要练法，把握通力合作的成功之道。要深知，某些影响我国海洋安全的结构性矛盾和问题短时间内是不可调和、不可避免的，在岛屿争端、海域划界等敏感问题上擦枪走火和爆发战争的危险始终存在。我们不能指望把海洋争端“挂起来”、“拖下去”，更不能在他国先手的情况下“不吭声”、“不作为”，必须采取积极、及时、有效措施进行以动制动的有力回击。鉴于“蛛网缠身”式的海洋争端无不是美国的全球战略和其他相关国家地区战略合力作用的结果，我们要以大国的成熟、自信和睿智，沉着冷

① 习近平：“进一步关心海洋认识海洋经略海洋　推动海洋强国建设不断取得新成就”，载于《人民日报》2013年8月1日第1版。

② 根据海洋经济活动的性质，将海洋经济划分为三个层次。第一层次为海洋经济核心层，包括海洋渔业、海洋油气业、海洋矿业、海洋盐业、海洋船舶工业、海洋化工业、海洋生物医药业、海洋工程建筑业、海洋电力业、海水利用业、海洋交通运输业、滨海旅游业等主要海洋产业；第二层次为海洋经济支持层，包括海洋信息服务业、海洋环境监测预报服务、海洋保险与社会保障业、海洋科学研究、海洋技术服务业、海洋地质勘查业、海洋环境保护业、海洋教育、海洋管理、海洋社会团体与国际组织等海洋科研教育管理服务业；第三层次为海洋经济外围层，包括海洋农林业、海洋设备制造业、涉海产品及材料制造业、涉海建筑与安装业、海洋批发与零售业、濒海服务业等海洋相关产业。见姜旭朝、张继华著：《中国海洋经济演化研究》，经济科学出版社2012年10月版，第2页。

静应对时局，不图一时之快，不逞一时之勇，努力解消悲情爱国的“愤青”思想，摒弃急躁冒进的“武夫”情绪，坚持做到“非利不动、非得不用、非危不战”。知难而更进，通过建立与深化复合型的战略合作关系网，把构建和谐海洋的理念和方式投射到更广阔的海域，占领道德上的制高点，以我之“合纵连横”破彼之“合纵连横”，巧妙地化解海洋安全危机。

（三）维护海洋权益是重点，着力推动海洋维权向统筹兼顾型转变

习近平总书记强调：“要维护国家海洋权益，着力推动海洋维权向统筹兼顾型转变。”“要统筹维稳和维权两个大局，坚持维护国家主权、安全、发展利益相统一，维护海洋权益和提升综合国力相匹配。”要坚持“主权属我、搁置争议、共同开发”的方针，推进互利友好合作，寻求和扩大共同利益的汇合点。[①] 习总书记以辩证唯物观为理论指导，将我国涉海维权方针上升到了更科学、更全面、更系统的层面。这就要求我们在“和平发展”战略下有效维护海洋权益，必须多角度、多层面地采取一切积极的行动，最大限度地维护我国和平发展的国际环境，最大限度地保证我国的海洋权益，从确保国家最高利益的视野上在两者之间做到平衡。

（四）弘扬海洋文化是灵魂，着力推动海洋文化向传承开放型转变

我们实现中华民族伟大复兴“中国梦”的关键推力之一就是实现中国海洋文化向传承开放型转变。一方面，我们需要对自身传统海洋文化的认同，以自豪的心态进行合理传承、扬弃和内化。中华民族创造、传承、发展的海洋文化积淀深厚，蕴藏着丰富的可持续发展内涵。另一方面，我们更需要以开放的心态接纳吸收世界海洋主流文化，使中国海洋文化与之进行融合、包容与借鉴。世界“海洋时代”的发展需要中国的海洋文化，而中国海洋文化的发展、繁荣，需要系统的海洋文化理论的建构和引领。在交融互通中形成影响世界范围更广、程度更深的中国特色海洋文化，以中国气派、中国风格、中国特色影响世界。这不仅是为中国，也是为世界、为人类寻求一条走向和平与发展的“海洋文明”的新道路。

（五）发展海洋科技是动力，着力推动海洋科技向创新引领型转变

走和平发展的海洋强国之路，实现海洋产业、海洋军事、海洋经济和海洋文化同步发展，必须始终贯穿于海洋科技这一动力因素之中。习近平总书记强调：“建设海洋强国必须大力发展海洋高新技术”。[②] 基于国家海洋可持续发展的重大需求、现有海洋科技基础及面临的国际海洋开发形势，海洋科技必须从战略的高度谋篇布局，以完善的国家海洋科技创新系统为驱动，加强各地区、各行业与各部门的资源整合，突破制约海洋经济发展和海洋生态保护的科技瓶颈，搞好海洋科技创新总体规划，以深海、

---

① 习近平：“进一步关心海洋认识海洋经略海洋　推动海洋强国建设不断取得新成就”，载于《人民日报》2013年8月1日第1版。

② 习近平：“进一步关心海洋认识海洋经略海洋　推动海洋强国建设不断取得新成就”，载于《人民日报》2013年8月1日第1版。

大洋创新体系为依托，以生态化科技创新为方向，以提升自主创新能力为主线，以提升核心竞争力及支撑海洋强国战略实施为目的，着力推动海洋科技向创新引领型转变。

（六）培树海洋人才是关键，着力推动海洋人才向专业复合型转变

海洋人才队伍是建设海洋强国的必要依托和重要力量。一方面，随着海洋开发领域的不断拓展，需要多门类、大规模的海洋专业化人才，尤其海洋科研、海洋管理以及海洋生产、经营销售领域使“高、精、尖”的专业技术人才尽快成长起来。另一方面，在培养海洋专业人才基础上，还需要加强海洋复合型人才的培养。因为海洋本身就是一个综合性系统，如果不对海洋综合知识有所了解和掌握，也难以在海洋专业领域有所建树。为此，需要遵循海洋事业的发展规律和人才成长规律，制订好人力资源发展规划，创建各级各类引进海洋人才、培育海洋人才的平台，通过人员的引进与交流提高海洋事业技术人员和管理人员的素质，进而拓展参与国际、区外海洋事业交流的空间，借鉴国内外先进管理经验，从而达到加快复合型人才的培养并逐步与国际接轨的目的。

（七）加强海洋管理是抓手，着力推动海洋管理向综合治理型转变

海洋管理是国家职能的重要环节，是各级海洋行政部门代表政府履行的一项基本职责，是国家海洋事业全面发展的重要抓手。随着我国海洋开发战略的实施，国际贸易、海上协作和各种交流的增多，海洋管理的任务越来越重、矛盾越来越突出，为了推动海洋管理向综合治理型转变，一要构建海上综合管理机制，建立全国统一的海洋管理机构，同时加强各级海洋行政管理机构建设，使之与建设海洋强国战略实施有效对接，彻底改变目前条块分割、互不衔接、效能低下的状况。二是要建立健全海洋立法，统筹规划海洋管理，真正实现“依法治海、依法强海”。三是强化海洋执法队伍的建设，切实打造一支机动性好、反应灵活、装备优良的国家统一的海洋执法队伍，实现动态跟踪管理，担负起维护国家海洋权益、养护海洋资源、保护海洋环境、保障海上安全的重任。

（八）维护海洋生态是保障，着力推动海洋开发方式向循环利用型转变

美丽中国离不开美丽海洋，维护海洋生态既是建设海洋强国的重要方面，也是中华民族赖以生存发展的重要支撑。习近平总书记指出：要保护海洋生态环境，着力推动海洋开发方式向循环利用型转变。要下决心采取措施，全力遏制海洋生态环境不断恶化趋势，让我国海洋生态环境有一个明显改观，让人民群众吃上绿色、安全、放心的海产品，享受到碧海蓝天、洁净沙滩。因此，要把海洋生态文明建设纳入海洋开发总布局之中，坚持开发和保护并重、污染防治和生态修复并举，科学合理开发利用海洋资源，维护海洋自然再生产能力。必须从源头上有效控制陆源污染物入海排放，加快建立海洋生态补偿和生态损害赔偿制度，开展海洋修复工程，推进海洋自然保护区

建设。[①] 我们必须深刻认识海洋资源有限性、海洋生态脆弱性，强化生态文明理念、集约节约意识，自觉把海洋生态文明建设融入经济建设、政治建设、文化建设、社会建设的各方面和全过程，以生态平衡的整体观和经济观，科学地、全局地、长远地正确处理好海洋资源的开发与环境保护的关系，坚持“开发与保护并重、眼前利益与长期利益兼顾”的原则，使沿海经济发展与海洋环境资源承载力相适应，走产业现代化与环境生态化相协调的可持续发展之路，努力实现绿色发展、循环发展、低碳发展。

① 习近平：“进一步关心海洋认识海洋经略海洋 推动海洋强国建设不断取得新成就”，载于《人民日报》2013 年 8 月 1 日第 1 版。

论中国海洋强国战略的内涵与法律制度*

金永明**

（上海社会科学院法学研究所，上海 200020）

摘　要：党的十八大报告提出了建设海洋强国的国家战略目标，国际实践启示我们，应对和处理海洋问题的关键是，在国内应制定和实施国家海洋战略以及保障海洋战略实施的法律制度，以固化和保障这些海洋政策和措施的实施，实现海洋强国战略目标。鉴于我国的基本国情，我国重点通过发展海洋经济路径建设海洋强国的战略目标，应分阶段地实施，包括区域性海洋大国/强国和世界性海洋大国/强国等阶段，并指出了在各个阶段的具体目标和任务，以及实现这些目标的具体措施及基本指标，也论述了国家海洋战略的内涵及制定保障海洋政策和措施实施的海洋基本法的意义。

关键词：海洋强国；海洋经济；海洋权益；海洋法制

党的十八大报告在“大力推进生态文明建设”内容中明确提出，我国应“提高海洋资源开发能力，发展海洋经济，保护生态环境，坚决维护国家海洋权益，建设海洋强国”。① 习近平总书记在主持中共中央政治局就建设海洋强国研究进行第八次集体学习时（2013 年 7 月 30 日）指出，建设海洋强国对于推动经济持续健康发展，维护国家主权、安全、发展利益等，具有重大的意义，同时，特别强调了建设海洋强国的基本内涵，即“四个转变”。② 这为我们研究中国海洋强国战略内涵提供了重要的方向和任务，必须切实贯彻落实。换言之，我国首次正式提出了建设海洋强国的国家战略目标，所以有必要论述建设海洋强国的内涵及其发展进程，实现海洋强国战略目标的路径及其特征，以及建设海洋强国的具体措施，尤其是法律制度，以提供保障作用。

---

* 来源：原发文期刊 2014 年第 1 期《南海问题研究》总第 157 期

** 金永明，男，上海社会科学院法学研究所研究员，上海社会科学院中国海洋战略研究中心主任，法学博士。本文为作者主持的中国海洋发展研究中心重点项目：《我国应对海洋权益突出问题的策略研究》（AOCZD201202）的阶段性研究成果。

① 胡锦涛：《坚定不移沿着中国特色社会主义道路前进为全面建成小康社会而奋斗——在中国共产党第十八次全国人民代表大会上的报告》（本文简称“党的十八大报告”，2012 年 11 月 8 日），人民出版社 2012 年 11 月版，第 39－40 页。

② 习近平总书记在中共中央政治局第八次集体学习时强调建设海洋强国的“四个转变”内容为：要提高资源开发能力，着力推动海洋经济向质量效益型转变；要保护海洋生态环境，着力推动海洋开发方式向循环利用型转变；要发展海洋科学技术，着力推动海洋科技向创新引领型转变；要维护国家海洋权益，着力推动海洋权益向统筹兼顾型转变。See http：//www. gov. cn/ldhd/2013－07/31/content_ 2459009. htm，2013 年 8 月 1 日访问。

一、中国海洋强国战略的内容及发展进程

依据党的十八大报告建设海洋强国战略目标内容，有必要分析其内容及关系、实施建设海洋强国的必要性及可能性，以及国家海洋政策及战略的发展进程。

（一）中国海洋强国的具体内容及其关系

从党的十八大报告中针对建设海洋强国的内容可以看出，国家推进海洋强国建设的具体路径为发展海洋经济，手段及措施是不断提高海洋资源开发能力，这是发展海洋经济的保障，前提是急需解决我国面临的重大海洋问题（例如，东海问题、南海问题），以坚决维护国家主权和领土完整及海洋权益，并保障实施海洋及其资源开发的安全环境，从而实现保护海洋生态环境及建设海洋强国目标。

（二）中国建设海洋强国的必要性及可能性

由于我国长期以来注重开发陆地资源，轻视海洋资源的开发及利用，尤其是海洋意识不强，海洋科技装备落后，所以，开发和利用海洋及其资源的政策及措施明显不强，延滞了我国推进海洋事业发展进程；又加上中国的地理位置、历史及其他原因，即主客观要素或原因，致使我国在海洋问题上的举措并不充分和有力，从而积累了众多的海洋问题，且有不断恶化的倾向，呈现严重影响及损害国家主权和领土完整的趋势。随着改革开放的不断深化，我国的经济实力和海洋科技装备实力不断提升（例如，海洋石油“201”、海洋石油“981”的建成与使用，“蛟龙”号载人潜水器7 000米级海试在马里亚纳海沟试验区的成功），已经初步具备了经略海洋的基础和条件，所以，在陆地资源无法承载中国进一步发展的态势下，需要不断开发利用海洋及其资源，包括进出原材料及产品依托海洋，即在对外交流不断深化、国际经济不断融合的背景下，海洋及其资源对中国的必要性、重要性不断显现，且积极开发利用海洋及其资源的条件也已成为可能。尤其是随着《联合国海洋法公约》的实施，包括专属经济区、大陆架制度及岛屿制度的实施以及区域海洋制度（例如，《南海各方行为宣言》）的模糊性和缺陷，各国对海洋空间及其资源的开发和保护活动加剧，从而引发了诸如东海问题、南海问题等那样的敏感问题，恶化了中国周边的海洋安全环境，为此，在多国加强海洋活动包括制定和实施海洋战略、海洋法制，强化海洋管理的当今时代，我国也应适各种海洋情势和发展趋势，采取具体措施，以加快制定和实施国家海洋战略步伐。所以，党的十八大报告中提出的建设海洋强国战略目标是时代的产物和要求，完全符合时代发展之潮流。

（三）中国海洋强国战略的发展进程

建设海洋强国战略目标，是党和政府应对海洋问题尤其是新世纪以来对海洋政策特别是海洋经济发展政策的深化和提升，具有连续性及一贯性的特点。例如，党中央早在十六大报告（2002年）中就提出了“实施海洋开发”的任务。国务院在2004年的《政府工作报告》中提出了“应重视海洋资源开发与保护”的政策。在《十一五规

划纲要》（2006 年）中提出了我国应“促进海洋经济发展”的要求。在 2009 年的《政府工作报告》中又强调了“合理开发利用海洋资源”的重要性。《第十二个五年规划的建议》（2011 年）指出，我国应“发展海洋经济”。以此为基础的《十二五规划纲要》（2012 年）第十四章“推进海洋经济发展”指出，我国要坚持陆海统筹，制定和实施海洋发展战略，提高海洋开发、控制、综合管理能力。这些报告和规划中的内容无疑为我国推进海洋事业发展，特别是建设海洋强国提供了重要政治保障。可见，建设海洋强国目标是我国结合当前国际国内发展形势特别是海洋问题发展态势，也是我国长期以来应对海洋问题的政策和措施需要汇总和提升的背景下提出的，是一项明显地具有政治属性的重要任务，现已成为国家层面的重大战略。

（四）中国建设海洋强国战略与构建“和谐海洋”理念紧密关联

我国在国内层面提出的建设“海洋强国”目标，是与我国在国际层面提出的构建“和谐海洋”理念呼应的，是完善国际层面应对海洋问题的重要国内措施。即我国曾在 2009 年中国人民解放军海军诞生 60 周年之际，根据国际国内形势发展需要，提出了构建“和谐海洋”理念的倡议，以共同维护海洋持久和平与安全。构建“和谐海洋”理念的提出，也是我国国家主席胡锦涛于 2005 年 9 月 15 日在联合国成立 60 周年首脑会议上提出构建“和谐世界”理念以来在海洋领域的具体化，体现了国际社会对海洋问题的新认识、新要求，标志着我国对国际法尤其是海洋法发展的新贡献。[①]

二、中国建设海洋强国的路径及基本特质

从上述我国针对海洋问题的政策和措施看，我国是通过发展海洋经济的路径来推进国家海洋事业的发展的，并提升国家开发利用海洋及其资源的能力的，从而为建设海洋强国提供服务和保障。这种安排及选择是由海洋经济在我国经济社会发展进程中的地位决定的，也易被国际社会所接受，所以是一个比较合适且容易接受的路径。

（一）推进海洋强国建设的路径选择

我国的海洋经济产值在国内生产总值中的地位与作用正日益提升，并有继续发展的趋势，这是推进我国“海洋强国”建设的重要路径选择。特别是进入 21 世纪以来，我国海洋经济总量持续增长，例如，在 2001—2006 年间，全国海洋生产总值对国民经济的贡献率或占比由 8.71% 上升到 10.06%。2007 年，我国的海洋生产总值为 24 939 亿元，占当年国内生产总值的比重为 10.11%。[②] 2008 年，我国的海洋生产总值为 29 662 亿元，占国内生产总值的比重为 9.87%。2009 年，我国的海洋生产总值为

---

① 我国提出“和谐海洋”理念内容为：坚持联合国主导，建立公正合理的海洋；坚持平等协商，建设自由有序的海洋；坚持标本兼治，建设和平安宁的海洋；坚持交流合作，建设和谐共处的海洋；坚持敬海爱海，建设天人合一的海洋。“和谐海洋”理念内容，不仅是时代发展的要求和产物，也具有深厚的国际法基础。相关内容，参见金永明著：《海洋问题专论》（第一卷），海洋出版社 2011 年版，第 376 - 377 页。

② 参见《中国海洋报》2008 年 5 月 23 日，第 1 版。

31 964 亿元，占国内生产总值的比重为 9.53%。2010 年，我国的海洋生产总值为 38 439 亿元，占国内生产总值的比重为 9.70%。[①] 2011 年，我国的海洋生产总值为 45 570 亿元，占国内生产总值的比重为 9.70%。[②] 2012 年，我国的海洋生产总值达 50 087 亿元，占国内生产总值的比重为 9.60%。[③] 可见，我国的海洋生产总值基本占国内生产总值约 10% 的比例，是一个可以大有作为的产业，也是推进绿色发展的重要领域，更有利于生态文明建设进程，为此，我国必须紧紧抓住，采取有力措施推进海洋经济发展。

（二）中国的安全威胁主要来自海上

为发展海洋经济，我国必须合理处理影响海洋经济发展的重要海洋问题，消除海洋经济发展障碍，以维护海洋权益，并保障海洋经济发展的安全环境。海洋问题引发的海洋安全乃是国家安全问题。[④] 可以预见，影响当今与未来中国安全的威胁主要来自海上，主要理由为：

第一，我国与主要周边国家的陆地勘界工作基本结束，来自陆地的威胁将明显减少。例如，中国已同 12 个陆地邻国解决了历史遗留的边界问题，坚持通过对话谈判处理同邻国的领土问题，并取得了成功，确保了与周边国家间的和平稳定关系。[⑤]

第二，随着我国对外开放政策的进一步深化、全球化的深入，我国开发利用海洋及其资源的频率和力度将不断拓展及提升，所以，来自海洋的问题必然增加。特别是如上所述海洋经济发展已成为我国国民经济的重要组成部分，并有继续发展的态势，同时，我国进一步依赖海洋及其资源的趋势仍将继续增强。目前，我国进出口货物运输总量约 90% 是通过海洋运输的，进口石油的 99%、进口铁矿石的 95%、进口铜矿石的 80%，也都依靠海上运输，因此，保护与海洋有关的利益众多，相应的海洋问题必增。[⑥]

第三，我国是一个海洋地理相对不利的国家，与多国存在岛屿归属和海域划界争议问题。如果这些问题（例如，东海问题、南海问题）不能很好地控制并解决，将影响我国的海域安全（包括管辖海域显现的安全和潜在的安全），特别是海上通道安全和海上冲突事故的发生，将影响我国的海洋安全及国家安全利益。

第四，我国的经济发展已具备由陆地转向海洋的基础和条件，同时，我国海上力量的布局和发展，包括国防力量的加强，例如，航空母舰“辽宁”号的入列及使用，

---

① 参见《中国海洋报》2011 年 3 月 4 日，第 1 版。

② 参见《中国海洋报》2012 年 12 月 7 日，第 3 版。

③ 参见《中国海洋报》2013 年 3 月 27 日，第 1 版。

④ 海洋安全是指国家的海洋权益不受侵害或遭遇风险的状态，也被称为海上安全、海上保安。其分为传统的海上安全和非传统的海上安全。传统的海上安全主要为海上军事安全、海防安全，而海上军事入侵是最大的海上军事安全威胁；海上非传统安全主要为海上恐怖主义、海上非法活动（海盗行为）、海洋自然灾害、海洋污染和海洋生态恶化等。参见国家海洋局海洋发展战略研究所课题组编：《中国海洋发展报告》，海洋出版社 2007 年版，第 88 页。

⑤ 参见中国国务院新闻办公室：《中国的和平发展》（2011 年 9 月），人民出版社 2011 年 9 月版，第 8 页。

⑥ 参见金永明：《中国海洋经济发展的要义与法制建设》，载《文汇报》2011 年 1 月 5 日，第 12 版。

很容易被他国误读和误判，相应地引发海洋问题的可能性也将增加。

（三）中国海洋强国战略的基本指标

国际社会并不存在“海洋强国”的具体指标及特征，也无统一规范的定义或概念。鉴于海洋在国际社会发展中的重要性，尤其是《联合国海洋法公约》的生效（1996 年 11 月 16 日），且其已成为综合规范海洋问题的法典，所以，依据和对照《联合国海洋法公约》的原则和制度，界定“海洋强国”的基本指标或特征是比较合理的。为此，结合中国的国情和经济社会发展趋势，笔者认为，中国海洋强国战略的基本特征，主要为：

第一，海洋经济发达。在此的海洋经济为广义的概念，是指与海洋经济活动有关的产业，包括海洋油气资源的勘探、开发和运输领域的产业，船舶制造及修复技术产业，渔业加工制造及养殖产业，环境保护产业等。特别需要发展战略性海洋新兴产业，例如，海洋生物医药产业、海水淡化和海水综合利用、海洋可再生能源产业、海洋重大装备业和深海产业，以持续支撑海洋经济发展，实现海洋经济向质量效益型转变目标。

第二，海洋科技先进。具有支撑开发利用海洋及其资源和保护海洋环境的先进科技装备，以及应对海洋环境监测、污染及灾害等的先进技术及装备。换言之，需要具有与海洋经济发展水平相称的海洋科学技术及装备，以保障海洋经济发展后劲，实现海洋科技向创新引领型转变目标。

第三，海洋生态环境优美。我国应具备综合管理海洋及其资源的能力，特别需要具有预防、保护和修复海洋环境污染的能力，实现可持续利用目标，为此，需要进一步构建或完善我国周边海域数据的监测、汇集及处理的体系，并加大对污染者或损害者的惩罚措施。同时，应积极开发海洋娱乐项目，以更好地服务国民需求，享受海洋生态环境优美的益处和成果，实现海洋开发方式向循环利用型转变目标。

第四，具有构建海洋制度及体系的高级人才队伍。人才是各项工作顺利推进的关键要素，作为“海洋强国”，应在国际和区域及双边海洋领域的制度建构中，具有充分的话语权并被采纳，以体现国家的立场与主张，反映国家的需求和利益，为此，应该积极创造条件，培养与海洋领域有关的高级人才队伍，使这些领域的人才不断涌现，并为国家海洋事业贡献力量，体现海洋大国的人才优势，为完善海洋制度提供保障。

第五，海上国防能力强大。党的十八大报告指出，我国应建设与国际地位相称、与国家安全和发展利益相适应的巩固国防和强大军队，这是我国现代化建设的战略任务。[①] 在海洋问题上，为应对我国生存、发展及拓展的海洋利益，我国应加强海上国防能力建设，以坚定捍卫国家主权和领土完整及海洋权益，特别需要遵循统筹兼顾综合协调的原则。换言之，建设强大的海上国防能力，是我国合理处理海洋问题争议、海

① 胡锦涛：《坚定不移沿着中国特色社会主义道路前进为全面建成小康社会而奋斗——在中国共产党第十八次全国人民代表大会上的报告》（2012 年 11 月 8 日），人民出版社 2012 年 11 月版，第 41 页。

洋灾害事故及应急处置海洋问题，确保海洋安全环境的重要保障，也是建设海洋强国战略的重要指标，以实现海洋维权向统筹兼顾型转变的目标。

在上述构成海洋强国战略的主要指标中，它们之间的关系为，发展海洋经济是建设海洋强国的重要手段和基础；海洋科技是建设海洋强国的技术保障，也是增强海洋开发能力的重要支柱；海洋生态环境优美是建设海洋强国的重要目的之一；高级海洋人才队伍不断涌现是建设海洋强国的持续动力和捍卫国家海洋权益的重要利器；强大海上国防力量是建设海洋强国的必要依托和保障力量。总之，它们之间紧密关联，不可分割，应该全面规划和整体部署，共同推进和提升，切不可偏废任何一个方面，否则，我国建设海洋强国进程将受阻或延误。

（四）中国海洋强国战略的基本特征

中国海洋强国战略是中国和平发展战略的重要组成部分，应符合中国的具体国情和实际。其基本特征，主要体现在以下五个方面。

第一，和平性。中国海洋强国战略的成型和实施，坚守通过和平的方法和手段予以不断地丰富和完善的原则。这完全符合时代发展的潮流和趋势，符合中国倡导的新安全观（互信、互利、平等、协作），也符合中国和平发展进程目标。

第二，互利性。中国海洋强国战略的实施不以中国获取最大海洋资源及利益为目的，应兼顾其他国家的合理诉求和关切，寻求适当的利益平衡，以确保互利、共赢原则的实现。

第三，合作性。海洋问题错综复杂，紧密关联，单靠一个国家很难妥善地应对和处理，所以，在实现中国海洋强国战略的进程中，应采取合作的方式推进实施。

第四，阶段性。由于海洋问题复杂、敏感，尤其在主权问题上相关国家一般很难作出妥协和让步，所以，中国在实施海洋强国战略的过程中，应采取阶段性的步骤比较公平地解决，换言之，应坚守条件成熟时比较公平合理解决海洋问题的原则，相应地不应采取条件并不成熟的情形下，强行采取措施解决海洋问题争议的立场和政策。

第五，安全性。中国在实施海洋强国的进程中，将会采取有力措施确保国际海域的通道安全，包括继续派遣海军参与实施海盗打击行为，以确保国际社会使用海域的安全和海洋利益，尤其是航行和飞越自由安全。

中国海洋强国战略的上述主要特征，完全符合中国一贯的主张和追求，也符合国际法包括《联合国宪章》、《联合国海洋法公约》、《南海各方行为宣言》等规范的原则和要求，应该容易被国际社会所接受，为此，进一步加大中国海洋强国战略的宣传就显得特别重要和迫切。

从上述中国海洋强国战略的特征可以看出，中国建设海洋强国战略进程的步骤将是有序的，目标将是有限的，重点是维护和确保中国的海上权益，力量运用方式将是和平的和综合性的，以区别于传统海洋霸权国家的模式，即多依靠军事力量，包括设置军事基地和海外据点以及海外殖民地的方式扩展海洋霸权。换言之，中国将采取综合性的力量，包括政治、外交、经济、法律和文化、军事等多种手段，采取合作的方式，并发展与中国实力相称的军事力量，有序解决推进海洋强国建设进程中遇到的困难和挑战，维护和确保海上权益，以逐步实现海洋强国战略目标。

综合上述观点，中国海洋强国战略的概念可以界定为，中国将以国际社会规范的原则和要求，通过和平的方法与发展海洋经济，发展海洋科技装备，提升海洋资源开发和利用能力，加强对海洋资源和利益的综合管理包括完善海洋体制机制建设，适度发展海上军事力量，在不损害国家核心利益的基础上，力争运用和平方法解决海洋问题争议，争取海洋利益相对最大化，以实现保护海洋环境，维护国家海洋权益，确保国家海洋安全，把我国建设成为与中国的国情与现实发展需求相适应的海洋国家，实现具有中国特色的海洋强国之梦。总之，中国海洋强国的政治目标可以界定为——不称霸及和平发展。

（五）中国海洋强国战略的定位

党的十八大报告指出，我国仍将处于并将长期处于社会主义初级阶段的基本国情没有变，人民日益增长的物质文化需要同落后的社会生产之间的矛盾这一主要矛盾没有变，我国是世界最大发展中国家的国际地位没有变。[①] 鉴于此国情与地位，我国应分阶段有步骤地推进海洋强国建设目标。

1. 区域性海洋强国的定位

党的十八大报告指出，综观国际国内大势，我国发展仍处于可以大有作为的重要战略机遇期。为此，针对建设海洋强国战略目标，我国应使来自海洋问题的威胁对我国和平发展进程的影响或阻碍降低到最低限度。[②] 笔者认为，在此战略机遇期内，重点应解决我国与东盟国家之间存在的南海问题争议，以确立区域性海洋强国之地位。

在应对和处理南海问题争议时，尤其应遵守《南海各方行为宣言》及后续在各国间规范的原则和制度，依据包括《联合国海洋法公约》在内的国际法原则和制度，通过和平方法尤其是政治方法或外交方法解决南海问题，为此，需要找寻各方利益的共同点和交汇点，在追求自身国家利益的同时，也应合理照顾他国的关切及主张，达成较好的平衡，基本确保各国在南海开发利用海洋及其资源的利益，实现可持续的良性发展目标。[③] 为此，我国应加快构筑中国—东盟海上丝绸之路步伐，包括与东盟国家之

---

① 胡锦涛：《坚定不移沿着中国特色社会主义道路前进为全面建成小康社会而奋斗——在中国共产党第十八次全国人民代表大会上的报告》（2012 年 11 月 8 日），人民出版社 2012 年 11 月版，第 16 页。

② 我国和平发展的不懈追求是，对内求发展、求和谐，对外求合作、求和平。具体而言，就是通过中国人民的艰苦奋斗和改革创新，通过同世界各国长期友好相处、平等互利合作，让中国人民过上更好的日子，并为全人类发展进步作出应有的贡献。这已上升为国家意志，转化为国家发展规划和大政方针，落实在中国发展进程的广泛实践中。参见中国国务院新闻办公室：《中国的和平发展》（2011 年 9 月），人民出版社 2011 年 9 月版，第 9 页。

③ 有关南海问题争议及解决方法内容，参见金永明：《南沙岛礁领土争议法律方法不适用性之实证研究》，载《太平洋学报》2012 年第 4 期，第 20 – 30 页。

间积极协商，制定南海行为准则等，以稳妥地处理南海问题，积极利用南海的海洋资源和空间。

2. 世界性海洋强国的定位

为实现我国建设海洋强国战略目标，我国应在成为区域性海洋大国或强国的基础上，合理地处理和解决东海问题和台海问题，以实现国家和平统一大业，确立世界性海洋强国地位。

针对包括钓鱼岛问题在内的东海问题，我国已初步构建了钓鱼岛及其附属岛屿及周边海域的领海领空制度。① 为此，今后我国应努力在完善国内相关法律制度方面进一步采取措施，特别应完善我国在钓鱼岛及其附属岛屿周边海域的巡航执法管理制度，在其领海内规范外国船舶的无害通行制度规章，以及中国东海防空识别区航空器识别规则实施细则等，同时，应补充完善诸如设立中国海警组织法之类的制度性规范，以坚定地捍卫国家主权和领土完整。此外，针对钓鱼岛问题以外的东海问题，诸如东海海域共同开发、合作开发问题，我国应继续与日本展开协商和谈判工作，以切实履行中日外交部门于2008年6月18日公布的《中日关于东海问题原则共识》规范的要求和义务，以实现共享东海海底资源、安定东海秩序之目标。为此，我国应尽早制定诸如在东海海域实施共同开发那样的制度性规范，以被今后选择适用于东海共同开发制度内。

为实现将东海之海变成和平、合作、友好之海愿望，中日两国应继续利用现有双边对话协商机制，例如，中日海洋问题高级别磋商机制、中日战略对话机制中日副外长级对话机制以及中日东海问题原则共识政府间换文谈判机制，尤其应将钓鱼岛问题也纳入中日对话协商议题，以综合性地解决包括钓鱼岛问题在内的东海问题争议。

3. 分阶段的具体目标

为实现我国区域性海洋强国和世界性海洋强国之建设海洋强国战略目标，我国在各个时期的战略目标（综合性目标和阶段性目标）可分为以下几个阶段，具体为：

第一，近期战略目标（2014—2020年）。主要为设法稳住海洋问题的爆发或升级，采取基本稳定现状的立场，逐步采取可行的措施，设法减少海洋问题对我国的进一步的威胁或损害，以利用好战略机遇期。具体目标为，完善海洋体制机制建设，包括完善诸如国家海洋事务委员会那样的组织机构，完善海洋领域的政策与法律制度，为收复岛礁创造条件。

第二，中期战略目标（2021—2040年）。创造条件，利用国家综合性的力量，设法解决个别重要问题（例如，南海问题），实现区域性海洋大国/强国目标。具体目标为，

① 中国关于钓鱼岛及其附属岛屿领海基线的声明内容，参见 http://www.go.cnjrzg2012 - 09/10/content_2221140.htm，2012年9月11日访问。中国政府关于划设东海防空识别区的声明（2013年11月23日），中国东海防空识别区航空器识别规则公告（2013年11月23日）内容，参见 http://www.gov.cn/jrzg/2013 - 11/23/content_25533099.htm，http://www.gov.cn/jrzg/2013 - 11/23/content_2533101.htm，2013年11月25日访问。

逐步收复和开发他国抢占的岛礁，并采取自主开发为主、合作开发和共同开发为辅的策略。

第三，远期战略目标（2041—2050年）。在我国具备充分的经济和科技等综合实力后，全面处置和解决海洋问题，完成祖国和平统一大业，实现世界性海洋大国目标。具体目标为，无阻碍地管理300万平方千米海域，适度自由地利用全球海洋及其资源。①

第四，终期战略目标（2051—2080年）。即在我国改革开放约100周年之际，运用我国的综合性实力，实现世界性海洋强国目标。具体目标为，具有快速应对各种海洋灾害、海洋事故等的投送和处置能力，使海洋问题引发的灾害活动得到及时有效地处置，同时，为国际社会提供多种公共产品和治理海洋的制度设计的能力，实现和谐海洋和综合治理海洋的目标。

三、中国建设海洋强国的具体措施与法律制度

中国推进海洋强国建设的具体措施，主要体现在国内层面、区域层面和国际层面。

（一）中国推进海洋强国的具体措施

1. 国内层面的措施

在国内推进我国海洋事业发展、建设海洋强国的具体措施，主要为：

第一，我国应抓住当前的有利时机，结合主要国家制定和实施海洋战略和政策实践，制定和实施国家海洋发展战略，完善海洋体制和机制，以共同维护国际和区域海洋秩序，确保国际社会的共同利益和国家利益（生存和发展利益）。

第二，我国应遵循国际法和海洋法的原则和制度，综合而合理地处理中国面临的各种海洋问题，使其对我国的影响或威胁降低到最小限度。在此特别应适用国际、区域合作原则，以实现和谐海洋目标。

第三，进一步明确中国政府针对海洋问题的政策与立场，发布中国针对海洋问题的政策白皮书，包括加强两岸海洋问题合作进程，发布中国针对南海断续线政策白皮书（学者版、政府版），公布我国所属领土岛礁的领海基线并加强对其的开发和管理。②

第四，进一步完善我国的海洋政策与法律制度。深入考察我国针对海洋问题的政策，包括“主权属我、搁置争议、共同开发”，海洋争议问题解决模式，分析利弊得失；提升国民海洋意识和教育活动，包括创设海洋论坛，组建海洋网站，建立海洋研究基金会，扩大海洋教育和研究机构规模；进一步制定和完善我国海洋法律制度，包括制定海洋基本法、海域巡航执法条例、修改涉外海洋科学研究管理条例，完善相关部门法规等。

---

① 参见金永明：《中国海洋安全战略研究》，载《国际展望》2012年第4期，第2－3页。

② 关于中国南海断续线的性质及线内水域的法律地位内容，参见金永明：《中国南海断续线的性质及线内水域的法律地位》，载《中国法学》2012年第6期，第36－48页。

第五，为完善或补缺海洋要素或领域缺陷，发展中国海洋事业，拓展海洋利用范围，我国应完善并实施海洋领域具体规划，例如，海洋产业规划，海洋科技规划，海洋资源调查与环境保护规划，开发和保护海岛规划，海洋人才发展规划，深海开发规划，极地利用及合作规划等，以全面提升应对和处理海洋问题的能力与水准，确保中国在海上的发展和拓展利益，满足海洋强国指标或要求。

2. 区域层面的措施

现以南海问题为例，笔者认为，我国为实现区域性海洋强国的具体措施，主要为：

第一，我国应努力缔结中国与东盟国家之间的南海共同巡航和渔业管理合作制度，维护南海区域和平与航行安全，保障各国资源能源供应。换言之，应缔结区域性低敏感海洋领域的合作制度，如努力构筑区域性共同巡航和渔业管理合作制度，尽力缔结执法联络机制和危机管理制度，维护区域海洋秩序，共享区域海洋及其资源利益。

第二，中国不仅应延缓就缔结诸如南海各方行为规则那样的具有法律拘束力的谈判进程作出努力，也应适时提出自己的文本及具体愿望，以供讨论。持续努力与东盟的个别国家就争议岛屿归属问题展开双边谈判，并争取业绩，以向国际社会证明通过双边谈判可以解决中国与东盟国家之间的岛屿归属争议问题，延缓或阻止南海问题的区域化、国际化进程。

第三，发挥上海合作组织的优势和作用，加快该组织内资源合作步伐。同时，中国应与俄罗斯加快海洋问题合作进程，包括在北极区域就资源调查和环境保护、科学考察等活动展开合作，以丰富中俄战略合作伙伴关系内涵。

第四，切实实施区域层面规范的制度，并加强双边合作进程。南海及其附近海域是周边国家生存和可持续发展的重要资源保障，中国政府于2012年1月批准了《南海及其周边海洋国际合作框架计划（2011—2015年）》。这是主要依据《南海各方行为宣言》原则和精神，加强各国间合作并共享南海资源的重要制度，目的是通过学术交流、合作调研、能力建设、学位教育与培训、加强与国际组织和国际计划合作等方式，推动与南海及印度洋、太平洋周边国家在海洋领域的合作，以增进双边互信、维护地区和平、共同开发利用海洋、应对气候变化等作出贡献。通过一年的运作，已在各国高层达成了海洋合作共识，建立了双边机制化的合作平台（例如，中国与印度尼西亚海洋与气候中心，中泰气候与海洋生态系统联合实验室），在多边共同实施了一批合作项目（例如，中国与印度尼西亚、泰国、马来西亚等国家开展了季风观测、海气相互作用等合作项目）。[①] 应该说，在中国与东盟国家之间缔结的实施海洋低敏感领域的合作制度，是进一步延缓南海问题升级、避免复杂化和国际化及最终解决南海问题争议的重要基础，各国必须持续努力并长期贯彻执行。现今重要的任务为，应加快协商讨论中国与东盟之间的海上丝绸之路建设步伐，加快诸如南海行为准则磋商进程，为合理处理南海

① 参见《中国与南海及其周边海洋国家海洋合作取得四大成果》，载《中国海洋报》2012年12月28日，第1版。

问题争议创造有利的制度性条件和基本框架，以共享南海资源利益，确保南海区域安全。

3. 国际层面的举措

我国为实现世界性海洋强国的具体措施，主要为：

第一，深入研究和遵守《联合国海洋法公约》的原则和制度，适度发挥中国的综合优势和作用，争取在修改和完善《联合国海洋法公约》相关制度包括就军事活动问题努力缔结新的补充协定方面作出中国的贡献，提升中国的话语权。

第二，发挥中国的主导作用，就国际海峡和海域通道安全举行论坛，在此基础上缔结国际通道维护和管理制度，确保国际社会的共同利益。

第三，加强对国际司法制度特别是国际法院制度的研究，为今后利用国际司法制度解决岛屿争议和海域划界问题等提供理论储备。

第四，加强国际舆论宣传力度，特别需要向国际社会及时宣传中国的海洋政策及意图，针对一些疑难海洋问题，可以聘请欧美国家的专家学者提供咨询意见并发表观点，为中国的海洋政策及海洋问题解决提供重要学术支持，争取主动或有利的国际地位，努力占领舆论高点。

尽管为推进海洋强国建设，实施上述不同层面的措施是十分重要的，但从国际实践看，保障国家推进海洋强国建设的关键性具体措施，是制定国家海洋发展战略和完善海洋体制机制。因为，在国际、区域和双边关于海洋问题的制度还未健全或难以修正的情形下，国家应对和处理海洋问题的关键举措无疑依然是制定国家海洋发展战略，而为保障海洋发展战略的实现，应制定和实施综合管理海洋事务的法律，例如，海洋基本法，以统一高效地处理海洋问题，适应我国海洋体制机制改革需要。为此，有必要论述中国海洋发展战略及海洋基本法的内容。

（二）中国海洋发展战略的提出及其内容

如上所述，我国《十二五规划纲要》明确规定，我国应坚持陆海统筹，制定和实施海洋发展战略，提高海洋开发、控制、综合管理能力。这为我国制定和实施国家海洋发展战略提供了重要政治保障。换言之，制定和实施国家海洋发展战略是一项重要政治任务，必须认真研究并尽快顺利完成及积极实施。

一般来说，发展国家海洋事业、建设海洋强国的基本路径或路线图为：首先，应明确国家核心利益，制定包括国家海洋发展战略在内的战略。[①] 对于我国来说，核心目标为建设海洋强国。其次，完善国家海洋发展战略实施的海洋政策，包括强化海洋理念与意识，加强海洋事务协调，提高海洋及其资源、控制和综合管理能力，弘扬海洋传统文化，不断开拓创新海洋科技，拓展对外交流和合作，推动我国海洋事业不断取得新成就。再次，制定海洋基本法，以保障海洋发展战略和海洋政策的推进落实，重

① 中国的核心利益包括：国家主权，国家安全，领土完整，国家统一，中国宪法确立的国家政治制度和社会大局稳定，经济社会可持续发展的基本保障。参见中国国务院新闻办公室：《中国的和平发展》（2011 年 9 月），人民出版社 2011 年 9 月版，第 18 页。

点是进一步完善我国的海洋体制和机制；最后，制定实施海洋基本法规范的海洋领域的基本计划，以补正海洋经济发展过程中的薄弱环节或领域。[①]

（三）海洋基本法的基本内涵及意义

尽管我国已基本构建了涉海领域的法律制度，形成了海洋法律体系，但其最致命的弱点是，我国没有在《宪法》中规定开发利用和保护海洋的条款内容。[②] 所以，在不修正《宪法》中增加“海洋”地位内容的前提下，确立“海洋”地位的方法之一为制定综合规范海洋事务的基本法律制度，例如，制定海洋基本法，则是一条有效而可行的路径选择。

1. 海洋基本法的内容

笔者认为，我国制定的海洋基本法，主要应包括以下内容：宣布国家海洋政策，即汇总一直以来我国针对海洋问题的政策，包括“主权属我、搁置争议、共同开发”政策，构建和谐海洋理念，并对外作出宣传和解释；明确管理海洋事务的国家机构，例如，国家海洋事务委员会，以统一高效协调管理国家海洋事务；公布国家发展海洋的重要领域，包括发展海洋产业和活动，积极开发、利用和管理海洋及其资源，保护海洋环境，确保通道安全，研发海洋技术，加强对管辖海域的管理及调查活动，增强国民对海洋的教育和宣传工作，强化国际海洋合作等。具体来说，主要包括以下方面：推进海洋及其资源的开发和利用；加强对海洋环境的监测和保护；推进专属经济区和大陆架等资源的开发与利用活动；确保海上运输安全；确保海洋安全；强化海洋调查工作；研发海洋科学技术；振兴海洋产业和加强国际竞争力；强化对沿岸海域的综合管理；拓展海洋新空间、新资源的开发与利用活动；保护岛屿及其生态；加强国际协调和促进国际合作；增进国民对海洋的理解和认识，培育海洋人才等。

2. 海洋基本法的原则

我国制定海洋基本法的原则，应遵循包括《联合国海洋法公约》在内的国际法的原则和制度，具体的原则为：协调海洋的开发、利用与海洋环境保护原则；确保海洋安全原则；提升海洋教育规模和布局原则，以增进对海洋的科学认识和理解；促进海洋产业健康有序发展原则；综合协调管理海洋事务原则；参与协调国际海洋事务原则等。

应该指出的是，尽管我国制定的海洋基本法的内容，是为了宣布我国针对海洋问题的政策性宣言，但对于其他国家进一步理解和认识我国针对海洋问题的立场与态度十分重要。由于我国的海洋政策特别是海洋经济发展政策，具有连续性和一贯性的特点，是对先前的海洋政策与立场的汇总和提炼，所以，并未会对其他国家造成不利的

---

① 参见金永明：《中国制定海洋发展战略的几点思考》，载《国际观察》2012 年第 4 期，第 12－13 页。

② 我国《宪法》第 9 条规定，矿藏、水流、森林、山岭、草原、荒地、滩涂等自然资源，都属于国家所有，即全民所有；由法律规定属于集体所有的森林和山岭、草原、荒地、滩涂除外。

影响。同时，由于海洋基本法内容重点是政策性的宣言，对海洋领域的部门法和具体法规并未会带来冲击和矛盾，相应地也未产生大幅修改和协调的问题。换言之，可以很好地处理海洋基本法与现存海洋领域其他部门法之间的关系，以维护现存海洋法律体系的完整性。

总之，我国制定海洋基本法的主要目的为，确保国家海洋发展战略、海洋政策的实施，发展海洋经济，合理解决海洋问题争议，保护海洋环境，维护海洋权益，确保国家核心利益，核心是促进海洋体制和机制建设；海洋基本法为统领海洋事务的综合性法律。

3. 海洋基本法的意义

笔者认为，我国制定海洋基本法的意义，主要为：

第一，补缺和提升“海洋”的地位。如果全国人民代表大会制定了海洋基本法，则提升了“海洋”及海洋基本法的法律地位。例如，我国《宪法》第62条规定，全国人民代表大会有制定和修改刑事、民事、国家机构和其他的基本法律的职权。同时，也弥补了《宪法》第9条中未将“海洋”作为自然资源列入的缺陷，并可为“海洋”入宪创造基础和条件。

第二，完善海洋法律体系意义。海洋基本法的制定，也为进一步完善我国海洋法律体系指明了方向与要求。因为海洋基本法的内容或海洋具体领域的发展，要求我们进一步制定和完善相关领域的法律制度，例如，海洋安全法，海洋开发法，海岸带管理法，海洋科技法等，从而推进完善我国海洋法律体系建设，包括补充现存海洋法律的个别法或部分法的缺陷，引领海洋事务的整体性，并为进一步丰富和发展中国特色社会主义法律体系作出贡献。

第三，协调涉海部门职权意义。海洋基本法的制定，对于进一步协调我国涉海部门之间的关系，包括理顺职责和功能，弥补缺陷，消除职权重叠和缺失，避免不利竞争，增强执法能力，提升应对和处理海洋问题能力，提高效率等，有很大的推进作用。

第四，带动海洋问题研究热潮。海洋基本法的制定，无疑需要一个过程。在这一调研、审议和立法的过程中，可以吸引一大批人员参与海洋问题研究工作，并热爱乃至献身海洋事业，以进一步培育和壮大我国研究和管理海洋问题人才队伍，也能为解决海洋问题争议提供理论支撑。同时，也可利用此机会，设立海洋宣传网站，增设海洋教育和海洋问题研究机构，以及海洋问题研究基金会等那样的组织机构，以全面提升我国海洋研究水平和海洋意识。①

总之，海洋基本法的主要内容或目标为通过明确海洋发展战略，海洋政策或方针，确立发展海洋的重要领域，明确管理海洋问题机构职责，核心为完善我国海洋体制机制，包括进一步完善我国海洋法律体系，为此，在制定海洋基本法的过程中，必须打

① 参见金永明：《中国制定海洋基本法的若干思考》，载《探索与争鸣》2011年第10期，第21－22页。

破涉海部门之间的利益诉求，要站在中华民族国家利益的高度进行协调和规划，包括在今后出台具体的海洋部门法或公布我国其他领海基线时，协调与台湾地区之间的关系，以求配合和达成共识或默契，并逐步改变我国应对海洋问题长期以来被动，消极，缺乏全局观、整体观等的不利局面，争取为合理处理海洋问题争议提供重要指针。

四、结语

笔者认为，国际国内形势尤其是海洋问题情势发展，要求我国积极经略、规划及管理海洋的时代已经来临，而发展海洋经济是经略海洋的重要突破口或抓手，我们必须紧紧抓住。为此，我国应以重组国家海洋局，设立国家海洋事务委员会，以中国海警局名义维权执法为契机，加快制定和实施国家海洋战略和海洋基本法，以全面提升开发、利用海洋资源和管控海洋问题的能力和水平，保护海洋生态环境，坚决维护海洋权益，为切实推进中国海洋事业发展，建设和实现海洋强国战略目标，作出法制上的应有贡献。

对中国海防安全的历史回顾与现实思考*

王传友**

（2014 年 7 月）

海洋是人类生命的摇篮。海防安全与国家发展紧密相连，沿海发达国家强盛的历史无不刻录着向海外大举扩张的足迹。中国是陆海兼备的大国，东、南两面临海，海域纵深浅，受控岛链多。反思历史，海防安全影响着中华民族的兴旺与衰落；审视现在，海防安全关系着当代中国的富强与贫弱；展望未来，海防安全决定着经济社会的繁荣与萧条。随着中国的崛起，新的安全危机相伴而生。实现中华民族伟大复兴的“中国梦”，需要疾步走向海洋，不断提升综合国力；需要着眼稳定发展，优化海防安全环境；需要全民凝神聚力，实现海洋强国战略。

一、海防安全关乎中华民族的盛衰

中华民族是世界上最早走向海洋的民族之一。早在中世纪，西欧越出地中海转向大洋历史舞台之前，中国就已率先越出东南亚大陆历史舞台，控制了东中国海和南中国海。直至明朝初期，中华民族的海洋事业遥遥领先于世界各国，取得了无与伦比的航海成就。明朝中叶之后，中国海防几乎是在低谷中徘徊。直到新中国成立，才有了良好开端。

（一）先秦至明初中国海上力量举世无双

从上古时期的帝王开始，中国就已把海疆作为国界的重要组成部分。大约在黄帝时期，我们的祖先就用石锛石斧开始造独木舟了。进入春秋战国后，各国舟师普遍掌握了海洋导航等技术。公元前 85 年，吴国与齐国的舟师在黄海爆发了一场海战。这是历史上有籍可证的最早海战。

秦始皇统一中国后，实行高度集中的中央集权管理方式，先后四次到沿海巡视，不仅有了完整的陆上疆界，还有了更加明确的海疆。可以说，秦朝对海疆的管理，达到了前所未有的程度。

到了汉代，中国海疆的开发与管理进入了一个崭新时期，组建了规模庞大的楼船军，这也是中国海上事业领先世界 1000 多年的开端。当时中国是世界上最先进的海洋国家之一。

隋朝在建国初就大造舰船，是海上对外用兵最多的朝代。

唐宋时期，繁荣的海外贸易促使一批港口城市迅速崛起。我航海技术和海军都领

---

* 来源：原发文期刊《军事学术》2014 年第 7 期。

** 王传友，男，青岛警备区原司令员、中国海洋发展研究中心学术委员，中国海洋发展研究会理事。

先于世界。

元朝是一个奉行扩张政策的大帝国，建立了强大的水师。但其行动大都以失败告终，并没有实现进一步扩大海疆的愿望。

明朝开创了中国历史上筹办海防的先河。朱元璋登基时，以极大的精力投入海防建设。在北起鸭绿江口、南至北仑河口1.8万千米的海岸线上设卫、置所，建立了初具规模的海防体系。自郑和下西洋起，世界进入了大航海时代。但是明朝的海防战略具有明显的防守型特点，不可能从根本上保证海洋方向的安全。

（二）天朝大国被西方列强的坚船利炮打破国门

15—18世纪，世界进入了大航海时代，西方国家不断向海外开拓。而明、清王朝却陶醉于天朝大国梦境里，实行闭关自守的禁海政策，与世隔绝长达400年之久，窒息了中华民族的开拓进取精神，一个曾经强盛繁荣的中华，日渐衰落，最后沦落到任凭西方列强欺凌的地步，是中华民族的奇耻大辱。

明朝自宣德皇帝以后，随着政治上的腐败，海防日渐废弛。正是这种有海无防的状况，使倭患越来越猖獗。

清朝以弓马得天下，清初的统治者对海防难有深刻认识。因此，只得沿袭明代“以防海盗为主”的海防思想。康熙、雍正、乾隆三朝，都有加强海防的举措，但在海洋事业上都没有大作为。

当东方的大清国日落西山之时，新兴的英帝国竭力要打开中国大门，伺机发动了两场极不对称的“鸦片战争”，打开了中国的海上门户。从此，“失败—签约—再失败—再签约”，成了中华民族近百年挥之不去的魔咒；割地赔款，赔款割地，成了清王朝唯一要做也是唯一能做的事情。先后签订了600多个不平等条约，割让了300多万平方千米土地，这都是中华民族的血泪史。

第二次鸦片战争惨败之后，经洋务派中坚力量推动，中国近代海军建设发展比较快，各方面都胜日本一筹。但李鸿章作为兴办近代海防的领军人物，仍坚持“守疆土，保和局”的海防战略。1894年，中日“甲午海战”一仗，清朝大败。这种失败，实际上是传统海防体系的全面崩溃。

（三）北洋军阀和南京政府对海防有心无力

19世纪末，美国人马汉出版了《海权对历史的影响》一书，在西方国家产生了广泛而深刻的影响，掀起了新一轮进军海洋的大潮。辛亥革命后，国人无不期望走上富强之路。然而，多灾多难的中国，不久就陷入了军阀混战的局面。

1911年，孙中山就任中华民国临时大总统后，发出了“兴船政以扩海军”的誓言，但由于他在位时间很短，其宏伟志向没有得以实现。

1928年，蒋介石组成南京国民政府后，提出了“十年之中要扩充海军军舰达到六十万吨之地位。”但由于蒋介石忙于内战，其计划被束之高阁，根本没有实行。

1935年华北事变之后，日本侵华目的已昭然若揭。此时的中国，正如蒋介石所说，已是“有海无防”、“有海难防”了。1937年抗日战争全面爆发后，日本几乎没遇到什么抵抗，就占领了中国的沿海，自此中国海防全面崩溃。

1946年至1948年，蒋介石把发展海军、加强海防的重点，放在了以牺牲部分权利为代价来换取外援上，先后共接受美、英赠舰150余艘。但都有始无终。

由于北洋军阀和蒋介石集团只求个人私利，不顾民族危亡，致使中国陷入长期动荡之中。

据统计，1840年至1940年间，帝国主义列强从海上入侵中国达479次，其中较大规模的84次，使中国蒙受了100多年的奇耻大辱。

二、现代中国海防安全建设掀开新篇章

早在展望抗日战争胜利之际，毛泽东等老一辈无产阶级革命家，就着手研究海防事宜。新中国成立后，帝国主义者仍对我实施海上封锁和战略包围。面对中国屡遭侵略的历史和现实威胁，即使在经济困难和“十年动乱”期间，中国共产党仍领导中国人民以极其坚强的意志发展海防力量，同侵犯我国安全的各种行径进行了坚决斗争，结束了旧中国有海难防的历史，维护了国家主权和民族尊严。改革开放以来，党的历代领导集体，都十分重视海防安全。

（一）为捍卫国家主权构建海防安全体系

新中国成立后的海上安全形势仍很严峻。毛泽东等中央领导高瞻远瞩，把海防建设和国家安全紧密联系起来，明确规定了新中国海防安全的基本内涵。一是确立海防为国防前哨。陆海空军密切协同，沿海军民共卫岛屿，守好海上门户，保卫国家安全。二是把反对帝国主义侵略作为海防建设的基本任务。大搞造船工业，建立“海上铁路”，维护海洋权益。三是运用外交手段捍卫海防安全。坚持独立自主的外交政策，同侵犯我海防安全的行为进行了坚决斗争。美国杜鲁门政府为把新中国扼杀在摇篮之中，一面命令海、空军参加对朝作战，一面命令海军第七舰队协防台湾。从南、北两个方向对我形成夹击之势。这些无耻行径遭到了中国政府的强烈谴责。四是建设强大的海上武装力量。1950年海军成立时，只有几十艘旧舰艇，为尽快改善海军落后状况，党中央决定实施海军3年建设计划，并从苏联获得的3亿美元贷款中，拿出一半购买武器装备。同时建立了空军、边防、海警和海上民兵等武装力量，大量构筑了海防工程，实行陆海空协同作战，保卫海防安全，形成了中国有史以来最坚固的海上防线。五是捍卫万里海疆安全。先后收复了海南岛、万山群岛、一江山岛等岛屿。从此，新中国具备了走向海洋的有利条件。组织炮击金门战役，打击了蒋介石反攻大陆的气焰，粉碎了美国搞“两个中国”的阴谋。1964年8月，针对美国唆使南越当局对我南海诸岛的侵略行径，果断组织了西沙自卫反击作战。这是新中国海军首次与外国海军作战，打出了国威军威。

（二）为维护海洋权益加强海防安全保障

随着经济社会发展，世界各国对海洋权益的关注达到了前所未有的程度。1982年

《联合国海洋法公约》通过试行（1994 年生效）。公约对内水、领海、毗连区、大陆架、专属经济区、公海等重要概念作了界定，这对领海主权争端、海上天然资源管理、污染处理等具有重要的指导和裁决作用。我国管理的海域随之达到 300 万平方千米，使我国保障海洋权益的任务更加艰巨。为此，要求我们必须加强海防安全建设，保障维护国家海域权益，保障行使公海自由权益，保障分享国际海底财产权益。

当前，我国在海洋权益上面临的突出问题是维护海岛权益。20 世纪 80 年代我国提出“主权属我，搁置争议，共同开发”原则以来，为营造和平稳定的周边海洋安全环境作出了巨大努力，但迄今为止并未得到相关国家的实际回应。岛礁被侵占、海域被瓜分、资源被掠夺的局面仍在发展，争端的国际化趋势不断加剧。

中国东海钓鱼岛主权之争就是最好的例证。钓鱼岛是中国的固有领土。中国详细记载钓鱼岛的发现及其地理特征的历史文献可以追溯到 1372 年。在长达 500 多年的时间里，钓鱼岛一直作为台湾的一部分加以管理。1894 年“甲午战争”之后，日本对台湾进行了殖民占领，单方面使用“尖阁列岛”新名字，把这些岛屿并入了冲绳县。第二次世界大战后期，中、美、英三国首脑于 1943 年 11 月 22 至 26 日在开罗举行会议，讨论如何协同对日作战及战后如何处置日本等问题，12 月 1 日签署并发表了《开罗宣言》，明确提出：“在使日本所窃取于中国之领土，例如东北四省、台湾、澎湖群岛等，归还中华民国”。之后，美国单方面将钓鱼岛行政管辖权交给了日本，但不包括领土主权。因此，从历史、地理和国际公法三方面看，钓鱼岛属于中国领土，是毋庸置疑的。自 1970 年以来，日本就有了一套逐步吞并钓鱼岛的计划，借助美日安全同盟关系，不断加强对钓鱼岛的实际控制。20 世纪 90 年代，日本通过“周边事态法案”，已突破了战后坚持的防卫政策，从保卫本土变成为保卫周边地区。2010 年东海中日撞船事件发生后，日本蛮横援用国内法，企图改变中日围绕钓鱼岛几十年争端的现实，造成“属于日本领土”的事实。为配合美军在西太平洋地区的“反介入/区域拒止”作战，日本不断强化防范中国海上力量进出太平洋的“双岛链战略”。2012 年 9 月日本对钓鱼岛（含附近两个岛）实施了国有化，骤然加剧了中日钓鱼岛争端。2012 年底安倍晋三上台以来，公然篡改史实，叫嚣“尖阁群岛（即我钓鱼岛）是日本固有领土。”并相继采取了祭拜靖国神社、否认慰安妇、修改教科书、否定南京大屠杀、扩大军备、变相出口武器、爆炒我海上防空识别区、捏造与散布战争氛围、以修改宪法解禁集体自卫权等一系列手段，肆意挑战“二战”后的国际秩序，否认世界反法西斯战争的胜利成果，企图重建新日本帝国，拉日本走向“战争之路”。美国在亚洲推行的“再平衡”战略有求于日本，这给安倍在解禁集体自卫权上增加了“底气”。2014 年 5 月，安倍不顾内外批评、反对，仍一意孤行，决意向西南诸岛增兵，强化其防卫中国的力量，以至美国媒体都批其为“亚洲最危险的人物”。

中国南海的核心问题是西沙和南沙群岛主权之争。早在公元前 2 世纪的汉武帝时代，就有中国人民在南海航行和发现几大群岛的记载，其后历代相继进行了勘察、命名、航行、捕捞、巡视等。南海诸岛“向为中国领土”，距今已有2000多年的历史。中国对南海权益的声索基于“U型线”（亦称“九段线”），即中国的“传统海疆线”，亦“海上执法线”、“海防安全线”。这是基于中国最早发现、最早命名、最早开发的历史形成的，理应受到国际法保护。1947年12月1日，当时的中国政府内政部重新审定南海诸岛地名，并进行公告。1948年2月公开发行了《中华民国行政区域图》，标明了这条断续的“九段线”，向国际社会宣布了中国政府对南海诸岛及其邻近海域的主权和管辖范围。这是中国主张和平解决南沙群岛主权的“历史性权利”。“历史性权利”源于习惯国际法，在解决主权和领土争端问题上是一项“证据最强大”的法律原则。况且一直以来，“九段线”内海域是有航行自由的。对美国而言，相比于东海，更在乎南海。美国一贯将南海视为亚太安全体系的核心区域，自2010年以来，开始调整南海政策，由过去“相对超脱”向“积极介入”方向转变。为牵制中国，美国一方面加快在南海周边国家军事力量的重新部署，构筑防范、围堵中国的“隐性包围圈”；另一方面，利用我与有关国家存在的海上争端，制造话题，渲染紧张，挑起事端，为菲律宾、越南撑腰，限制我在南海的维权维稳行动。菲律宾在美国、日本等国的怂恿下，无视中国主权，对其“强占、窃取”我之岛礁，采取种种手段制造事端，歪曲事实，甚至上诉联合国，企图造成“有效控制”的事实。菲律宾不仅与美签订了十年安保协议，还向美国提供了其西部岛屿上尚未充分开发利用的海军基地，以确保美国战舰距离有争议的中国南海更近。越南长期以来不仅在西沙、南沙等地进行侵犯中国主权的活动，侵占了我国多处岛礁，而且早就染指南海油气资源，是南海开发的最大受益者。2014年5月上旬以来，越南采取“海陆并举”的手段，一方面用舰船冲撞中国海洋石油公司在我西沙管辖海域的钻井平台，另一方面在陆地发动了反华示威，并升级为打砸抢，致使在越多家企业损失严重。这些，已使中国海域主权和经济权益受到了严重损害。

（三）为保护海洋资源加强海防安全举措

中国是海洋大国，同时也是海域小国。中国的海岸线（含岛岸线）长度为世界第三，而中国人均海域不到世界人均的1/10，在世界排名第122位。中国的海洋资源还面临着周边“声索国”的蚕食和掠夺。2014年初，美国力撑菲律宾等国对抗中国“南海争议海域捕鱼限制的规定”，并抓扣我渔船，对我安全利益构成了新的挑战。

中国海洋空间资源面临分割。与中国海上相邻或相向的几个国家，大都与中国有海洋争端。如果各国都把200海里划入专属经济区，就会产生约110万平方千米的重复海域。这样，中国海底矿产资源将面临被蚕食。日本要将东海大陆架界线延伸到350海里。有的甚至已把石油钻机伸向黄海大陆架。由此形成了日本等国向我大陆架底土资源挺进的局面。目前，南沙周边国家已经在中国海域打出油气井500余口，海上石油产量已经达到3 000万~5 000万吨，我海底天然气水合物（亦称“可燃冰”）、锰结核矿等资源将面临分割开发，势将进一步损害中国利益。可见，在海洋空间争夺的背后暗藏着觊觎已久的经济利益。

（四）为发展海洋运输扩大海防安全空间

海上运输通道被誉为国际贸易的“蓝色动脉”。目前，在陆地、海洋、空中三大交通体系中，国际贸易量的90%由海洋运输来承担。海上通道安全关乎国家生存与发展，世界主要海洋国家对海上通道安全倍加重视。美国现已形成了完整的海上通道控制战略，把世界上最具战略价值的16个海上通道烟喉点和8个战略岛屿作为必控要点，并将中国列为重点目标国家之一。日本把海上通道视为其生死存亡的生命线，形成了东南、西南两条千里航线护航战略，并建立海上通道区域联盟，以达遏制中国之目的。印度在大力控制印度洋海上通道的同时，逐渐将通道的控制范围向我国南海和太平洋其他海域拓展。

中国已成为世界第二大贸易国，远洋运输船队往来于世界150多个国家和地区、600余个港口。对外贸易的90%、战略物资的95%靠海上运输。在全球130多条适航通道、40多条重要通道中，对我具有重大作用的有7条通道和17个海上咽喉。我国东出太平洋的对马海峡、大隅海峡、宫古海峡、津轻海峡等均被他国控制；西出印度洋的马六甲海峡、巽他海峡、龙目海峡、望加锡海峡等均被南海周边国家控制。关键时刻我将更加受制于人。据专家分析：21世纪海上运输“资源安全”，可能成为制约中国发展的“软肋”。如果海上运输量减少5%，就会使我GDP呈现负增长状况。随着美国“亚太战略”东移，我海上通道的安全形势将更加严峻，若对“马六甲海峡”过度依赖，可能给中国进口能源安全带来重大威胁。

（五）为繁荣沿海经济强固海上安全防线

人类发展史表明，海洋经济强大的国家大都是发达国家。所有濒海国家的经济发达地区，几乎都在沿海。目前，中国经济发展最为闪光的地方就在沿海地区。沿海经济带将在中国率先实现现代化，将继续在全国区域经济中起到“领头雁”作用。如果没有稳固的海防屏护，有可能给侵略者提供一个从海上入侵的坦途，甚至迟滞和破坏沿海地区乃至整个中国的经济社会发展。

台湾地区是中国面向海洋的宽阔大门，是走向太平洋不可替代的战略平台。随着台湾海峡两岸经济社会形势的同步协调发展，西太平洋的战略格局发生根本性变化，中国周边安全形势将立即好转。只要中国控制了台湾海峡和巴士海峡，就拥有了“永不沉没的航空母舰”基地，也就控制了日本大部分的海上运输，这将大大增强我国的战略主动权。为此，应大力拓展两岸经贸、人文、科技等交流，构建海上共同维权机制，加强海上安全交流与合作。随着从中国南海到阿拉伯海的“海上丝绸之路”的建设与发展，我不仅能有力保障海上通道安全，还能大大提高经济效益。那时，中国将成为一尊巨龙，我强大的武装力量一经出现，国家主权决不会再被侵犯，海洋利益决不会再被蚕食，中华民族的伟大复兴将加快实现。

三、聚力推进和强化当代中国海防安全

21世纪是海洋世纪。由于陆地战略资源的日益减少，浩瀚富饶的海洋已成为人类生存和发展的新空间。100多个濒海国家纷纷制定了新的海洋开发战略，一个全面开发利用海洋的时代已经开始。在这个时代，海洋权益“操之在我则存，操之在人则亡”。中国不会像上世纪某些帝国主义国家那样靠侵略与扩张来发展自己，但是我们从自身和世界的经验教训中深知，在地缘政治多极化的时代，需要全方位的大战略。中国走和平发展的道路，必须有可靠的安全环境作保证，必须从构建海洋强国层面审视问题，必须用科学发展理论确立海防安全战略。

（一）实施一体化管控

建立集中统一的海洋管理体制。这是联合国倡导的海洋管理理念，已为大多数沿海国家所采用。随着中国海洋强国战略的实施，在国家安全委员会的领导之下，海洋安全管理领导机构的作用得到了充分发挥，对海洋安全事务综合管理和处置的时效性得到了极大提高。通过行政、外交、军事、经济、法律、文化和民间等途径，加强多领域、多渠道、多层次的对外友好交流；通过双方对话、共同开发、建立“海上丝绸之路”、妥善解决领土主权和资源争议等问题；通过落实联合国关于“维护专属经济区的权益不应动用军队，应由行政执法队伍担任”的规定，充分发挥海上执法队伍的作用，走“军事防范+依法处突+共同开发”的海上维权路子，保护海洋权益、维护海洋秩序，把突发事件置于有效控制范围，防止出现“事态升级”的风险。

（二）健全法制化规章

在《联合国海洋法公约》的大框架下，分析历史和现实已经出现的并预测未来可能出现的不安全因素，完善配套与上位法接轨的相关法规。梳理、修订涉海管理法规。如海洋保护、海洋管理、领海及毗连区、专属经济区和大陆架、国际海底开发等法规。制订、完善海洋安全法规。立足国家海洋安全，制订全方位、多层次、综合性的大海洋安全法规；立足海上反恐怖、反海盗、反走私等完善快速处突方案，以及海难、空难等应急救援方案。配套、细化军事应用法规。借鉴海湾战争中美军的做法，组成专门的国际法执法大队，为军方制订海上执法和行动法规，使军事应用合法化。建立、健全海洋法律秩序。中国已融入全球经济体系，理应依法维护海洋权益，依法发展海洋经济，依法参与海洋国际事务，依法保障海洋安全利用。

（三）建立信息化海上武装力量

信息化战争已悄然登上战争舞台。美国已建成“全球1小时打击圈”。为保证我国海洋事业有序发展，必须抓住信息化这个本质和核心，加速建设一支“有限全球型”海上武装力量。加大巡航、演习频度，提升新型作战能力，使之常态能“应急”，遇战能“打赢”，以保护海洋通道安全，并在全球范围内执行国际维和等任务。为实现跨越式发展，必须加快陆、海、空军的整体转型，加速培养高素质军事人才群体。高技术

武器装备尽管改变了战争形态，却没有改变战争规律，决定战争胜败的因素仍然是人而不是物。可借鉴美国的做法，整合党、政、军、警、民多方力量，塑造高素质人才方阵，共同维护网络安全和国家利益。建设一支强大的人民军队，对于形成战争威力，对于铸就强大海防，对于保障中华民族的伟大复兴尤为重要！

（四）加强全民化教育

面对“海洋世纪”，必须“唤起民众”，确立“面海而兴、背海而衰”的正确海洋观。从小学抓起，把弘扬社会主义核心价值观的社会氛围，融入全民海洋国土、海洋文化、海洋经济、海洋科技、海洋安全等教育之中，层层递进、深入持久地付诸实施。

加强海洋国土意识的宣传教育。海洋国土的概念是近年来随着国际海洋法律制度的建立而提出来的，是一种发展中的国土概念。然而，在当今相当一部分国人的头脑中，仍存在一个误区：一提起领土，只知道960万平方千米的“绿色国土”，而不重视300万平方千米的“蓝色国土”以及500平方米以上的6 536个岛屿。就连众所周知的建于北京的21世纪标志性建筑——中华世纪坛，对中国版图的表述也未反映出属于中国的内海、领海、专属经济区、毗连区、大陆架等。由此看来，确需把“海洋国土”观念根植于每一个国人的思想和行动之中。

加强经略海洋意识的宣传教育。历史与现实都已证明，经略海洋是振兴中华民族的关键所在。中国靠占世界6.8%的土地养育着占世界21.8%的人口。从国民收入评估，中国若有10%～15%的海洋被有效利用，就能达到美国目前海洋收入的水平。从战略角度分析，围绕海洋权益展开的争夺，其胜负绝不亚于一场战争对一个国家的生存与发展所产生的影响。中国尊重他国价值观及多样性的“新安全观”，坚持安危与共、安全合作。中国不惹事，也不怕事，一旦东海、南海等领土主权受到威胁，我将毫不犹豫地使用一切手段予以捍卫。中华民族世世代代不能把国土面积守小了！不能把海洋权益守丢了！

加强拓展海防意识的宣传教育。包括拓展海防空间、海防职能。根据《联合国海洋法公约》确认的国家主权和海洋权益，海防的空间概念应随之拓展。我国的海防线不是在领海线，而是在领海基线外200～300海里的空间外沿上，包括海域、底土、空中、太空等，这里才是国家海上防卫的前沿。海防安全的根本职能是保卫国家海洋、岛屿主权和海洋权益，必要时还应维护国家公海利益安全。保证海防安全的基本形式，包括军事和非军事力量的传统或非传统运用，以此持续推进海洋强国战略落实。

（五）推进常态化研究

新中国成立60多年来，中国海洋安全经历了什么，创造了什么，收获了什么，事实已经使我们更加坚定了海洋维权的道路自信、制度自信和战略自信，激发和增强了追求海洋强国梦的正能量。然而，随着国际形势的新变化，海洋争夺的新动向，投入力量的新提升，我必须组织专门力量，加强常态化研究。在策略上，可刚柔相济，顺时施宜；在力量上，可军民融合，多维并举；在方式上，可明暗结合，前伸布势。按方向、分层次、明责任，从顶层到低层，从宏观到微观，从综合到专业，层层递进，步步深入，拿出理论成果和对策方案，并随着时间推移，实践验证，不断深化研究成果，优化对策方案。当前，针对美国直接介入东海南海争端、偏袒日菲盟友的趋向，善于察时势、辨对手，划“红线”、破“抱团”，力求最大限度地把握国家海洋安全的主动权。以高度负责的大国形象，凝聚党心、军心和民心，维护好国家发展的战略机遇期；以坚强的国家意志应对新的挑战，建立起维护国际正义、制止新军国主义的国际统一战线。通过保障国家安全和发展，为维护世界和平做出积极贡献。

和平海洋：中国“海洋强国”战略的必然选择*

曲金良**

内容提要： 建设海洋强国，已经成为我国海洋发展的国家战略。世界上的“海洋强国”有不同的模式，关于什么是“海洋强国”、应该建设什么样的海洋强国、如何建设海洋强国，国际国内也有不同的思想、理念和理论。我国的海洋强国建设，应该汲取世界上“海洋强国”发展的经验教训，坚持海洋和平发展道路，为了当今的海洋中国、也为了当今的海洋世界的文明、正义、健康、可持续发展，必须做出正确的理论抉择。

关键词： 海洋强国；海洋和平；国家战略

面对全球范围内海洋发展竞争的日益激烈，许多沿海国家都对如何在21世纪这一“海洋世纪”中扮演海洋大国、强国角色充满期待并雄心勃勃。我国作为世界上历史最为悠久的海洋大国，一方面，当今的海洋主权和管辖权益却不断受到挑战和威胁，传统海洋安全和海域空间、海洋资源利用权益不断受到侵袭；另一方面，国家的对外开放政策和沿海区域发展、国家战略发展对海洋的依赖度越来越大。由此，如何将我国由一个海洋大国建设成为一个海洋强国，已经成为我国政府和社会各界十分关心重视并迫切需要解决的重大战略问题。

一、关于“海洋强国”的理念

世界上的“海洋强国”概念和理论，是伴随着近代以来由于西方各国“冲出地中海”而四处航海“发现”和实施殖民、首先在西方各国之间展开激烈的海洋霸权竞争、进而与世界各地沿海主权国家和“后殖民”独立国家之间展开海洋权力争夺和实力较量而形成的。西欧各国的四处航海“发现”、殖民和为此而展开的海洋霸权竞争，其思想的来源和历史的渊源基础于自古希腊、罗马时代即开始的对地中海贸易线路与港口商业争夺的海上战争传统；而其近代的“现实”思想观念，则来自于其在寻找东方“香料之路”的航海中“发现”了海外“新世界”地盘后，由于争相实施侵占、殖民而引发的这些西方“发现者”之间的漫长的残酷的相互竞争吞并。这种“现实”的思

* 来源：原发文期刊《浙江海洋学院学报》人文社科版2013年第3期。【项目来源】中国海洋发展研究中心重点项目“中国建设海洋强国的理论模式与途径研究”（编号：ACICZD201203）.

** 曲金良（1956—），男，山东东营人，中国海洋大学文学与新闻传播学院教授，中国海洋发展研究会研究员，海洋文化研究所所长，博士生导师，研究方向为海洋文化历史与民俗社会。

想观念的“代表作”，就是1604年荷兰人雨果·格劳修斯《海洋自由论》的问世和1890年美国人马汉《海权对历史的影响》的出笼。雨果·格劳修斯的《海洋自由论》攻击、否认的是在此之前西班牙人的“海洋占有权”的理论。他宣称“任何国家到任何他国并与之贸易都是合法的，上帝亲自在自然中证明了这一点。”“如果他们被禁止进行贸易，那么由此爆发战争是正当的。”这种理论随之成为西方各国竞相争霸海洋的支撑理论。荷兰、英国等在这种竞争中先后成为“海上马拉车夫”和“日不落帝国”。但“海洋自由论”或曰“公海论”只不过是自己从别人手中抢夺肥肉的托词，海洋竞争中的战争杀戮不可避免地从未间断。如何在这样的竞争中“脱颖而出”而控制更大空间的海洋，成为打败老牌海洋强国的新生海洋强国？1890年在美国马汉的《海权对历史的影响》赫然出笼，这本书作为“海权论”至少对三个国家成为新的海洋强国产生了巨大影响，一是美国，二是日本，三是德国，并由此影响了世界历史的进程。“海权论”的实质，就是通过强大的海洋军事力量即强大的海军及其海洋舰船和武器装备力量控制海洋，实现国家的海洋霸权意志，从而保障、强化和扩大国家的海洋贸易利益、海洋资源占有、海洋管辖权益、海洋安全空间、海外殖民权利。美国、日本、德国等，走的都是这样一条“海洋大国”、“海洋强国”道路。世界经历了两次大战之后，德国、日本战败投降，被世界所不齿，重新缩回到了自己的老窝，其中德国向世界表示了谢罪和忏悔，但日本至今不肯悔罪，仍在梦想着军国主义复活，而美国则实实在在地得到了两次世界大战的“实惠”，成为世界上的头号海洋大国、强国。

什么是“海洋强国”、什么样的国家能够成为“海洋强国”、怎样才能成为世界“海洋强国”、怎样才能确保其“海洋强国”的地位？无论是国际还是国内政界学界，对此都有不少研究论说。从国际政界学界来看，西欧国家较为沉寂，美国较为高调，日本仍跃跃欲试，韩国从不甘寂寞。美国一直公开地宣称要保持其世界海洋强国的“领导地位”，日本近年来坚称要将日本由“岛国日本”建设成为“海洋日本”，韩国则不断宣称要建设“东亚海洋中心”。我国的学界出于拳拳爱国、强国之心，以“接受”中国历史上不但没有能够“称霸海洋”反而深受西方海洋霸权之害的“教训”和中国如何能在当代世界海洋竞争中胜出为出发点，纷纷为国家如何建设海洋大国、强国阐发主张、出谋划策。其中尤其以研究批判中国古代无海权思想的、高度评价马汉《海权论》的，强调我国应加强海军建设以在与世界海洋强国的竞争中控制海洋、保卫国家海洋权益和海洋安全的，提出为此而大力发展海洋科技、海洋经济、海洋贸易而增强国家海洋发展实力的，提出为此为大力增强全民族的海洋意识和海权观念的，论说最为多见。图书出版和宣传媒介为此而不断推出《海洋强国兴衰史略》（杨金森）、《大国的兴衰》（保罗·肯尼迪）、《大洋角逐》（宋宜昌）、《决战海洋——帝国是怎样炼成的》（宋宜昌）、《文明的冲突与世界秩序的重建》（亨廷顿）、《世界大趋势：正确观察世界的11个思维模式》（约翰·奈斯比特）、《美国世纪的终结》（戴维·S·梅森）、《当中国统治世界：中国的崛起和西方文明的终结》（马丁·雅克）、《中国新世纪安全战略》（张文木）、《中国震撼：一个“文明型国家”的崛起》（张维为）、《文明的转型与中国海权：从陆权走向海权的历史必然》（倪乐雄）、《大国之道：船舰与海权》（张炜）以及中央电视台的《大国崛起》等，有国外论说的引进，有国内论说的包装，不断引起社会反响和争鸣，表现出了国际国内学界、出版与电视传媒界和全国上下的普遍的强烈的海洋强国崛起意识。

二、关于“海洋强国”理念的误读

分析近代以来人们对西方近现代海洋强国何以崛起与发展、中国近代以来在西方海上侵略中何以落败和应如何在当代海洋竞争中崛起与复兴的历史与现实的解读与认识，我们发现，呈现出的是众说纷纭的状态，但总的来看，其一，西方学术界的西方中心论、海洋自由论、海权论尽管还有相当普遍的市场，已经不再是不可动摇的定论，西方学者已经越来越多地开始重视甚至尊崇世界强国中的中国模式；其二，中国学界受西方近代海权理论影响至深，就迄今仍然占据话语权的主流观点而言，对什么是“海洋强国”、何以成为“海洋强国”、应该建设发展什么样的“海洋强国”在历史评价和发展理念上多有误读误解。

误读误解之一是：认为凡是在近代历史上能够耀兵海上、争霸殖民的，都是“海洋大国”、“海洋强国”，比如中央电视台的《大国崛起》列出的就是这样 9 个“大国”：葡、西、荷、英、德、法、俄、日、美。纪录片一经播出，即“轰动了中国。”据央视—索福瑞调查显示，《大国崛起》在其导向下，以至于电视片播出后推出的《大国崛起》丛书，在各地图书市场首播平均每集收视量 400 万人次，这对一部纪录片而言不能不说是个奇迹。之后的一个月，《大国崛起》应观众强烈要求在中央电视台连播 3 轮，这在中国纪录片发展史上绝无仅有。

误读误解之二是：认为西方多国能够成为“海洋大国”、“海洋强国”的关键，是其强烈的海权观念和“坚船利炮”等强大的海军力量，而且认为这些海洋强国都是成功的“典范”，看不到、至少是忽略了其“坚船利炮”所代表的“海洋文明”模式的畸形、给海外文明带来的灾难、最终导致的自身损失乃至毁灭。

误读误解之三是：认为“落后就要挨打”，弱肉强食、丛林法则不但是必然的，而且是天经地义的，缺失了对人类文明走向应有的崇尚“文明”、摈弃“野蛮”的正义、道德标准的基本追求与基本操守。

误读误解之四是：认为西方海洋强国的道路是其本身固有的社会制度包括“民主”、“科学”、“法制”的产物，且往往追溯到其古希腊罗马时期，而对其“民主”只是贵族上层民主而对占人口绝对多数的下层奴隶和海外殖民地土著民族却只有奴役和杀戮，其“科学”在近代之前长期落后于东方世界，其“法制”是如何演绎出“血淋淋”的对内镇压、对外扩张的历史的，则极少给予全面分析和全面认识。其实西方的这种海洋发展的资本主义原始积累的罪恶历史早已被马克思批驳得一针见血、体无完肤，但在我国学术界近些年来却呈沉渣泛起、死灰复燃之势。

由于以上基本理念的错误，导致误读误解之五，是得出的“结论”为：世界沿海各国要成为“海洋强国”，就必须向西方学习，抛弃自己的传统，走西化的霸权、殖民道路，只有这样才能“迎头赶上”。而事实上这样的理念、这样的主张是错误的，是危险的。日本这个东方国家近代开始“脱亚入欧”，不但给世界造成了严重的灾难，自己也最终品尝了全人类迄今唯一品尝过的两颗原子弹，导致至今仍然是被美国“保护”的“非正常国家”的历史结局；中国近代开始的“洋务运动”最终失败；其后不断浮起的“全盘西化”思潮和自我矮化、奴化的一系列主张与实践，都不断导致一次次丧权辱国，不但没有使中国走向繁荣富强，反而使中国在近代整整一个世纪中饱受西方和日本欺凌、内乱频仍之苦。

因此，什么是“海洋强国”，世界上什么样的国家是“海洋强国”，中国应该建设成为什么样的海洋强国，其内涵要素、呈现形态都有哪些？世界上的“海洋强国”的发展历史经历了什么样的兴衰曲折，这些兴衰曲折对其本国、对人类历史都有些什么样的经验教训，中国的海洋强国建设应该走什么样的道路，从世界上其他海洋强国发展兴衰的经验教训中得到什么样的启示借鉴，如何才能保证我国的海洋强国建设之路走得通，走得好，使中国成为文明、正义、健康、可持续发展的海洋强国并影响世界和维护世界海洋和平，不但成为我国的国家安全、国家发展之大幸，而且成为世界和平、世界发展之大幸？这无疑既是关乎我国国家安全、国家发展、人民幸福的千年大计万年大计，也是关乎世界和平、世界发展、全人类幸福的千年大计万年大计。

三、“中国威胁论”是对中国崛起的妖魔化

党的十八大报告明确提出建设“海洋强国”，向全中国、全世界宣示了我国已经将“海洋强国”建设确立为国家战略的政治意志和国家安排。不少人认为，我国已经成为世界上的第二大经济体，早在此之前，国际上就有“中国威胁论”不断甚嚣尘上了，我国若公开提出建设“大国崛起”、建设“海洋强国”，是不是会引起国际上更激烈的反弹？这种担忧无疑是善意的，但又是大可不必的。中国需要走自己的大国复兴之路，不必仰别人鼻息，看别人的脸色。“海洋强国”建设，是中国人自己的事情，是中华民族伟大复兴的发展需要。

国际上之所以会出现“中国威胁论”并不断成为“热点话题”，事实上正是因为我国外交话语也好、民间话语也好，向世界上过多地、一以贯之地、单方面地传达了我们“韬光养晦”的善意的缘故，导致的是国际上与我有竞争关系、乃至敌意关系的国家的政客及其宣传机器，有意识地在舆论上抹黑中国，乃至妖魔化中国。我们只要检视一下世界上的“中国威胁论”者都是些什么人？一看就知道他们是站什么样的立场上、代表着谁的利益、怀着什么样的目的、用什么样的眼光和话语说话。基于他们的立场、利益、目的、眼光和话语，无论中国要不要复兴、要不要崛起，他们都是要必然地鼓吹“中国威胁论”的。在他们看来，根据他们的愿望，中国最好不要发展，更不要崛起，甚至最好不要有军队，哪怕一兵一卒都不要有，甚至最好由他们来管理，甚至来殖民，否则就是对他们的威胁。因此，他们总是无时无刻不在盯着中国，只要

中国有发展，只有中国要复兴、要崛起，只要中国有军队，哪怕一兵一卒，只要中国不接受他们的价值观及其“理论”及其制度，那就是“中国威胁论”。“霸权国永远不会允许任何一个挑战者长期地、持续地发展，必然会采取各类措施遏制挑战者的发展。”

中国至少自三代开始，就是这个地球上已知历史最悠久、最文明国度，也是最强的文明国度。自三代时期就“普天之下莫非王土，率土之滨莫非王臣”，并非中国古人在自吹自擂，即使你罔顾丰富具体的历史文献记载，但你不能站在不断为考古文化所发掘的丰富具体的历史铁证面前还一味胡说。世界上至今还没有别的文明国度像中华文明这样如此幅员辽阔、历史悠久，我们中国人韬光养晦，总不至于连这一点起码的历史真实都不敢说了。无端狂妄自大的民族自然是没有希望的，但这样的民族从来不是中华民族；而没有脊梁的民族同样是没有希望的，中华民族的近代史上没有脊梁的屈辱的那一页，中华民族不应该忘记。那一页是中华民族被视为“东亚病夫”的一页，那时没有人说“中国威胁论”，但就在中国进入那一页之前的一刻，西方还在到处宣扬“中国黄祸论”，目的是激起对中国的仇恨与鄙视。——而那一页，正是到处宣扬“中国黄祸论”的西方社会在“文明”地“崛起”——气势汹汹地武力航海，在杀向非洲、美洲之后又杀向亚洲的时刻。而西方这段血腥的罪恶历史，却被西方历史学家们、进而被西化了的现代中国史学家们美化成了“人类从此进入了‘全球史’的时代”，是人类历史“发展进步”的“标志”，也是今天的“全球化”的开始的时代。在西方历史学家们、进而在被西化了的现代中国史学家们看来，这样的“全球化”是“时代潮流浩浩荡荡，顺之者昌逆之者亡”，中国政府、中国人民除了“睁眼看世界”的“第一人”之外都是对世界茫然无知的阿斗，就连远在其前只不过对西方人说了一句“我中华无所不有”的大实话的乾隆皇帝，也被谴责、讽刺为“不知天高地厚”的“妄自尊大”，不知道西方人为何方神圣。不可不谓咄咄怪事的是，对中国历史之数千年的辉煌充耳不闻视而不见、却对其何以不走西化道路而横加贬斥的厉声惧色与愤恨程度，在被西化了的现代“知识精英”们这里，甚至远胜过自恃“西方中心”、真正“妄自尊大”的西方人。

四、“和平海洋”是中国“海洋强国”建设的必然选择

在世界竞争格局下的“丛林法则”中，“海洋大国”或“超级海洋大国”只能有一国或少数几国，别的海洋国家若也要成为“海洋强国”，大多是根本不可能的，能够靠军事扩张、侵略冒险、直接向“海洋强国”宣战并将其打败“取而代之”的，只有少数新的一个或几个国家。这种“丛林法则”的实质就是武力拼杀。这样的“海洋强国”道路是非人性、非人道、非正义、野蛮的，这样的海洋强国观念是不足取的。

世界上的“海洋强国”并非“千篇一律”的同一种模式，同一种类型。英国的、美国的、日本的武力拼杀、侵略扩张的“海洋强国”模式是同一种类型；如果将中国古代对海洋的开发利用、在海洋上的发展视为另一种类型，则“海洋强国”的内涵也

不尽相同的，其各自坚守的海洋发展理念、所走的海洋发展道路、对内对外所产生的影响也是不同的。

世界上的“海洋强国”不应该只是海洋经济、军事的“强国”，而应该是全面的、综合的文化的强国。

世界上的“海洋强国”不应该是竞争性的、对他国威胁的、倚强凌弱的霸权性“强国”，而应该是对世界海洋和谐、和平起到示范性、引领性的强国。自近代以来在世界上起主导作用的是西方竞争性的、侵略性、霸权性“海洋强国”，其自身在古代历史上相互之间的竞争、侵略、吞并和短命，其自19世纪中叶东侵以来导致世界的不得安宁和其自身的开始衰落，都充分证明了其自身发展模式的不可持续性。

中国是历史上长达数千年领先世界的海洋大国、强国，以其和谐、和平的“天下”（世界）理念和秩序建构维持、维护了长达数千年中中原王朝统辖天下、海外世界屏藩朝贡的海洋和谐、和平历史，足以证明中国海洋发展模式、大国、强国模式的适应性、合理性和顽强生命力。当然，中国古代海洋发展的大国、强国模式，也有其致命伤：一旦遇到中央政权统辖之外的敌对势力发展强大而海上侵袭，海防不固，必然国门洞开，因此真正的“海洋强国”，海洋军事强大，敢于、善于消灭一切海上来侵、海上威胁之敌，是必备的保障性要素。

因此，中国建设海洋强国，必须走海洋和谐、和平、海洋文化繁荣之路，海洋强国的发展目标和指导思想必须是海洋和谐、和平、繁荣，海洋强国的要素内涵既包括对国内而言海洋产业经济的可持续发展、海洋环境资源的可持续开发利用，海洋区域社会生活文化的可持续繁荣，又包括对国际而言海洋和平政治机制的建立、国家海洋权益的安全、国家在世界海洋事务中不仅有发言权，而且有主导权。这就意味着，中国建设海洋强国的实现途径，需要的是国家顶层设计；政治、经济、法律、军事、科技、文化各要素有机协调；国家目标明确、制度建设和法规政策到位；国民海洋意识增强，自觉维护对内的海洋和谐、对外的海洋和平；国家对外宣传、主导海洋和平理念和国际合作机制，同时在当代条件下，有足以震慑和惩罚直至消灭敌对势力的海洋军事力量。

主导当今世界海洋发展应有的现代海洋观，应该不再是西方的以海洋军事霸权为主要内涵的海洋观，因为这样的海洋观不仅在历史上已经给世界上的多元文明带来了极大破坏，而且在当今时代也导致了海洋竞争日益激化、海洋强国多极军备竞赛、国际争端此起彼伏、小规模乃至大规模的海洋战争的危险无时不在，因而这样的海洋强国发展模式不可持续，这样的海洋观亟须摈弃，这样的历史教训应该汲取，代之而立的，应该是对内和谐、对外和平的海洋发展观和海洋强国发展模式。因为这是正确的，是合乎人类文明、正义道义的。这样的海洋观和海洋发展模式，在中国海洋发展传统中有悠久而深厚的历史文化基础，并且中华民族至今一直坚守着这样的海洋发展理念。中国应该、也有能力有条件倡导和建立这样的现代海洋观，中国应该、也有能力有条件为世界海洋和平做出自己的贡献。

以中国海洋发展模式为基础、以中国海洋发展观念为核心的对内致力于社会海洋和谐、对外致力于世界海洋和平的现代海洋观，其建立和推广需要根据国内条件和国际环境，不断、及时加以发展完善，既包括发展完善其时代内涵，也包括发展完善其实现条件。在对外致力于世界海洋和平的战略对策上，需要两手：一手是用中国的文化观念包括海洋发展观念影响世界并逐步主导世界；一手是必须建设强大的海上力量，不是为了对外进行海洋争夺和侵略扩张，而是为了制约、遏制、抵抗乃至消灭那些“不和平”的海上力量，以维护和保障世界海洋和平。

从海权强国向海权霸主的转变*

——第二次世界大战期间美国海权战略探析

卞秀瑜** 胡德坤

摘要： 第二次世界大战为美国海权战略的成功实施提供了新的空间。参战前，通过采取一系列积极措施，美国为直接卷入战争做了相关海权战略准备。参战后，坚持“欧洲第一”的“猎犬计划”战略，美国与德、日成功开展海权争夺战。第二次世界大战结束时，美国从海权强国成功转变为世界海权霸主。美国海权霸主地位确立的过程，也是当时美、日两大海权强国激烈较量的过程。对于中日钓鱼岛争端，有关国家应以史为鉴，避免历史悲剧重演。

关键词： 第二次世界大战；美国；海权战略；海权霸主；日本；钓鱼岛争端

1939 年 9 月，第二次世界大战全面爆发。面对人类历史上空前的战争浩劫，美国有关方面不得不采取措施积极应对。参战前，通过建立西半球中立区、出台“猎犬计划”战略、开展大西洋护航等措施，美国为卷入战争做了相关准备；参战后，坚持“欧洲第一”的“猎犬计划”战略，美国在大西洋和太平洋分别与德、日同时展开激烈的海权争夺战，并取得最终胜利。通过第二次世界大战期间海权战略的成功实施，美国实现了从海权强国向世界海权霸主的转变。

一、参战前美国海权战略的积极应对

（一）建立西半球中立区，维护西半球的暂时稳定

面对日趋紧张的局势，1939 年 7 月底，美国海军作战部部长威廉·雷希表示，海军部应该采取积极进攻战略，其要求政府放手发展海上力量。他说：“一旦不能继续维持和平，美国舰队要在任何可能发生战事的地方打败敌人。”由于担心德国在欧洲取胜后，会将矛头指向西半球。9 月 5 日，美国宣布将在西半球建立中立区，规定交战国双方的舰队都不能进入。罗斯福总统随后宣布美国海军进行西半球中立地带的防御巡逻，并将刚组建的大西洋舰队命名为“中立巡逻队”。

---

* 来源：原发文期刊《江汉论坛》2013 年第 9 期。本文系教育部人文社会科学研究青年基金项目（项目编号 11YJCGJW001）、中国海洋发展研究中心重点项目（项目编号 AOCZD201101－2）、中国海洋发展研究中心青年项目（项目编号 AOCQN201227）、中国海洋大学中央高校基本科研业务费专项基金项目（项目编号 201113014）之阶段性成果。

** 卞秀瑜，中国海洋大学军事教学部讲师，历史学博士，中国海洋大学海洋发展研究院研究员。

为了在未来可能的太平洋战争中取得主动，又充分保证西半球中立区的海军力量，美国国会同意增建战舰。1940 年 6 月，国会通过了“两洋海军法案”，授权海军部建造 1 万架飞机用于新航母，48 艘硬式飞艇用于“中立巡逻队”的反潜艇。随着形势的发展，美国不断扩大中立区。1941 年春，德国宣布将战区扩大到冰岛和格陵兰岛。4 月 20 日，罗斯福宣布扩大西半球中立区，其包括大西洋彼岸的亚述尔岛、格陵兰岛和冰岛。7 月 7 日，美国海军陆战队在冰岛登陆，随后建立海军航空基地，并组建了丹麦海峡巡逻队。

（二）出台“猎犬计划”战略，开展大西洋护航

1940 年 6 月，法国败降。美国民众哗然，这是加强海军建设的大好时机。6 月 14 日，海军部提交了一份庞大的战舰建造计划，主张美国打造两大舰队，分别部署在大西洋和太平洋。随后，国会高票通过了“两洋海军法案”。海军部预测德国可能在 8 月入侵大不列颠岛。11 月，新任海军作战部长哈罗德·斯塔克撰文称：如果英国战败，大英帝国解体，世界主要贸易航道将被控制，美国将无法进行全面战备；同时，整个西半球就暴露于轴心国魔爪下，美国将没有基地和德国在欧洲作战，处境会相当危险。斯塔克明确阐述了“欧洲第一”的战略思想，意在说服决策者加强与英国的合作，在大西洋保持强大攻势，而在太平洋进行相对保守的防御。该文后来被称作“猎犬计划”(Plan Dog)，很快得到罗斯福和军方的认同。

12 月 17 日，罗斯福发表讲话，提出美国可以借出军火。不久，美国通过《租借法案》。据此，美国共向英国等几十个反法西斯国家提供 500 多亿美元物资。这是美国走向参战的重要一步。为保证法案的顺利实施，必须开展有效的跨大西洋护航。1941 年 1 月，英国欣然接受“猎犬计划”战略，并表示迫切需要美国给予护航帮助。2 月 1 日，罗斯福任命欧内斯特·J·金为新大西洋舰队总司令，开始组织跨大西洋护航。

（三）实施“西半球共同防御计划”，完善大西洋护航体系

1941 年 5 月 21 日，德国潜艇 U－69 在南大西洋击沉了美国商船“罗宾·穆尔”号，此后美国进一步加强护航体系。7 月 9 日，罗斯福批准了海军部起草的“西半球共同防御计划”，正式下令海军保护从美国到冰岛的跨大西洋航道，并将英国、加拿大的商船纳入护航体系。8 月，美、英大西洋峰会召开。与此同时，美英两国军事首脑举行会晤，就美英护航体系的合并重组达成共识：从 9 月开始英国海军护航队从大西洋西部撤出，交由美国大西洋舰队统一指挥护航；大西洋舰队对所有加拿大海域以西的大西洋护航负责；因美国暂时中立，所有商船将悬挂至少一面美国或冰岛国旗。

会后，美国进一步加强大西洋舰队，护航舰队已经包括 3 艘航母、5 艘战列舰和 50 艘驱逐舰。9 月 16 日，英美混合护航舰队开始第一次护航。同时，加拿大也将护航指挥权交给了美国。1941 年最后几个月中，护航舰队和德国潜艇连续发生多次交火。10 月初，罗斯福向国会提议修改《中立法案》，允许商船全副武装和进入欧洲战区。经过激烈辩论后，国会最终高票通过了修改提案。美国向参战又迈进了一大步。

（四）被逼对日战略物资禁运，太平洋防御政策最终失败

美国在太平洋地区的退缩防御政策以及1941年4月签署的苏日《中立条约》，使日本对亚洲的侵略更加肆无忌惮。7月24日，日本法属印度支那驻军已达3万，联合舰队也驶入金兰湾和越南岘港。资源丰富的东南亚和西太平洋尽受日本掌控。尽管如此，坚持“欧洲第一”战略的海军部仍希望美不要对日本实行石油禁运，以免刺激日本对美宣战。26日，罗斯福顶住压力，宣布冻结日本在美全部资产，并对日实行石油、钢铁和其他战略物资的禁运。

对此，日本铤而走险地选择了对美开战。9月6日，日本战争委员会通过了东条英机的战略计划。据此，日本宣战后立即派出联合舰队袭击并打败美国的亚洲分舰队和太平洋舰队，随后入侵菲律宾、英属马来亚、荷属东印度群岛，并在中国展开新一轮行动。11月，日本御前会议正式决定出兵太平洋。12月7日清晨，日本海军突然袭击美国海军太平洋舰队基地珍珠港，太平洋战争爆发。美国太平洋防御政策宣告失败，并最终卷入第二次世界大战。

上述海权战略的实施，使美国在尚未卷入大战的情况下对时局做出了较为积极的应对，为备战赢得了一定的宝贵时间。

二、参战后美国海权战略的全面实施

参战后，美国改变了前期的太平洋防御政策，与德、日展开了激烈的海权争夺战。

（一）在大西洋战场与德国进行潜艇战和两栖登陆战

1942年1月到6月，美国遭遇了其历史上最大的“海洋屠杀”，将近234万吨船只在西半球被德国潜艇击沉；同盟国被潜艇击沉的船只总量达280万吨。有历史学家曾将这和珍珠港袭击的损失相提并论。德国的这种优势一直保持到1943年5月。7月，由于已拥有足够护航的驱逐舰，美国立即组成护航航母方队专门猎杀大西洋德国潜艇。到1944年4月，德国在大西洋的潜艇只剩50艘。第二次世界大战中美国北大西洋的护航舰船有8 233艘，共为47 997艘商船进行过护航。另外在中、南大西洋到地中海的航线上，美国一共组织了24个护航方队，成功护送53.613 4万部队前往欧洲战场，且没有1艘部队运输船或者游轮遭受损失。

美国取得大西洋潜艇战的胜利是诸多因素共同作用的结果。从美国方面看：第一，海军部庞大舰船建造计划的开展，很快弥补了初期护航舰船的不足和潜艇战中的损失。第二，海军部调整战略思维，将反潜目标定位于避免被潜艇攻击，而不以击毁潜艇为目标。第三，陆军后来同意派出大量战斗机帮助护航，而此前这一申请一直被拒绝。从德国方面看，这与希特勒轻视海权建设直接相关。希特勒信奉的是“生存空间论”，他将主要目标定位在欧亚大陆，认为只要控制了欧亚大陆就足以打败英美的海权联合，而征服欧亚大陆并不需要强大的海军。

反潜战的胜利为欧洲第二战场的开辟扫清了较为安全的海洋之路，这是大战最终

取得胜利的重要前提。自“猎犬计划”实施以来，美国始终坚持“大西洋战场第一，兼顾太平洋战场”的原则，希望在大西洋战场开辟一个主要战线，全力取得主要战场的胜利，然后再转战其他战场。为此，美国海军先后进行了北非登陆作战、西西里登陆和诺曼底登陆战。1944 年 6 月 6 日，诺曼底登陆战打响。这次战役是迄今为止世界上规模最大的一次海上登陆作战，近 300 万士兵渡过英吉利海峡前往诺曼底。战役持续了两个多月，最终，盟军 92.9 万兵力、58.6 万吨物资和 17.7 万辆坦克成功登陆，并解放巴黎，诺曼底战役结束。诺曼底成功登陆，宣告了盟军在欧洲第二战场的开辟，使纳粹德国陷入两面作战，有利于迫使其无条件投降，以便美军把主力投入太平洋对日作战，由此加速了第二次世界大战的结束。

（二）在太平洋战场与日本展开潜艇战和岛屿争夺战

珍珠港事件发生后，面对太平洋的被动局势，美国海权战略家立即要求对资源短缺的日本全面开展潜艇战。日本殖民地面积大而分散，大量岛屿需要建立防御工事，很难仿效英美组织有效护航。因此，缺乏护航的日本商船极易受到潜艇攻击。美国开战之时只有 70 艘潜艇，其中一半是第一次世界大战时期的老式潜艇。但关键时刻，海军部显示出强大的备战能力。1942 年春，228 艘新型“加托”级、“巴劳尔”级、“丁鲷”级潜艇建成并投入使用。这批潜艇都装备有雷达系统，后来又安装了平面位置显示器，攻击力大增。美国太平洋潜艇战取得了巨大成绩。大战期间美国击毁日本共 477.9 万吨的 1113 艘商船，以及 1 艘超级航母和 4 艘护卫航母在内的 201 艘战舰。另外，商船队被击沉也导致了至少 6.9 万日本船员伤亡。这些损失都是日本在战时短期内无法弥补的。

尽管在太平洋的潜艇战卓有成效，但美国海权战略家伺机进行一场决定性海战，以扭转在太平洋的被动局面。1942 年 3 月，欧内斯特·J·金建议在太平洋南部实行主动有限进攻战略，认为这将可能缓解太平洋其他地区的压力。为此，珊瑚岛海战和中途岛大战打响。珊瑚岛海战从 5 月 4 日开始，持续到 5 月 8 日。它使日本海军在太平洋战争中第一次受挫。由于损失的飞机和飞行员无法立即补充，日军的武力扩张第一次遭到遏制。中途岛大战于 6 月 4 日凌晨打响，到 5 日下午结束。日本海军遭受了前所未有的大败，一共损失了 4 艘航母、1 艘重型巡洋舰、253 架飞机，从此舰队基本处于支离破碎的状态。太平洋战争的主导权转到美国手中。

1942 年 8 月 7 日，美军开始局部反攻。到 1944 年 2 月，美国海军完全掌握了太平洋的制空权和制海权。3 月，美国最终决定太平洋战争实行双重推进的全面反攻战略：麦克阿瑟从东南亚包抄，尼米兹控制中太平洋并向日本岛屿防御链和本土推进。1945 年 3 月 18 日，冲绳战役打响。冲绳岛在日本本土防御中占有重要地位，被称为日本的国门。冲绳战役是美日两军在太平洋岛屿作战中规模最大、时间最长、损失最重的也是最后一次战役。6 月 22 日，美军攻占冲绳岛，由此打开了日本的门户，为登陆日本本土作战创造了条件。到 8 月中旬前，美国海军已经集结了超过 90% 的潜艇、1 137 艘战舰、14 847 架飞机、2 783 艘大型登陆舰、数以万计的小型登陆艇在太平洋。为了降低伤亡并尽快结束战争，美国最终于 8 月 6 日和 9 日分别向广岛和长崎各投放了一颗原子弹。15 日，日本政府宣布投降。

由此可见，参战后美国海权战略在大西洋和太平洋的全面实施取得了巨大成功，为反法西斯战争的胜利做出了重要贡献：成功开辟了盟军欧洲第二战场，加速了纳粹德国的失败；同时，也彻底摧毁了日本的海权力量，加速了日本法西斯的投降。

三、第二次世界大战结束后世界海权霸主的诞生

第二次世界大战期间美国之所以能够成功实施其海权战略，主要有以下四个方面的原因：

（一）海军领导机关得到国会、总统和公众的大力支持，拥有合理、高效的运作机制

大战期间美国海军部表现积极，作用突出。美国总统和作战统帅甚至习惯将之称为“我们”，将陆军部称为“他们”。参战后，海军部军事作战指挥的重要性凸显，罗斯福总统几天后就重新设立了美国舰队总司令的职位，并挑选原大西洋舰队司令金担任。舰队总司令直接向总统负责。1942 年 3 月后，舰队总司令同时担任海军作战部长。金统揽了海军部军事大权，成为“美国历史上权力最大的海军官员。”权力的增大，使海军作战部长能够在必要时决断如何使用部队等重大问题。文职部长和武职作战统帅的合理分权是美国海军部高效运作的重要原因。有专家曾这样评价：“没有人能够重新建构一个这样合理的海军部。”

（二）美国拥有最为雄厚的经济力量，为海权战略的成功实施奠定了坚实的经济基础

战时，美国煤、原油、钢铁、炮弹的产量分别是日本的 11 倍、222 倍、13 倍和 40 倍。长期消耗战给日本带来了毁灭性后果。太平洋战争第一年双方损失都很大，美国丧失了约 40% 的主力舰，日本丧失了约 30%。美国大规模的舰船建造项目很快弥补了损失，并建造了更多的战舰，但日本连丧失的部分都无力弥补。1943 年日本建造了 3 艘航母，而美国却建造了 22 艘。同年日本的飞机产量也只有美国的 20%。日本由于资源短缺，极度依赖外来战略物资。因此，商船被击沉就意味着这些战略物资的丧失。罗斯福曾说：“日本输掉太平洋战争的时间是它的商船队的损失大于其所能替代的能力的时候。”依此推断，这个时间应该是 1944 年春，从新加坡到日本的航线被切断的时候。从那以后，“日本帝国及其战争机器走向土崩瓦解。”

（三）审时度势的战略、战术的有效运用，成为美国海权战略成功实施的重要保证

大战爆发后，虽尚未参战，但美国海权战略家先后审时度势地提出“两洋海军法

案”、“猎犬计划”战略、开展大西洋护航等战略，使美国在表面中立的同时能够对时局加以有效应对。参战后，在坚持“欧洲第一”的“猎犬计划”战略的前提下，美国在大西洋和太平洋两个战场与德日之间展开了激烈的海权争夺战，并取得了最终胜利。随着科技的发展，对海军作战的要求是海面、海底、空中、海岛和海岸的全方位作战。为了完成这些作战任务，海军必须要有强有力的陆战部队和空中部队。1934 年，海军部获得国会拨款在弗吉尼亚州匡提科建立海军陆战队战斗指挥试验基地。战时，指挥基地将海军陆战队训练按功能分为 6 个部分：指挥系统、炮火系统、航空支持系统、舰对岸指挥系统、滩头防御系统和后勤系统。海军陆战队最终成为两栖作战的主力军。

（四）用先进科技武装的强大现代化海军，是美国海权战略成功实施的坚强力量支撑

1940 年 6 月“两洋海军法案”支持下的“埃塞克斯”级快速型航母，于 1943 年底建成并投入舰队作战。该航母消除了之前飞机依靠陆地的限制，改变了大洋中部岛屿作战必须以另外岛屿作为基地的弊端，对决定性海战具有无可比拟的战略价值。瓜达尔卡纳尔岛战役后，美国海军航空舰载机进行了重大革新，作战性能大幅提升。F6F“泼妇”式战机是美国海军最新装备的性能卓越的舰载机，比日本的“零”式战机更优越。这种战机 1942 年开始装备部队，配有 6 挺 12.7 毫米机枪，虽然在灵活性方面不如“零”式，但在飞行速度、升高和俯冲方面却更优越。其飞行速度可达 600 千米每小时，航程可达 2 400 千米；相比之下，“零”式的飞行速度只有 500 千米每小时，最大航程只有 1 800 千米。

第二次世界大战间美国海权战略的成功实施，使美国从战前的海权强国进而崛起为战后世界海权霸主。参加第一次世界大战使美国从海权大国成长为海权强国。第一次世界大战结束时美国已成为世界头等海权强国，拥有与英国并驾齐驱的海权力量并不断发展。第二次世界大战的爆发和美国的参战，则促成了美国海权的再度膨胀和世界海权格局的再次重组。第二次世界大战导致了日本和英国两个海权强国的没落。第一次世界大战结束后，日本成为仅次于美、英的海权强国，海权力量不断增强。但因第二次世界大战中战败，日本海权力量崩溃。英国曾是世界上最强大的海权国家，却在第二次世界大战输给了海权相对较弱的德国和日本。第一次世界大战结束时，英国海军在将领、飞行员、战舰等各方面都和美国拉开了巨大差距。1940 年 7 月 1 日美国海军部在役官兵为 20.312 7 万，拥有 1 099 艘舰船。到 1945 年 8 月 31 日，在役官兵达 340.845 5 万，舰船数量达 68 936 艘，主力舰 1 166 艘。5 年内，美国海军人数增长了 20 倍，舰船数量增长 60 倍，舰队总吨位数增长 6 倍，海军飞行器增长 24 倍。第一次世界大战结束时的美国海军已所向无敌，完全具备了在全球任何地点采取主动攻势的能力，“可以去地球上任何想去的海洋任意航行”。美国已成为名副其实的世界海权霸主。

四、美国海权霸主地位确立引发的思考

第二次世界大战为美国海权战略的实施提供了新的空间。得益于大战期间期间海权战略的成功实施，美国从战前世界海权强国之一成功转变为战后世界海权霸主。第二次世界大战期间美国海权霸主地位确立的过程，也是当时美、日两大海权强国激烈较量的过程。1853 年美国舰队叩关、日本被迫开国时，日本海上力量羸弱，不堪一击。明治维新后，日本海上力量迅速发展。其后经过甲午中日战争和日俄战争的胜利，第一次世界大战时期日本已迈入世界海权强国行列。日本海权力量膨胀之路，也是日本海权扩张和对外侵略之路。随着日本走上法西斯战争之路，其海权扩张也迅速达至顶峰，并最终与美国交锋第二次世界大战太平洋战场。太平洋战场的失败，彻底摧毁了日本海权力量，日本法西斯最终失败成为必然。

战败后，日本本应汲取历史教训，深刻反省侵略罪行。然而，日本非但不认真反省，反而敢于公然践踏第二次世界大战反法西斯战争确立的战后国际秩序。2012 年 9 月 10 日，日本政府宣布“购买”钓鱼岛及其附属的南小岛和北小岛，实施所谓“国有化”。日本“购岛”闹剧不仅是对中国领土主权的严重侵犯，而且是对世界反法西斯战争胜利成果的公然否定，更是对第二次世界大战确立的战后国际秩序的公然挑战。

作为第二次世界大战反法西斯联盟的重要成员国和建立战后国际秩序的主导国，美国曾深受日本海权扩张和法西斯侵略之苦，战后本应同国际社会一道对日本进行彻底的非军事化和民主化改造，以维护战后世界持久和平。但出于一己私利和全球冷战战略的需要，作为日本的单独占领国，美国战后对日本的改造很不彻底并很快转向扶植日本，这为战后日本政治右倾化埋下了祸根。同时，美国也没有认真吸取日本海权扩张给美国的深刻教训，反而将非法侵占的钓鱼岛的行政权私相授受给日本。1971 年 6 月 17 日，美国与日本签署了《关于琉球诸岛及大东诸岛的协定》，将琉球诸岛和钓鱼岛的“施政权”“归还”日本。美日私相授受钓鱼岛直接导致了中日钓鱼岛主权争端。

近年来，尤其是“重返亚洲”战略实施以来，美国在美日同盟框架下高调介入钓鱼岛争端，甚至公然将钓鱼岛纳入《美日安保条约》适用范围，以牵制中国海上力量发展。这是美国对日本的偏袒和纵容，也是对自己参与建立的战后国际秩序的直接否定，给当前和今后亚太地区安全与稳定带来了巨大隐患。以史为鉴，面对当前日本政治急速右倾化、极力推翻第二次世界大战确立的战后国际秩序的严峻形势，包括美国在内的国际社会应高度警惕、积极作为，竭力维护来之不易的战后世界整体和平与稳定。

建设海洋强国背景下海洋社会管理创新模式研究*

同春芬** 韩 栋

（中国海洋大学法政学院；青岛 266100）

摘要： 近年来，海洋强国一词的使用频率日渐增多，建设海洋强国已成为中华民族伟大复兴的一个重要战略。与此同时，面对国际海洋权益竞争以及坚决维护海洋权益的必然要求，面对国内海洋经济的迅猛发展以及海洋管理体制改革、新型海洋利益集团的形成以及公民对于参与海洋管理的强烈诉求，海洋社会管理越来越成为建设海洋强国与新一轮海洋管理的重要领域。如何立足我国海洋国情，借鉴世界其他海洋强国在海洋开发、控制与综合管理经验，科学规划，系统布局，形成具有中国特色的海洋社会管理创新模式，是摆在我们面前的一项重大课题。本文通过对相关概念的梳理与界定，提出“构建以国家海洋局和国家海洋委员会为中心的、以各级海洋协调委员会为协调组织的、以沿海社区为基层平台的中国特色海洋社会管理模式”的基本框架。

关键词： 海洋强国；海洋社会管理；海洋社会管理模式

近年来，面对陆地资源的枯竭和海洋资源开发的巨大发展前景，世界各国都不约而同的再次把发展的目标移向了海洋。海洋将成为国际竞争的主要领域，许多沿海国家都在制定和实施新一轮的海洋发展战略，世界范围的海洋竞争正在激烈展开，能否在竞争中占得先机，是进入海洋世纪所面临的重大课题。纵观世界各大强国的发展历史，许多国家都曾走过因海而兴、依海而强的发展道路，葡萄牙、西班牙、荷兰、英国、日本、美国等西方国家几乎都是“先雄于海洋，后雄于世界”而崛起的。我国是一个海洋大国，在历史上也曾创造过优秀的海洋文明。但自明朝中叶以后，由于封建王朝漠视海洋，疏远海洋，最终沦入有海无防、丧权辱国的悲惨境地。新中国成立后，我国的海洋事业快速发展，现在已进入历史上最好的发展时期，加快建设海洋强国已经成为中华民族的伟大理想和夙愿。党的十八大报告明确指出“提高海洋资源开发能

* 来源：原发文期刊2013年9月《上海行政学院学报》第14卷第5期。本文为中国海洋发展研究中心科研项目“基于生态系统理念的我国海洋渔业管理制度创新研究”（AOCOUC20130）的阶段性成果。

** 同春芬 女（1963－）中国海洋大学法政学院教授，主要从事海洋社会学、渔业政策研究；

力，发展海洋经济，保护海洋生态环境，坚决维护国家海洋权益，建设海洋强国。”2013 年 3 月，第十二届全国人大第一次会议做出重大决议，重新组建国家海洋局，并设立高层次议事协调国家海洋委员会。这是我们党和国家准确把握时代特征和世界潮流，深刻总结世界主要海洋国家和我国海洋发展历程及其经验，统筹谋划党和国家工作全局而作出的战略抉择，是从我国现实国情出发建设海洋强国、创新海洋社会管理体制的政策与理论依据，是认知海洋、利用海洋和管控海洋，提升我国对国际海洋事务的影响力的有效路径。

一、海洋强国与海洋社会管理的内涵

（一）海洋强国的基本内涵

中国在海洋权益、海洋开发和管理方面面临着严峻的形势，建设海洋强国的使命刻不容缓。近年来，“海洋强国”一词的使用频率日渐增多。国家海洋局原局长王曙光在世纪之初就明确宣布“把我国建设成为海洋强国”是“海洋世纪里”的“一项庄严使命”。[①] 杨金森先生不仅对海洋强国战略作了认真的思考，而且还曾撰文提出“把建设海洋强国列入国家战略”建议，设计了“海洋强国战略的基本框架”，在杨先生看来，海洋强国是一个综合性的概念，包括海洋经济强国、海洋科技强国和海洋综合力量强国三个方面。[②] 高之国先生则提出：“一个真正意义上的世界大国，同时必须是海洋强国。”[③] 张海文先生也在《关于建设海洋强国的几点战略思考》中专门论述了海洋强国战略。[④] 徐祥民教授认为，以往研究者对“海洋强国”的解释存在差异，出现差异的词汇学原因在于“强”这个词存在多义性。它既是与弱相对照的形容词，又可以用作动词，即表达“使……强”。实际存在的海洋强国有三种，第一种是“海洋强大的国家”。它是建设的对象。这一解说常见于“建设海洋强国”之类的表述中。与此解相应的海洋强国战略是采用恰当的国家建设政策实现“海洋强大的国家”这一目标的战略。第二种解说是“以海洋致强国”。与之相应的海洋强国战略是如何发展海洋事业以实现国家的强大的战略。第三种解说包含“海洋强大的国家”和“以海洋致国强”两项内容。在与之相应的海洋强国战略中，海洋既是目标，又是手段。一方面以建设海洋强国为战略目标，另一方面又把海洋强国当成实现国家强大的手段。[⑤] 国家海洋局局长刘赐贵认为：“中国特色海洋强国的内涵应该包括认知海洋、利用海洋、生态海洋、管控

① 王曙光：《论中国海洋管理》，北京：海洋出版社，2004 年，第 3 版。

② 杨金森：《中国海洋战略研究文集》，北京：海洋出版，2006 年，第 210 – 320 页。

③ 高之国：《关于 21 世纪我国海洋发展战略的新思维》，载王曙光：《海洋开发战略研究》，北京：海洋出版社，2004 年，第 29 – 33 页。

④ 高之国、张海文：《海洋国策研究文集》，北京：海洋出版社，2007 年，第 27 – 28 页。

⑤ 徐祥民：《区分对“海洋强国”的三种理解》，载中国海洋发展研究中心编《中国海洋发展研究文集》，北京：海洋出版社，2013 年，第 17 页。

海洋、和谐海洋等五个方面”。[①] 综合上述有关领导和学者对海洋强国的界定，笔者认为，海洋强国是指海洋经济综合实力发达、海洋科技综合水平先进、海洋产业国际竞争力突出、海洋资源环境可持续发展能力强大、海洋事务综合调控管理规范、海洋生态环境健康、沿海地区社会经济文化发达、海洋军事实力和海洋外交事务处理能力强大的临海国家。

（二）海洋社会

2001 年 5 月，联合国缔约国大会文件认为，21 世纪是海洋的世纪，海洋在多方面对世界历史进程产生越来越大的影响。伴随海洋世纪的来临，人类开发海洋的活动日益频繁，“走向海洋”、“充分利用和开发海洋”亦越来越成为世界各国最有效的强国之路，人口趋海迁移的趋势日渐加速，海洋经济日益成为全球经济新的增长点。人类海洋开发实践活动极大地促进了沿海地区的全球化、现代化、城市化进程，推动了沿海地区社会结构的变迁。那么，何谓海洋社会？海洋与社会的关系是怎样的？杨国桢教授从海洋社会经济史的角度认为：“海洋社会是指在直接或间接的各种海洋活动中，人与海洋之间、人与人之间形成的各种关系的组合，包括海洋社会群体、海洋区域社会、海洋国家等不同层次的社会组织及其结构系统；海洋社会群体聚结的地域，如临海港市、岛屿和传统活动的海域，组成海洋区域社会。”[②] 庞玉珍教授认为：“海洋社会是人类缘于海洋、依托海洋而形成的特殊群体，这一群体以其独特的涉海行为、生活方式形成了一个具有特殊结构的地域共同体。”[③] 崔凤教授认为：“海洋社会是人类基于开发、利用和保护海洋的实践活动所形成的区域性人与人关系的总和。由于人类开发利用和保护海洋的实践活动不同于其他的活动，因此，海洋社会具有自己的独特性，同时，海洋社会是人类整体社会发展的组成部分，它无法脱离人类整体社会而存在，在影响人类整体社会发展的同时必将受人类整体社会的影响。”[④] 张开城等认为：“海洋社会是一个复杂的系统，其中包括人海关系和人海互动、涉海生产和生产实践中的人际关系和人际互动”。[⑤] 从上述学者的研究可以看出，随着海洋世纪的来临以及对海洋开发利用的加剧，海洋社会已经引起了社会各界广泛关注，尽管目前对于海洋社会的理解还存在一定的分歧和争议，但对于海洋社会是人类社会的重要组成部分，是区域性人群共同体这一点的认识没有争议。综合上述对于海洋社会的界定，笔者认为，海洋社会是人类从事各种直接或间接与海洋相关活动所形成的人与海洋、人与人之间关系的总和，是具有特殊结构的地域社会共同体。

（三）海洋社会管理

近年来，学界就“如何推进社会管理创新”这一议题已经形成了许多富有建设性

---

① 刘赐贵：《关于建设海洋强国的若干思考》，《海洋开发与管理》2012 年第 12 期。
② 杨国桢：《论海洋人文社会科学的概念磨合》，《厦门大学学报（哲学社会科学版）》2000 年第 1 期。
③ 庞玉珍：《海洋社会学：海洋问题的社会学阐释》，《中国海洋大学学报（社会科学版）》2004 年第 6 期。
④ 崔凤：《海洋与社会——海洋社会学初探》，哈尔滨：黑龙江人民出版社，2007 年。
⑤ 张开城：《海洋社会学概论》，北京：海洋出版社，2010 年，第 14 页。

的意见和观点，概括地说，关于“社会管理”的研究，在区分社会管理有广义与狭义的基础上，倾向于“社会管理”不是对社会生活全部内容的管理，而是对其中“社会子系统”或“社会部门，第三部门”相关内容的管理。杨建顺也将社会管理理解为广义和狭义两种含义，在他看来，广义的社会管理不限于政府的社会管理职能，它还包括其他主体以及社会自身的管理。[①] 俞可平认为：“社会管理就是规范和协调社会组织、社会事务和社会生活的活动”。[②] 徐晓海认为：“中国的社会管理指的是以政府为主导的、以公民社会组织协同和公民广泛参与为前提，共同对社会事务进行共同管理的活动”。[③] 社会学家李培林将社会管理定义为：“政府运用法律、法规、政策直接或间接地对社会发展不同领域和各个环节进行组织、协调、服务、监督和控制的过程。”[④] 国家行政学院丁元竹教授认为：“社会管理是通过规范社会行为，协调社会关系，解决社会问题，化解社会风险来维护社会秩序，激发社会活力。社会管理的外延包括，管理社会行为、管理社会关系、管理社会问题和管理社会风险。”[⑤] 谭明方认为：“社会管理指国家、社会组织、公民个人，为维护一定的平等秩序，运用法律、经济、沟通等手段，对社会性公共资源供给与配置过程中各阶层社会成员构成的四种关系所作的协调与控制”。[⑥] 从上述研究可以看出，国内学者对社会管理的理解和界定仍然带有强烈的“国家（或政府）中心论”色彩，西方话语中的社会管理具有明显的不同，这是因为，西方社会所理解的社会管理完全依靠市民社会的内生机制来实现，家族、行会乃至宗教组织都担负着社会管理的职能，而政府的社会管理职能相对较少。[⑦] 在此，笔者借鉴学界对社会管理的不同理解，结合海洋社会的内涵与特征，将海洋社会管理定义为：以政府为主导的、以各类涉海公共组织协同和海洋社会群体广泛参与为前提，共同对海洋资源及人类开发、利用和保护海洋的事务进行共同管理的活动。因此，海洋社会管理的格局是一个以海洋公共组织自我管理和公民广泛参与为前提的、政府主导的海洋社会管理格局。海洋社会管理的主体是多元的，既可以是政府、公共组织，也可以是私人机构，还可以是公共组织和私人机构的合作。

二、海洋社会管理创新的重要意义

党的十八大报告提出：“要加快形成党委领导、政府负责、社会协同、公众参与、法治保障的社会管理体制”。因此，加强和创新海洋社会管理，对建设海洋强国而言，

① 杨建顺：《社会管理的内容、路径与价值分析》，《人民论坛》2010 年第 3 期。

② 俞可平：《推进社会管理体制的改革创新》，《学时时报》2010 年 1 月 6 日。

③ 徐晓海：《论维护社会稳定的社会管理机制创新》，载．宋宝安主编《社会稳定与社会管理机制研究》，北京：中国社会科学出版社，2011 年，第 149 页。

④ 李培林：《创新社会管理是中国改革的新任务》，《人民日报》2011 年 2 月 18 日，第 7 版。

⑤ 丁元竹：《社会管理发展的历史和国际视角》，《国家行政学院学报（社会管理版）》2011 年第 6 期。

⑥ 谭明方：《社会管理："性质" 与 "内容" 研究》，《广东社会科学》2013 年第 1 期。

⑦ 陆文荣：《社会管理：作为实践的概念》，载．宋宝安主编《社会稳定与社会管理机制研究》，北京：中国社会科学出版社，2011 年，第 355 页。

既是一个崭新的课题，又是一项具有时代意义的神圣使命。其必要性主要有：

（一）海洋社会管理创新是直面国际海洋权益竞争、维护国家海洋权益必然要求

从全球范围看，21 世纪既是海洋开发的世纪，也是海洋争夺的世纪。为此，各临海国家纷纷制定新一轮海洋战略。美国政府认为，海洋是人类在地球上最后开辟的疆域，谁能够最早最好地开发海洋，谁就能获得最大的利益。为此制定了面向未来的海洋科技发展战略，提出“要保持和增强美国在海洋科技领域的领导地位”，并专门成立了国家海洋委员会，直接对总统负责，奥巴马是该委员会的最高决策者。日本为实现从岛国向海洋强国的转变，成立了日本国家海洋委员会，直接对首相负责。最近愈演愈烈的钓鱼岛争端也可以看出日本对海洋开发的野心。俄罗斯成立了俄罗斯联邦海洋委员会，直接对总理负责，制定了新的海洋发展战略，提出要重点发展海军力量、发展远洋渔业、发展海洋石油业、发展海洋运输业、发展海洋船舶业。还制定了北极发展战略，声称北极航道是自己的内江，提出要重振俄罗斯海军。越南，其海洋产业已占目前 GDP 的 25% ~35%，准备在 2030 年达到 53% ~55%，建成海洋强国。最近，越南不断对我国南海进行挑衅。如公布《越南海洋法》，把南沙、西沙称为是它的海洋国土，派军用飞机在南沙岛域上飞行，在他占的岛上办医院、建住宅、搞旅游、建庙宇、搞宗教活动等。在我国南沙海域，与国外联合开发石油，现在已经被挖去 1 亿吨油。越南提出要建设海洋强国，制定《2030 年海洋发展战略》，提出要不惜一切代价处理涉海事务。相比较而言，我国在世界主要海洋强国经济综合实力排名中只处于第六位，而且测评指标的绝对量都很小，只是美国的 1/10、日本的 1/4.5，在各项指标的比较中，我国仍然处于落后位置。[①] 究其原因既有来自美国、日本等国家的战略遏制，又有越南、菲律宾等周边国家地萦绕。由此可见，争夺海洋已是不可避免的世纪潮流，我们必须尽快跟上这个潮流。

（二）海洋社会管理创新是我国海洋行政管理体制改革的必然趋势

长期以来，我国海洋管理一直是处于一种“强政府，弱社会”的状态。全能型政府包办一切，社会管理机能发育不足。具体表现在：在海洋管理的主体上重政府，轻社会；在海洋管理的重心上重经济，轻社会；在海洋管理方法上重政策、轻法治；在管理支点上重管制、轻服务；在管理过程中重要求、轻投入。而且，由于受到“经济中心主义”思想的影响及对 GDP 的片面追求和崇拜，而且，我们似乎已经习惯于用“GDP 总量”、“GDP 增速”这样的指标来为经济发展“打分”，从而导致了一条腿长一条腿短的现象。如在经济发展方面，过去几十年对经济规模和增速的追求，让中国经济实现了快速增长，并在“十一五”末一跃成为世界第二大经济体，综合国力得以大大增强。但是，在社会发展方面，我们却一直忽视了城乡居民的“幸福指数”，如人们是否都能过上有尊严的生活，城市现代化发展是否与传统文化的传承相结合，人类的

① 殷克东、张斌、王立彭，等：《世界主要海洋强国综合实力测评研究》，《海洋技术》2007 年第 4 期.

生产力是否在不破坏生态环境的基础上发挥了最大潜力等。对此，我们已经开始进行反思和改变，2013 年新组建的海洋局将一改我国以往海洋管理权力分散、各自为政、缺乏合作的局面。新成立的国家海洋委员会将从更高的层次上对涉海事务（经济、能源、军事以及国家安全）进行全局性的宏观调控，对海洋开发和海洋权益的有关重大问题进行跨部门和跨行业的协调与指导。由此可见，根据新时期的海洋国情我国政府已经对海洋管理的顶层进行了重新的设计和规划，与此相对应，我国海洋管理的中层和基层则仍然缺乏与之相适应的政策安排。

（三）国内海洋经济迅猛发展对海洋社会管理提出了新要求

2010 年我国海洋生产总值 38 439 亿元，比上年增长 12.8%，海洋生产总值占国内生产总值的 9.7%。2011 年全国海洋产业总产值 45 570 亿元，同比增长 10.4%，占同期国内生产总值的 9.7%；2012 年全国海洋生产总值已到达 54 324.82 亿元，比上年增长 13.01%，约为全国国内生产总值的 10%，海洋经济的发展对于国民经济的贡献越来越大。[①] 但与国际海洋强国相比我国海洋经济发展仍然比较落后，以往的快速增长在很大程度上是依托资源型传统产业规模的扩张来实现的，海洋开发的方式比较粗放，产业发展层次低、空间布局不合理、资源和环境退化和管理体制不畅等问题仍然长期制约着海洋开发的进程。我国原本遵循的海洋行业管理模式，使得海洋开发的政策都带有严重的单一部门利益倾向，忽视了海洋其他领域的利益。尤其是受“经济中心主义”的影响，在海洋经济迅猛增长的同时也伴随着严重的海洋污染和海洋生态破坏现象出现。海洋的一体化、流动性特点决定，我们的海洋经济开发与发展要在全球化和可持续的视野下进行，海洋管理要更多的寻求国际合作和国内民众的支持。所以，打破行业主导的海洋政策制定模式和“经济中心主义”的影响，探索更为全面、立体的海洋管理模式，是新时期海洋经济发展对于海洋管理提出的新要求。

（四）新型海洋利益集团与公民对于参与海洋管理的强烈诉求，需要我们进行海洋社会管理创新

工业化、城市化、市场化、信息化的深入推进，使我国进入了公民社会、法理社会、丰裕社会和信息社会的新阶段。“海洋社会”作为人类社会发展的前沿发生了诸多的变化。普通公民已经不再满足于衣食住行的生产和消费，他们渴望通过各种渠道和方式来表达自己的政治诉求和参与意愿；各类海洋经济组织、海洋法组织、海洋环境保护组织、海员工会组织以及国际海事组织孕育而上，形成了许多新的海洋利益群体，加入了“海洋博弈局”。他们渴望参与到海洋的实际管理中，他们要求表达自己的集团利益，这就使得海洋社会关系更是错综复杂，如发生例如“渤海漏油”这种突发性海洋集体事件时，由于上下信息交流传递的不畅通，集团利益牵扯不清等，更是成为诸多社会矛盾的导火点。如何引导这些政府以外的社会主体的参与意愿、政治诉求，协

① 国家海洋局编：《中国海洋统计年鉴》，北京：海洋出版社，2010—2012 年。

调这些新的海洋利益群体间的权益成为进行海洋社会管理创新的迫切要求。再如，中日“钓鱼岛”争端，中菲“黄岩岛”争端，中越南海诸岛争端等也屡屡成为社会公众的关注焦点，国际海洋权益的争夺使得我国海洋管理的能力问题被推到了社会舆论的风口浪尖，民众通过何种渠道来合理抒发自己的民族情节和爱国之情，政府通过何种措施来维护我国海洋权益和搭建政府与社会的沟通平台成为下一步海洋管理模式创新的关键任务之一。

三、海洋社会管理创新模式的构建

党的十八大报告明确提出了建设海洋强国的战略目标，我国新一轮行政体制改革使得海洋社会管理创新日渐紧迫。那么，怎样在建设海洋强国背景下围绕海洋社会管理的目标和任务，以国务院机构改革为契机，以转变海洋管理模式为突破口，整合涉海行政资源和社会力量，健全海洋社会管理体系，形成政府、企业、社会组织、公民个人等为主体的多中心治理模式，这是摆在我们面前的重大课题，也是转变海洋管理模式的客观要求。因此，必须立足我国的海洋国情，以科学的海洋发展观为指导，借鉴国外政府的海洋开发、控制与综合管理经验，系统布局、充分调动和发挥社会自我管理潜能，努力形成有中国特色的、社会力量广泛参与的海洋社会管理模式。概言之，就是要构建以海洋局和国家海洋委员会为中心、以各级海洋协调委员会为协调组织、以沿海社区为基层平台的中国特色海洋社会管理模式。如图 1 所示：该模式由顶层、中层和基础层组成：

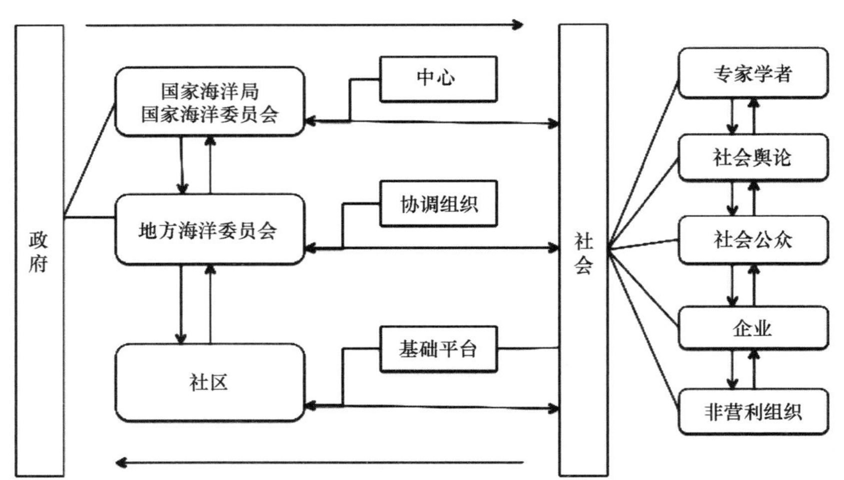

图 1　我国海洋社会管理创新模式

（一）顶层：国家海洋局和国家海洋委员会为中心的多元主体管理模式

纵观世界海洋发展形势与各海洋强国海洋管理实践，政府海洋管理已经由行政系统、地域划分为基础的分散型管理体制向更为立体、全面的综合管理体制转变。伴随着海洋权益竞争利益取向和影响因素的新变化，传统的分散型海洋管理体制已经无法适应日趋激烈的海洋权益争夺了。2013 年 3 月十二届人大第一次会议会议做出重组国家海洋局，建立高层次国家海洋委员会的改革举措，这预示着我国海洋事业的发展和管理将进入一个新的阶段。“重组后的国家海洋局主要职责是，拟订海洋发展规划，实施海上维权执法，监督管理海域使用、海洋环境保护等。国家海洋局以中国海警局名义开展海上维权执法，接受公安部业务指导。高层次议事协调机构国家海洋委员会，负责研究制定国家海洋发展战略，统筹协调海洋重大事项。国家海洋委员会的具体工作由国家海洋局承担。”① 由此可见，我国此次海洋管理组织机构的改革主要意图是（如图 2 所示）：①建立统一的海洋管理和执法机构，提升海洋管理的层次，增强其管理的权威性。②建立高层次的海洋管理协调机构，实现海洋管理各方信息的共享和利益的协调，从更高的层次上统一规划，协调海洋管理的政策及行为。面对日趋激烈的海洋权益竞争，以及海洋的流动性、整体性的自然特征，在海洋社会管理模式中，采取更为统一的管理和建立更为有效的协调组织，在我国这样一个海洋管理欠发达国家是非常有必要的，也是符合我国现实海洋国情需要的。

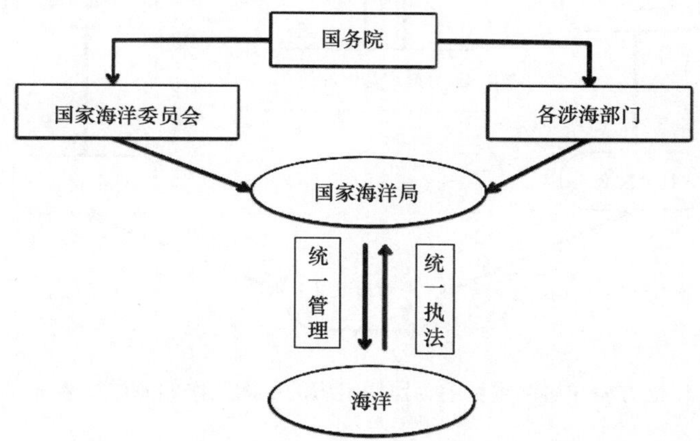

图 2　国家海洋局和国家海洋委员会为中心的海洋社会管理模式

（二）中层：各级海洋协调委员会统筹、协调的组织模式

海洋利益竞争的日趋激烈和海洋管理改革的深入，使仅有的政府间的合作已经无法承担并解决诸多的涉海相关问题。基于海洋强国目标的实现需要，以及国内外先进管理理念和管理工具的影响，在不同海洋利益相关者之间（包括政府、企业、公众）建立更为有效率的协调机构就显得意义重大了。而海洋利益的最大化也必须由所有的利益相关者，包括国家、省、市、县政府及相关管理部门、企业、科研团体、社区居

① http：//www. cnr. cn/gundong/201303/t20130310_ 512116370. shtml.

民以及国际组织和援助机构，相互合作，共同参与，才能保障其的实现。海洋管理诸多问题的产生，在很大程度上也是来源于信息的不对称，各级涉海行业和部门各自掌握有利信息，只追求自己利益的最大化，从而产生了利益冲突和管理纠纷。所以，笔者认为，建立国家海洋委员会是协调地方与中央、部门与部门、政府与非政府等利益相关者的有效措施。（如图 3 所示）此外，还需在国家海洋委员会以下，各级地方政府组成地方海洋协调委员会，作用是可以避免权力集中、利益冲突，体现科学与民主的社会管理本质，协调委员会的组建必须是由多方参与的，其成员应该包括：地方海洋管理机构代表、涉海相关企业代表、海洋科研专家代表、非营利组织代表和社会公众代表等。地方海洋协调委员会与各涉海利益相关者代表都形成一种双向互动的关系，充分地进行信息的交流和汇总，一方面为地方海洋管理的政策实施和行政执法提供可行性意见和方案；另一方面为国家海洋委员会对于海洋管理的宏观指导和协调提供信息和进行协调。

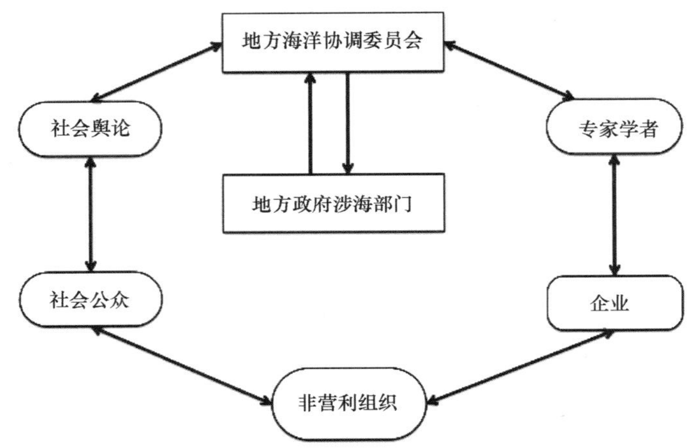

图 3　以地方海洋协调委员会为协调组织的中间层次的海洋社会管理模式

（三）基础层：各沿海社区为基础平台的公众参与管理模式

在政社共治已成为我国基层社会管理发展方向的背景下，作为创新型的海洋社会管理模式，还应该充分利用社区——这个发展逐渐成熟的基层组织。这一方面是因为，解决错综复杂的社会问题不仅是政府的责任，也离不开社会的自治与公民的广泛参与。另一方面是由于城市社区尤其是沿海城市社区中分布和驻扎着各种单位和组织，掌握着各种各样的经济与社会资源，如何有效调动这些单位和组织的积极性，整合和利用它们的资源，共同参与社区建设与基层社会发展，是我国基层社会管理亟待破解的重要课题。相关研究表明，社区已经成为当前社会管理的基础和突破口，在改革管理体制（重构政府与社会关系）、培育社会组织（促进公民社会发展）、提供公共服务（推进服务机制创新）、扩大公民参与（树立公共精神和参与意识）等方面，为社会管理体制改革和创新提供了实践探索与理论验证。与此同时，我国社会管理的改革与实践也表明，社会管理创新的源泉在基层社会和基层社区，因为在基层社区有第一手的鲜活信息，有第一线的实践经验。所以，尊重基层的首创精神，鼓励基层大胆探索，改革创新，才能为社会管理创新带来不竭动力。在海洋社会管理模式中，政府不仅要变得更加公开、开放，而且更应该对来自民间的社会力量善待与尊重，并成为社会组织发展及合作伙伴缔结的促进者。笔者构想（如图4所示），将社区作为基层协调和管理枢纽：对上可以传达民声、民意，为管理层的海洋政策制定和实施提供意见和支持；对下可以宣传海洋政策、法规，增强公民海洋意识，确保海洋社会管理的流畅运行。

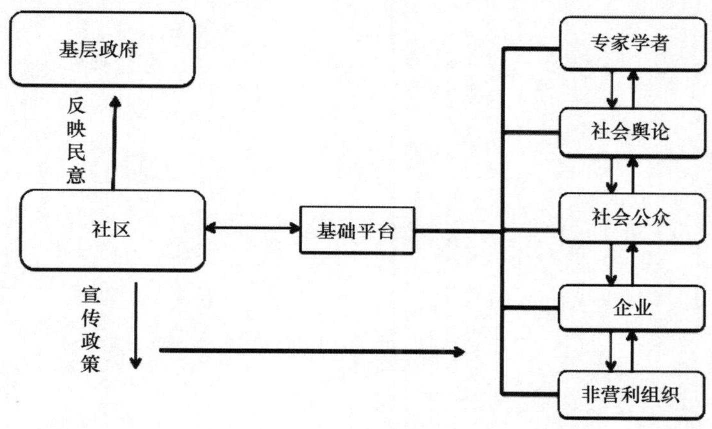

图4　以沿海社区为基层平台的基层海洋社会管理模式

四、小结

伴随着海洋事业的蓬勃发展，以及我国政治民主的深入进行，海洋社会结构和管理模式也处于重大调整和转型过程之中。海洋管理从计划经济时代的政府一元模式向多元主体模式发展，从分散条块管理向统一综合管理过渡，国家海洋管理权力在一些领域需要集中，而在另一些领域则需要逐渐退让，为海洋社会管理的发展留下成长空间。完善海洋社会自治体系，加强政府海洋管理与社会海洋管理的协调与互助，成为日后海洋管理模式创新的新出发点。结合国际海洋发展形势与我国海洋国情而言，一方面需要社会的自我管理，另一方面则需要国家权力的有力支持与引导。在国家权力、社会权力、个人权利共同存在的公民社会体系中，构建和谐统一的海洋权力关系，解决由于海洋社会新变化所带来的现实问题，使其成为促进海洋社会管理创新的内在动力。创新海洋社会管理模式是建设“海洋强国”的本质吁求，也是在新历史时期、新的海洋发展阶段，构建“和谐海洋”，推进我国海洋事业全面发展的根本途径。

第三篇　区域性海洋问题研究

菲律宾南海政策中的美国因素[*]

鞠海龙[**]

【提 要】美国对菲律宾南海政策经历了从"中立不介入"到"介入但不陷入"的转变。在"重返亚太"战略背景下，美国高调介入南海地区事务。菲美关系的加强影响了菲律宾亲美政治势力对南海问题的判断，并在一定程度上推动了菲律宾南海政策的激进化。美南海政策对菲律宾的误导和菲律宾自身对形势的误判使菲南海政策已走上错误的轨道，菲律宾国内政治等因素限制了菲南海政策的回调。

【关键词】菲律宾；美国；南海政策

第二次世界大战后，美国长期主导着亚太地区安全事态的发展。在南海问题上，美国的立场影响着地区一些国家的政策选择。作为美国的盟友，菲律宾对美国在南海问题上的支持长期抱有不切实际的期待。美国"重返亚太"并高调介入南海问题刺激了菲律宾南海政策的激进化，进而恶化了中菲关系及南海地区形势。菲律宾自身战略误判虽然是造成局势紧张的直接原因，但美国的消极作用难辞其咎。

一、美国对菲律宾南海政策的历史轨迹

1951 年，菲律宾与美国签订《美菲共同防御条约》，被纳入了美国"近海岛屿链"防御体系，成为东南亚国家中美国冷战同盟的重要一员。① 美国租用菲律宾苏比克军港和彼时的美菲军事关系客观上为菲律宾实施将南沙群岛"纳入国防范围"的政策提供了动力。② 20 世纪 50 年代初，菲律宾政府对南海诸岛及其附近海域拓展"主权"，出现了民间团体占领、开发太平岛的行动，还发生了 1956 年托马斯·克洛马（Tomas Cloma）"发现、占有"南沙群岛部分岛屿事件。根据《美菲共同防御条约》，菲律宾

* 来源：原发文期刊《国际问题研究》2013 年第 3 期。本文系国家海洋局南海维权技术与应用重点实验室开放基金项目"菲律宾南海政策与我国南海维权危机应对机制研究"（1215）；中国海洋发展研究中心重大项目：南海重大战略问题及周边国家政策研究（AOCZDA20120）；教育部社科基金项目"南海周边国家与地区南海政策与中国南海维权"（11YJAGJW008）的阶段性成果。

** 鞠海龙，中国海洋发展研究中心南海战略研究基地执行主任，中国海洋发展研究会理事，暨南大学国际关系学院/华人华侨研究院教授、博士生导师。

① The U. S. Department of State, Foreign Relations of the United States, FRUS, 1951, Volume VII, Washington D. C., United States Government Printing Office, 1983, p. 28.

② Chi - Kin Lo, China's Policy Towards Territorial Disputes: The Case of the South China Sea Islands, London: Routledge, 1989, p. 27.

对南海诸岛及附近海域的主张和行动并不是条约所涉及的内容。美国不但没有支持菲律宾南海利益诉求的政策意图，甚至没有关注到南海主权争议问题。

美国对南海问题的关注大致始于“甘泉岛事件”① 前后。根据解密档案资料，1956年美国国务院回复驻西贡大使馆4011号电报有关美国政府将“认真考虑采取军事行动以清除该区域共产主义活动的可能性”，并授权美国海军于次日对该区域进行侦察的内容。② 6月26日，美军参谋长联席会议认为，“南海主权争议问题与美国利益相关性低”，“美国不会在中菲越领土争端各方选边站，而是做一个中立的仲裁者”。③

20世纪70年代初，联合国暨远东经济委员会“亚洲外岛海域矿产资源联合勘探协调委员会”公布了南沙群岛东部及南海南部海域油气资源勘察报告。④ 该报告直接引起了南海周边国家扩张海疆、争夺海洋权益的风潮。美国对南海地区局势进行了再次政策评估。评估的结果认为，“现时的南海争端并非通常认为的军事重要性和真实的经济价值所导致的”，而是“当事国对未知资源价值的盲目判断和国家荣誉”过度重视的结果。⑤ 这一时期美国对南海争端仍是相对超脱的。

1974年中越西沙海战后，菲律宾驻联合国代表就事件询问中国代表。中方代表强调，中国已准备好捍卫包括西沙群岛和南沙群岛在内的领土主权。时任菲律宾外长罗慕洛收到该国驻联合国代表的电报后，转给美国驻菲律宾大使威廉·沙利文（William H. Sullivan）。⑥ 1月26日，沙利文根据菲律宾的官方意见，致电国务院，恳请国务院授权他在《美菲共同防御条约》框架下征询菲律宾对南海诸岛的具体意图与对美方所需采取行动的期待等要求，并提出四点建议：“授权美军一旦菲律宾在南沙群岛遇袭立即作出‘行动’反应”；“加强侦察力度以防止此类突袭的发生”；“制定包括警告中方如果对菲律宾采取军事行动将启动《美菲共同防御条约》等对华行动方针”。⑦ 1月31日，美国国务院回复沙利文的电报称：“我们仍在思考一旦菲律宾在南沙群岛遇袭美国采取行动的义务在《美菲共同防御条约》中的法律定位。由于缺乏中国试图接近南沙群岛的证据以及我方的不确定性，你所建议的行动方针和与菲方的接触都必须等到我方定位明确以后再讨论。”⑧ 当天，美国国务院召开内部会议讨论了菲律宾对美国处理南沙问题的请求。⑨ 基辛格指出：“我怀疑我们在被（菲律宾）问及之前表现出过度渴

① 甘泉岛是西沙群岛西部岛群永乐群岛的一部分。1956年6月，实际控制着永乐群岛的南越政府曾向美国发出通报——“中共在甘泉岛登陆”。美国对南越的通报高度重视，紧急开会商谈对策。在经过侦察之后，美国发现南越的报告是错误的，那里根本没有所谓的“中共登陆”。

② FRUS, 1955—1957, Volume III, China, Document 186, Note 4.

③ DDRS, CK3100444930, p. 2, Note 4.

④ ECAFE, Committee for Coordination of Joint Prospecting for Mineral Resources in Asia Off - Shore Areas (CCOP), Technical Bulletin, 1996, p. 2.

⑤ DDRS, CK3100398594.

⑥ FRUS, 1969—1976, Volume E - 12, Documents on East and Southeast Asia, 1973—1976, Document 325, Note 1.

⑦ FRUS, 1969—1976, Volume E - 12, Documents on East and Southeast Asia, 1973—1976, Document 325, Note 5.

⑧ FRUS, 1969—1976, Volume E - 12, Documents on East and Southeast Asia, 1973—1976, Document 325, Note 1.

⑨ FRUS, 1969—1976, Volume E - 12, Documents on East and Southeast Asia, 1973—1976, Document 327.

望对中国采取主动是否符合我们的利益……我不认为我们正使中国相信他们能够自由地采取军事行动……我（也）不认为我们应该表示我们会（向菲律宾）提供防卫。我们的政策重点是清楚自己的选择，同时给别人留下模棱两可的感觉。"① 国务院对驻菲大使的回复与美国20世纪50年代对南海争端的理解及相关政策立场是一致的，它体现了美国既给菲律宾留有一线希望的政策模糊，但是又要避免卷入南海争端具体问题。

然而，美国的政策模糊仍然给菲律宾留下了希望。1976年，菲律宾总统马科斯借美国总统换届之机，以美军驻菲律宾基地为筹码向美方施加压力，②敦促美国对《美菲共同防御条约》做出更明确的解释，以期获得美国军事支持其对南沙群岛领土主张的承诺。③ 美国国家安全局（NSA）专门就此事给总统福特提交了分析报告，"建议给菲律宾一种介乎积极与消极之间的答复，继续维持对争议岛屿不明确表态的立场，避免与中国和越南关系的紧张，同时也要保证菲律宾军舰遇袭时美方应对的灵活性。"④ 10月6日，基辛格与菲律宾外长罗慕洛举行秘密会议就《美菲共同防御条约》达成初步妥协：美国对菲律宾陆上安全的义务与争议性岛屿及海域区别对待，菲律宾不再在南海问题上牵扯美国。⑤

通过基辛格与罗慕洛的会谈，美国明确界定了对菲律宾南海利益诉求的原则立场。1977年，菲律宾试图再次重启《美菲共同防御条约》谈判。尽管在减少韩国、台湾国家和地区驻军的情况下，加强菲律宾海空侦察及拦截能力有利于美国维持西太平洋地区的优势，但是美国仍没有改变其不对南海争端做出约束性承诺的原则。⑥ 菲律宾也并未从基辛格与罗慕洛会谈和1977年对美外交斡旋的失败中汲取教训。其后，菲律宾每每在菲美关系有所改善之际仍寄希望于美国，并采取相对强硬的南海政策。

冷战结束后，中美联合反苏所建立的特殊关系的战略基础彻底瓦解。对中国的战略再判断影响着美国的南海政策。1994年1月，美国国会研究服务中心专门提交了遏制中国军事控制南海诸岛的可能性报告，提出了四项建议："维持美国亚洲军力"；"获取施压中国的经济手段"；"加强美中互动与互信"；"发挥东盟与亚太经合组织多边外交功能"。⑦ 1995年"美济礁事件"和1996年台海危机引发了美国对中国和南海问题政策的微妙变化。1995年4月，美国海军上将理查德·麦克（Richard C. Macke）对中

---

① FRUS, 1969—1976, Volume E-12, Documents on East and Southeast Asia, 1973—1976, Document 327, p. 8.

② 1976年8月6日，在菲律宾总统与美国副国务卿罗宾逊的会议中，菲总统马科斯与外交部长罗慕洛、国防部长胡安·庞塞·恩里莱（Juan Ponce Enrile）联合向美方施压，借责怪美方没有在1972年棉兰事件上提供支援为由，要求美方对菲律宾在美济礁的主权声明表明立场。（参见：FRUS, 1969—1976, Volume E-12, Documents on East and Southeast Asia, 1973—1976, Document 349, p. 1.）

③ 美方解密档案显示，1976年6月美国总统福特与卡特换届之际，菲律宾方面相信"鹰派"的卡特总统将会更重视美军基地，将有利于菲律宾重启谈判。（参见：FRUS, 1969—1976, Volume E-12, Documents on East and Southeast Asia, 1973—1976, Document 349, p. 2.）

④ FRUS, 1969—1976, Volume E-12, Documents on East and Southeast Asia, 1973—1976, Document 353.

⑤ DNSA, KT02132.

⑥ DDRS, CK3100501576, p. 9-10.

⑦ DNSA, CH01667.

国进行军事访问，在继续不介入南海主权争端原则的基础上，第一次明确表示了对航行自由与区域稳定的“强烈兴趣”。[①] 5 月，克林顿政府发布《南沙群岛与南海政策声明》，首次确认了美国在南海地区的利益，以及美国对南海问题的政策。[②] 1996 年 12 月，中美高层秘密会谈涉及南海问题时，美国强调了对航行自由的态度及以《联合国海洋法公约》解决争端的原则。[③] 1997 年 9 月，“日美防卫合作指针”达成协议，将南海地区纳入安保范围，第一次透露了美国为南海地区利益可能做出的军事反应。但在两个月前，时任中国人民解放军副总参谋长的吴铨叙中将访问夏威夷美国太平洋战区司令部时，美方代表（总司令）表示，“即便涉及争议岛屿问题”，“《美菲共同防御条约》也仍旧没有修改必要”。[④]

进入 21 世纪，“9·11”事件的发生将美国的对外战略重点吸引到了中东地区，美国对南海地区战略关注度下降。菲律宾阿罗约政府对美国全球反恐政策持消极态度。中菲经贸关系的迅速发展也进一步减弱了美菲在南海问题上的政策互动。然而，美中菲三国关系的变化并没有从根本上改变菲律宾的南海利益诉求，也没有改变美国决策层将南海争端视为影响亚太战略格局抓手的看法。美菲“金色眼镜蛇”联合军事演习、美国与东南亚国家“卡拉特”联合军事演习等传统安全合作的发展为美国介入南海预留了空间。

二、美国“再平衡”战略对菲南海政策的影响

2009 年，奥巴马政府上台后，美国调整亚太政策，对地区新旧盟友关系进行了加强和修复，其中美菲关系是美国投入最多的一组双边关系。2010 年菲律宾政府换届之后，美国即极力加强对菲律宾的各种援助。在不到一年的时间里，美国不但向菲律宾提供了 5.74 亿美元的援助，[⑤] 而且还向菲律宾许下提供新式军备[⑥]、落实《军事互访协定》（Visiting Force Agreement），加强双边军事合作等承诺。[⑦] 2011 年，美国开始对菲律宾实施“全球合作伙伴计划”，将菲律宾经济、安全等多方面的发展与美国亚太战略体系挂钩。期间，美国还多次暗示支持菲律宾南海利益诉求的可能性，诸如“美国

---

① DNSA, CH01831.

② Statement by Christine Shelly, acting Spokesman, May 10, 1995, in U.S. Interest in Southeast Asia, Hearing before the Subcommittees on International Economic Policy and Trade and Asia and the Pacific of the Committee on International Relations, House of Representatives, 104th Congress, 2nd Session, May 30, and June 19, 1996 (Washington, D.C.: GPO, 1997), p. 157.

③ DNSA, CH01974.

④ DNSA, CH02027.

⑤ Thomas Lum, "The Republic of Philippines and U.S. Interests," Congressional Research Service, Jan. 3, 2011, p. 9.

⑥ Marivicmalinao, "Against China's Expansion in South China Sea – US impelled to Strengthened Philippines Defense," http://www.allvoices.com/contributed-news/6484702.

⑦ Al Labita, "Manila warms to China, cools on US," Asia Times, Nov. 17, 2010, http://www.atimes.com/atimes/Southeast_Asia/LK17Ae01.html.

应当向菲律宾提供“F－16”战斗机、“T－38”超音速训练机、海上巡逻机以及两艘“FFG－7”导弹军舰，以加强菲律宾保卫岛屿主权能力”；“美国海军将继续在南海地区保持强大的军事存在”，“防止南海矛盾升级”。① 这一系列带有政策导向性的暗示不仅通过太平洋舰队前总指挥官詹姆士·里昂、现任指挥官威拉德等人在非正式场合的言论传递出来，而且还在正式的外交场合中公开宣扬，如国务卿希拉里声称：“美菲双边军事合作将给菲律宾带来更大规模军事援助。”② 2011 年 6 月，美国参议院通过了谴责中国在南海地区示强，以及支持美国军队在南海地区采取一切连续性行动，甚至直接军事介入中国与菲律宾等国纷争与摩擦的议案。③ 11 月，菲美签署《马尼拉宣言》，宣布两国将发展更为紧密的合作关系。此外，美国还通过不同途径支持菲律宾等国与中国商签《南海各方行为准则》，试图对中国在南海的维权行动加以限制。

美国基于对华战略调整而在经济、外交、安全领域对菲律宾的支持不仅改变了菲律宾的国际环境，而且直接刺激了菲律宾借机推动其南海利益诉求以及应对中菲南海争端的强硬态度。本来，2009 年菲律宾总统大选之前，阿罗约领导下的菲律宾政府在南海问题上采取的是相对温和的政策，但阿基诺三世上台后，受美国的影响，其南海政策急剧转变。阿基诺彻底抛弃了多年支持“南海问题谈判应该严格地在东盟国家和中国之间举行，不需要美国或其他任何第三方介入”的态度，④ 在南海问题上明确执行了激进且亲美政策。菲律宾强调美国是菲律宾唯一的战略伙伴，⑤ 多次公开要求美国在南海部署军事力量，以保护该地区弱小国家的权利。⑥ 菲律宾不但向美国购买了“汉密尔顿”级军舰、防空雷达系统，而且在美援的支持下制定了改造南沙机场及投入 50 亿比索（约合 1.18 亿美元）强化南海卫戍军力的计划。⑦ 菲律宾领导人不但积极以穿梭外交的方式推动东南亚国家以“集团”方式对中国施压，试图迫使中国签署《南海各方行为准则》，⑧ 而且与日本外交部门共同设立“永久工作小组”以定期讨论南海争端和相关海事问题，并将航行自由、不妨碍商业活动、以国际法解决海洋争端等原则作

---

① “US to maintain presence in South China Sea,” http：//dateline. ph/2010/08/18/us – to – maintain – presence – in – south – china – sea/.

② Al Labita, “Manila warms to China, cools on US,” Asia Times, Nov. 17, 2010, http：//www. atimes. com/atimes/Southeast_ Asia/LK17Ae01. html.

③ U. S. Senate Unanimously “Deplores” China's Use of Force in South China Sea, June 27, 2011, http：//webb. senate. gov/newsroom/pressreleases/06 – 27 – 2011. cfm.

④ “美拉拢菲律宾　菲律宾回应南海不需要美国”，2010 年 8 月 12 日，http：//news. xinhuanet. com/mil/2010 – 08/12/content_ 14003259. htm。

⑤ Del. Rosario Defines 3 Pillars of Foreign Policy, March 3, 2011, http：//www. manilamaildc. net/2011/03/03/del – rosario – defines – 3 – pillars – of – foreign – policy/.

⑥ US Presence in South China Sea Sought to Protect Rights, http：//www. gulf – times. com/site/topics/article. asp? cu_ no = 2&item_ no = 439662&version = 1&template_ id = 45&parent_ id = 25.

⑦ Philippines Ups Spending to Guard South China Sea, http：//www. dollar – rate. org/2011/09/philippines – ups – military – spending – to. html.

⑧ Aquino, Bolkjah Tankle Energy, South China Sea Issue in Talks, June 2, 2011, http：//www. newsflash. org/2004/02/hl/hl110844. htm.

为两国共同南海利益的基础。①

2012 年，菲律宾南海政策向激进化和极端化方向发展。年初，菲律宾外长呼吁东盟召开南海争端国家特别会议磋商南海问题。菲律宾学者抛出了相对越南、印度尼西亚等国学者更为具体而苛刻的《南海各方行为准则》草案。草案提出“先确定‘争议区’、‘非争议区’，设立东盟南海争端协调机构”等明确针对中国的争端解决原则。2012 年 4 月间，菲律宾多次推动和参与了没有中方人员参加的东盟国家《南海各方行为准则》草案闭门会议。②

2012 年 4 月，菲美联合举行“肩并肩”（Balikatan）军事演习。军演期间，菲律宾外长对外高调宣称：“只有美国和日本才是菲律宾战略伙伴”,③ 菲律宾防长还结合美日军事整编会议授予日军使用菲律宾巴拉望岛美军基地权利等信息，公开解读美菲“肩并肩”军事演习意味着，菲律宾一旦遭遇外来侵略便会得到美国明确而坚定的支援。④其后不久，菲律宾总统阿基诺三世提出了邀请美国侦察机监视南海地区的要求。⑤ 菲律宾官方智库和对外政策研究人员表示，美菲联合军演和日本可以使用菲律宾军事基地等利好消息同时发生，可能导致菲高层产生菲律宾被纳入美日战略同盟体系的模糊认知。⑥

2012 年 4 月 10 日，中菲在黄岩岛发生自“美济礁事件”之后两国在主权争议问题上最严重的一次对立。事件发生适值菲律宾获得美日战略支持信心的最高点。菲律宾不仅做出了派遣“汉密尔顿”战舰应对中国海监船的应急反应，而且采取了单方面将黄岩岛争议提交国际仲裁、发动全球菲侨抗议中国等措施。黄岩岛对峙尚未最终平息之际，菲律宾能源部副部长拉约格即抛出开放巴拉望岛西北外海三个争议海域油气田勘探意向的政策。⑦菲方还在东盟外长会议和地区外长扩大会议期间继续借南海问题进行搅局。

2012 年 7 月，菲日两国防长签署了包含两国在南海地区举行联合军演等内容在内的海上安全保障防卫合作备忘录。10 月，菲律宾增派 800 名海军陆战队员到南沙群岛,⑧ 并以同意授权美军重新使用苏比克海空军事基地和美方人员在苏比克湾半永久性

---

① “Japan – Philippines Joint Statement on the Comprehensive Promotion of the ‘Strategic Partnership’ between Neighboring Countries Connected by Special Bonds of Friendship,” September 27, 2011, http://www.kantei.go.jp/foreign/noda/diplomatic/201109/27philippines_e.html.

② 相关信息来自于作者 2012 年 3 – 5 月间对菲律宾的调研。

③ “Philippines, US seek to strengthen defense ties,” 21 March 2012, http://www.sunstar.com.ph/manila/local-news/2012/03/21/philippines-us-seek-strengthen-defense-ties-212424.

④ “菲访长：军演展示菲抵御侵略决心”，［新加坡］《联合早报》，2012 年 4 月 28 日，http://www.zaobao.com/special/china/southchinasea/pages/southchinasea120428.shtml。

⑤ “美军将领：美菲有共同防御条约”，［新加坡］《联合早报》，2012 年 4 月 23 日。

⑥ 相关信息来自于作者 2012 年 3 – 5 月间对菲律宾的调研。

⑦ “菲律宾将开放南中国海 油气勘探竞标”，［新加坡］《联合早报》，2012 年 7 月 12 日。

⑧ “菲向南沙群岛增派 800 海军陆战队员”，［新加坡］《联合早报》，2012 年 10 月 1 日。

驻扎为代价，换取美国同意部署部分海军陆战队员到吕宋岛和巴拉望岛。[①] 11 月，菲律宾扬言召开东南亚地区南海声索国四国会议以对抗东盟峰会以“发展与一体化”为主题而不讨论南海问题的既定议程。[②] 11 月底，菲律宾公布增派海军陆战队第三旅到巴拉望省的计划。[③] 2013 年初，菲律宾在中日钓鱼岛争端气氛高度紧张之际，将中菲南海争端提交国际仲裁。

需要指出的是，尽管“来自美国的外交鼓励、军备协助、安全承诺改变了菲律宾以往应对南海问题的政策基础，成为引导和改变菲律宾南海政策的有力推手”，[④] 但菲律宾国内政治变化与新执政集团的国内政治考虑也是菲律宾南海政策激进化的重要原因之一。阿基诺三世上台以来，为了巩固自身执政地位，借反腐运动清算前总统阿罗约的政治势力和影响。这一清算运动一直扩展到外交上。新政府彻底否定阿罗约时期奉行的中美平衡路线，彻底推翻了中菲越三国石油公司《在南中国海协议区三方联合海洋地震工作协议》这一“违宪和引狼入室”的“恶政”，[⑤] 并将中菲关系和中菲南海争端推向持续紧绷状态。

与此同时，阿基诺重用亲美人士，除提拔了以亲美著称的罗萨里奥为外长外，还在政府各部之外另设立了一个由亲美人士为主要组成人员的决策委员会，将对外重大决策从全体内阁会议的架构下剥离出来。新一届政府对外决策机制的调整适应了美菲加强关系的需求，美国已成为影响菲律宾对外决策的最重要因素。由于中国是美国“重返”亚洲的主要针对国家，因此，随着菲律宾亲美势力在菲律宾对外政策决策中影响力的加强，中菲两国南海地区矛盾升温以及中菲关系的恶化便成为不可避免的事情。

2010 年以来，美国对菲律宾军事安全做出一系列承诺。这些承诺一方面为菲律宾军队提升装备创造了条件，另一方面也刺激了菲律宾军方利益集团激化南海争端，争取更多利益的冲动。菲律宾国防部长加斯明曾针对南海问题指出菲律宾没有力量在海上抵御外国势力，并抱怨：“直至我们加强力量之前，我们什么也做不了，只能抗议，再抗议。”[⑥] 能否赢得军方的支持是菲律宾政治势力巩固执政地位的重要参照系数。阿基诺三世在竞选期间曾向军方承诺将军费开支提高至 GDP 的 2%。[⑦] 南海争端矛盾的激化成了菲律宾军方获得更多财政支持的理由，也为阿基诺三世兑现竞选承诺创造了机会。

---

① “美军将重返苏比克湾”，2012 年 10 月 19 日，http：//military. people. com. cn/n/2012/1019/c1011 - 19324105. html。

② 除越南外，马来西亚与文莱并未回应菲律宾的这一主张。

③ “菲律宾在南沙群岛附近增派海军陆战队”，2012 年 11 月 28 日，http：//news. cntv. cn/program/difangminglan/20121128/109013. shtml。

④ 鞠海龙：“菲律宾南海政策：利益驱动的政策选择”，《当代亚太》，2012 年第 3 期，第 46 页。

⑤ “RP may not seek extension of JMSU',” Philippines abs - cbn news, March 12, 2008；“The Spratly deal：selling out Philippines sovereignty?” http：//pcij. org/blog/2008/03/17/the - spratlys - deal - selling - philippine - sovereignty.

⑥ “阿基诺告诉中国防长：若南沙主权争端恶化可能引发军备竞赛”，［新加坡］《联合早报》，2011 年 5 月 25 日，http：//www. zaobao. com/special/china/cnpol/pages4/cnpol110525. shtml。

⑦ SHP Media, Asian Defence Yearbook 2010, Asian Defence Journal, p. 86.

三、菲战略误判导致政策回摆艰难

第二次世界大战战后至今，美国对南海政策经历了从“中立不介入”到“介入但不陷入”的转变。在“重返亚太”战略背景下，美国高调介入南海地区事务主要目的在于遏制因经贸关系的发展而过分热络的中国与东南亚国家关系，南海问题成为美国挑起南海周边国家与中国矛盾的“抓手”，菲律宾成为美敲打中国的“打手”。“重返亚洲”之后，美国凭借其“巧实力”成功地营造了南海地区形势的紧张气氛，极大地刺激了菲律宾在南海问题上针对中国的政策。

长期以来，菲律宾就有借重美国实现其南海利益诉求的企图，美国对南海政策的模糊政策使菲律宾政策设计在起点上即包含着对美国南海政策过分主观的期待，在执行上更是出现激进化倾向。作为美国亚太战略的急先锋，菲律宾在 2011 年和 2012 年成功地帮助美国部分完成了扭转中国周边战略环境的目标。但是，美国并没有因此而在南海问题给予菲律宾所期望的回报。在 2012 年 4 月 30 日菲美“2 + 2”战略对话上，美国如 20 世纪 70 年代一样再次打破菲律宾的预期，拒绝在中菲南海冲突问题上做出更明确的承诺。[①] 随着菲律宾激进的南海政策逐渐超出美国南海政策必须服从亚太战略利益的基线，美国对菲律宾的政策支持重新回归战略模糊的状态。

“黄岩岛对峙事件”和中国维护国家主权的坚定决心和持续努力是菲律宾政府始料不及的。而美国在中菲冲突过程中的政策反应却使菲律宾南海政策陷入困境。“黄岩岛对峙事件”过程中美国的态度表明，尽管菲律宾在美国“重返亚洲”的战略中起着一定的作用，但是菲律宾对美国的帮助并不足以支持美国整个亚太战略利益的需求。这意味着美国亚太利益与菲律宾南海利益的彼此重合永远只能发生在较小的局部，而不是大部分。在目前和可预见的未来，与中国发生直接对抗并不符合美国在亚太地区的战略利益。

美国借南海问题离间了中国与包括菲律宾在内的部分东盟国家关系，强化了美菲关系。但美国也在“黄岩岛对峙事件”中再次向菲律宾传达了反对菲律宾利用南海问题绑架美国的政策信号。菲律宾是否准确看到并愿意接受这一信号尚不得而知。与过去的历史一样，菲律宾很可能仍对美国的全方位支持抱有幻想。在菲律宾南海政策走向极端导致美国单方面刹车之前，菲律宾南海政策激进化呈加速度发展的趋势所产生的惯性已使它失去了及时调整政策方向的能力和机会。

2010 年下半年至今，菲律宾针对中国在南海争端问题上做出众多激进举措。这些举措深刻地影响了中菲关系和菲律宾国内的政治环境。在菲律宾近 3 年的激进式南海政策的影响下，菲律宾国内民意以及国内各种政治势力基本被调动起来。随着国内参与度的增加，菲律宾调整南海政策的政策难度和空间都发生了重大变化。尽管菲律宾南海政策仅仅适应了美国“亚太再平衡战略”的需要，对于菲律宾实现南海利益诉求

---

① “US ‘neutral’ in Philippines – China shoal standoff,” Jakarta Post, May 2, 2012.

没有多大意义，然而它却实实在在地通过政策支持和媒体宣传影响了菲律宾普通民众对南海争端问题的看法，衍生出了普通民众对美国和中国截然相反的态度以及中菲政治、经济关系短期内难以扭转的客观结果。

美国南海政策在黄岩岛对峙期间的单方面回归引起了菲律宾国内智库和有关机构学者对菲律宾南海政策的反思。[①]然而，菲律宾南海政策的惯性和内在驱动力依然强大。菲律宾南海政策短期内难以回归国家利益和国家实力为基础的理性状态。除非现有政策的持续让大多数支持这一政策的政治团体受到直接而无法承受的利益损失，或者持续炒作南海议题失去了其所依赖的国内政治环境和国际环境，否则，菲律宾在南海政策的主要方向上仍将继续追随美国，将在其主动造成的持续不良的中菲关系影响下更加依附于美国。美国将成为菲律宾激进式南海政策及其惯性的最大获益者。

① 2012 年 12 月 6—7 日，在中国举办的第二次南海问题国际研讨会上，菲律宾重要学者和智库人员在南海合作议题所做的认真研究和探索，相对于 2011 年菲律宾官方第一次南海问题国际会议上的观点，已经发生了重大变化。

马来西亚南海安全政策初探*

龚晓辉**

[摘要] 南海分布着马来西亚的领海和专属经济区海域，是马来西亚国家利益的重要组成部分。为实践在南海地区“维护海洋环境的稳定，不受限制地开发海洋资源和开展国际贸易”的战略构想，马来西亚通过建立和发展自主的国防力量，与区域内外国家开展有限的安全合作以增强在南海的防御能力，并通过各种途径巩固对南沙部分岛礁的占领，实现其在南海的主权安全和经济安全。马来西亚将南海视为其海洋利益拓展的前沿阵地，在南海问题趋于复杂化、国际化的背景下，马来西亚希望通过实施大国平衡战略，维持南海地区的力量平衡，创造对己有利的海上安全环境。

[关键词] 马来西亚；南海；安全政策

马来西亚国防政策将国家战略利益分为临近地点、区域地点和全球地点 3 个层面。临近地点包括陆地区域、国家海域、国家航空区域、专属经济区、马六甲海峡、新柔海峡、衔接半岛与沙巴和沙捞越的海、空领域；区域地点涵盖东南亚地区，包括安达曼群岛和南中国海；全球地点指全球范围内除临近地点和区域地点以外的地区。① 在综合国内外各方面因素的基础上，马来西亚将与西马西海岸相接的马六甲海峡，与西马东海岸、沙巴、沙捞越相接的南海海域，与沙巴东南海岸相接的苏拉威西海海域视为维护海洋安全的 3 个主要区域。②

南海分布着马六甲海峡、巽他海峡、龙目海峡等重要的石油运输战略通道，是连接太平洋与印度洋的重要航道，对中国、日本、韩国等东亚国家以及美国东亚驻军的能源安全有着重要影响。南海重要的战略地位和丰富的油气资源是马来西亚极力争取南海权益的主要因素，维护马六甲海峡航道安全则是马来西亚对外海上通道畅通的重要保障。随着对南海权益重要性认知的加深，马来西亚政府逐步制定和完善各种海洋安全政策以维护所辖广阔南海海域的安全，进而保障国家的安全和利益。

---

* 来源：该文原刊于《南洋问题研究》，2012 年第 3 期，第 59 - 66 页，系中国海洋发展研究中心重点研究项目“菲律宾、马来西亚海洋问题研究”（AOCZT201004）、教育部人文社科规划研究项目“南海周边国家与地区南海政策与中国南海维权”（11YJAGJW008）的阶段性研究成果。

** 龚晓辉，男，广东韶关人，解放军外国语学院亚非语系，讲师。

① “Dasar Pertahanan Negara”，马来西亚国防部网站，http://www.mod.gov.my/images/files/dpn-terbuka.pdf，2009-06-01.

② “Fokus Keselamatan Maritim”，马来西亚国家安全委员会网站，http://www.mkn.gov.my/vl/index.php/bm/fokus-mkn/fokus keselamatan-maritim，2010-05-02.

一、马来西亚南海安全政策的沿革

马来西亚南海安全政策的重要基础是海军的海上防御实力，这一方针的确立可以追溯到独立之初的海上防御策略。1957 年 5 月 30 日，马来亚联合邦宣告独立，其部分领海位于南海之内。独立初期，联合邦政府制定了以维护国内稳定和安全为核心的防务政策，陆军为执行政策的主体，海军、空军和警察起辅助配合作用。1957 年开始，马来亚暂停部队扩编，重点建设自己的支援单位，希望可以不再依靠英国的后勤援助。这种情况一直持续到 1962 年。① 为确保马来亚海域安全，联合邦政府确定以海上防御为主的海洋安全政策，主要由马来亚皇家海军实施。在确立了海军维护海上安全的核心地位和作用后，马来西亚通过海军编制部署进一步加强以南海为重心的海上安全。在马来西亚皇家海军下属的 3 个军区中，司令部设在彭亨州关丹的海军第一军区负责东经 109°以西海域的防御；司令部设在沙巴州亚庇的海军第二军区负责东经 109°以东海域的防御；司令部设在吉打州浮罗交怡的海军第三军区负责马六甲海峡的防御。随着国家利益重心的变化和海洋战略的发展，马来西亚的南海安全政策呈现出不同的时代特点，马六甲海峡、连接东马和西马的水域、提出“主权”要求的南沙岛礁分布水域则始终是马来西亚南海安全政策面向的主要区域。

马来西亚针对南沙部分岛礁制定并实施的事实占领策略成为其南沙政策的指导性原则。20 世纪 70 年代末，马来西亚在对南沙群岛海域进行了长达 11 年的非法钻探和油气开采活动后，对南沙群岛提出领土要求，进而在 17 年内先后出兵占领了 5 个岛礁，对南沙岛礁的“主权”声索成为马来西亚南海安全政策实施的重心。1979 年 12 月 21 日，马来西亚公布了新的 1∶150 万比例尺的领海和大陆架疆域图，把南乐暗沙、校尉暗沙、司令礁、破浪礁、南海礁、安波沙洲一线以南的南沙群岛地区划入马来西亚版图，首次对南沙群岛提出领土要求。1980 年 4 月 25 日，马来西亚宣布建立 200 海里专属经济区。此后，马来西亚开始谋划采取行动实际占领相关岛礁，拟通过事实占领策略获得“主权”。所谓事实占领策略，是指马来西亚通过军事行动占领南沙有关岛礁，实施占领后部署安全部队，采取优先控制的策略，形成事实占领的现实，使其他对岛礁声称主权却无法控制该岛礁的国家在争取岛礁的主权时失去主动权。马来西亚在 1983 年至 1999 年出兵占领弹丸礁、光星仔礁、南海礁、榆亚暗沙和簸箕礁 5 个南沙岛礁就是事实占领策略的具体实施。此后，强化“主权”概念，巩固占领成果成为马来西亚落实南沙政策的主要实践。

关注和维护马六甲海峡安全是马来西亚南海安全政策的另一重要原则。马六甲海峡地处印度洋北部，是重要的海上通道和东西方进出口贸易的枢纽。马六甲海峡有近一半水域属于马来西亚领海，沿岸分布着巴生港、槟城港、新山港和丹戎帕拉帕斯港

① Mohd. Rizal Mohd. Yaakopdasa, “Keselamatan dan Pertahanan Malaysia Warisan Penjajahan dan Era Pasca Kemerdekaan”, Jebat, No. 34, 2007, p. 25.

等几个马来西亚国内最大的港口。马来西亚强调沿岸国对马六甲海峡行使主权的重要性，与新加坡和印度尼西亚在1971年11月16日发表联合声明，反对海峡“国际化”，宣布共管马六甲海峡和新加坡海峡事务，共同维护马六甲海峡的航行安全。自治和共管成为马来西亚处理马六甲海峡安全事务的主要原则，而如何在维护国家主权、保证自身利益的前提下协调各使用国在马六甲海峡的利益则是马来西亚在制定和实施一系列马六甲海峡安全维护措施的重要考虑因素。

二、马来西亚南海安全政策的主要内容

国家安全是国家保卫自己免受威胁的目标和方式以及维护国家核心价值观的能力。[①] 作为国家安全的核心层面，海洋安全成为马来西亚政府制定国家安全战略的重要考量和依据。在马来西亚所辖海域中，占据比重最大的南海不仅是国土安全的天然屏障，也是马来西亚对外联系的重要海上通道和蕴藏巨大资源的宝库，南海利益成为马来西亚海洋利益的重要组成部分。为了切实维护所辖南海海域的安全和利益，马来西亚政府根据国家战略发展的需要，结合国内外形势发展的趋势，制定了相应的南海安全政策。

（一）巩固占领，维护“主权”是马来西亚南海安全政策的核心内容

鉴于南海重要的战略地理位置和所蕴藏的丰富油气资源，马来西亚政府非常重视争取其在南海的权益，把所占南沙岛礁的安全提高到国家主权安全的高度，并多次对外申明其捍卫南沙岛礁“主权”的决心。为实现对南沙岛礁的占领，21世纪以前马来西亚政府所采取的是事实占领策略；而在2002年签署《南海各方行为宣言》后，为继续控制已占岛礁，宣示“主权”，马来西亚政府采取了巩固占领的策略，维护既得利益。

2002年11月4日，中国与东盟各成员国在柬埔寨首都金边签署了《南海各方行为宣言》，“各方承诺保持自我克制，不采取使争议复杂化、扩大化和影响和平与稳定的行动，包括不在现无人居住的岛、礁、滩、沙或其他自然构造上采取居住的行动，并以建设性的方式处理它们的分歧。”[②] 马来西亚不再占领新的岛礁，但对于已占领的岛礁，马来西亚则采取巩固占领的策略，通过各种途径向国际社会强化其“事实占有”的形象。2008年8月11日，时任马来西亚副总理的纳吉率领庞大的军方和媒体代表团飞抵弹丸礁，并发表措辞强烈的“主权”声明，指出“我们（马来西亚）必须成为这片土地的主人和拥有者，石油和海洋资源是马来西亚占领该岛的主要目的，马来西亚

---

① Ruhanas Harun：The Evolution and Development of Malaysia's “National Security” dalam Ahdul Razak Baginda, Malaysia's Defeace and Security Since 1957, MSCRC, 2009, p. 31.

② 《南海各方行为宣言》，中华人民共和国外交部网站，http：//www. fmprc. gov. cn/chn/pds/ziliao/1179/t4553. htm，2010年8月6日。

将通过驻军来巩固对弹丸礁的‘主权’”。[①]2009年3月5日，时任马来西亚总理的巴达维飞抵弹丸礁，首次以总理身份宣示马来西亚对弹丸礁“拥有主权”。

修改立法并向联合国提交外大陆架划界案是马来西亚巩固占领策略的另一重要实践。2009年3月17日，马来西亚政府向国会提呈《2009年大陆架法令》（修正案），要求根据《联合国海洋法公约》第七十六条对大陆架重新进行定义，为将来马来西亚与其他国家针对大陆架划界提供法律原则，也为即将向联合国提交的划界案提供法律基础。2009年5月6日，马来西亚和越南向大陆架界限委员会联合提交200海里外大陆架“划界案”，将包括南沙群岛在内的南海南部大片海域作为两国共同的外大陆架。虽然该“划界案”由于中国的反对而没有得到审议，但将主权争端国际化，通过事实占领向中国制造舆论压力将是马来西亚未来继续巩固占领策略的主要对策。

（二）建立和发展可靠的海上防御力量是马来西亚南海安全政策的重要保障

南沙争端是马来西亚在南海最复杂的领土争端，涉及南海划界主张重叠的各主权声索国。[②] 1988年3月中国与越南之间发生海军冲突事件后，马来西亚政府将南沙群岛在国防计划中的地位从“第二位上升到了至关重要的优先地位”。[③] 虽然不主张在南海问题上与争端国兵戎相见，但马来西亚政府把发展海军力量视为维护南海权益的重要实施步骤。

马来西亚在国防政策中指出，作为一个独立的国家，建立本身的防御能力是维护国家利益和安全的根本原则，是国防政策的核心目标。在现有条件的限制下，马来西亚的国防自主将着重两个基础：一是拥有在不依靠外来的援助下，依靠本身的能力，维护国内安全；二是拥有维护领土完整及安利益、应付来自邻近地区的低等或中等外来威胁的独立能力。[④] 为实现这一战略目标，马来西亚实施近海防御政策，坚持“不冲突、不退让”的防卫原则，围绕海上阻遏的战略目标，积极构建快速反应的海上防卫力量，争取制海权或海上优势，确保马来西亚的领海主权和海上通道开放。作为维护海洋安全的主导力量，马来西亚皇家海军担负着抵御外敌入侵、捍卫马来西亚领海主权、保卫和扩大“专属经济区”、保证马六甲海峡和南海海上贸易通道畅通、“对付区域内的潜在威胁”的重任，以确保国家的利益和安全。[⑤]

马来西亚政府把建设一支“战力强，重质量”的机动舰队作为发展皇家海军舰队的

---

① 《马来西亚副总理纳吉对拉央拉央岛进行主权宣示》，吉隆坡安全评论网站，2008年8月13日，http：//www. klsreview. com/HTML/2008Jul_ Dec/20080813. html，2010年8月6日。

② Asri Salleh，Che Hamdan Che Mohd Razali，Kamaruzaman Jusoff，“Malaysia' s policy towards its 1963 X008 territorial disputes”，Jounal of Law and Coflict Resolution，Vol. 1（5），2009，p. 111.

③ “Malaysia：Preparing for Change”，Janes' s Defence weekly，29 July 1989，p. 159，转引自阿米塔·阿查亚《建构安全共同体—东盟与地区秩序》，王正毅、冯怀信译，上海人民出版社，2004年，第191页。

④ “Dasar Pertahanan Negara”，马来西亚国防部网站。

⑤ 临河：《马来西亚海军》，《当代军事文摘》，2005年第2期。

重点，以达到皇家海军有效吓阻的战略功能，确保海上通道的安全。① 随着首批6艘新一代近岸巡逻舰的成军服役和部署，马来西亚皇家海军在南海海域的机动和防御能力得到有效增强。② 海上阻遏和区域制海权是马来西亚皇家海军维护南海权益，阻止敌人使用本国水域的必要手段，在南海关键海域部署潜艇则是马来西亚遂行军事威慑战略的有效途径。成功在瑟邦伽湾海军基地部署“东姑阿都拉曼”号和“敦拉萨”号两艘“总理”级柴油潜艇后，马来西亚皇家海军面向南海防御的“潜艇+新一代近岸巡逻舰”新型海上机动部队基本组建完成，成为阻止本区域或外部国家对马来西亚海洋利益进行侵略行动的重要平台，能够对马来西亚所辖南海的海域、海岸和海下资源提供安全保障。

（三）与区域内外国家开展有限的海上安全合作是马来西亚南海安全政策的重要内容

国防自主、区域合作和外来援助是马来西亚国防政策的“三个原则”。③ 马来西亚重视国防自主力量的建设，但也希望借助合作渠道增强防御力量，维护南海海域的安全。与《五国防御条约》成员国的合作、与区域内国家的合作和与区域外大国的合作是马来西亚三种典型的安全合作方式。

《五国防御条约》是马来西亚与东南亚区域外国家签订的唯一军事条约，是马来西亚在传统盟国协助下发展国防力量的重要途径。④《五国防御条约》签订的初衷是为了保卫马来西亚和新加坡的领空安全，20世纪80年代初，协议成员国领导人一致同意举行定期的陆上和海上军事演习，使五国的安全合作领域从单纯的空防扩展到陆防和海防。⑤ 进入21世纪，马来西亚与《五国防御条约》成员国的军事合作主要体现在联合军事演习上，日益受到关注的海上安全成为军事演习的重点。马来西亚希望通过在南海重要水域举行的联合军演，进一步提高本国军队的作战能力和协同作战能力，增加维护该地区海上安全的砝码。

为应对各种安全问题，马来西亚需要与邻国在双边或多边联系的框架内开展密切的合作。⑥“9·11”事件发生后，美国以“恐怖分子可能会在马六甲海峡内发动袭击以切断全球经济生命线”为由，屡次提出派兵进驻马六甲海峡，⑦ 均遭到马来西亚和印度尼西亚的拒绝。为避免美军直接卷入马六甲海峡安全事务，2004年7月20日，3个

---

① 《马国海军认同NGPV必须有防空、反潜和反舰型的建议》，吉隆坡安全评论网站，2008年3月29日，http：//www. klsreview. c；om / HTML% 20Pages% 20 /Jan June% 202008 /20080329 -1. html，2010年8月7日。

② Hilmi Ismaib “KD Selangor Ditauliahkan program NGPV Selesai”, Tempur, 2010,（12）, p. 58.

③ “Dasar Pertahanan Negara”，马来西亚国防部网站。

④ Carlyle A. Thaye：“The Five Power Defence Arrangements：The Quiet Achiever”, Security Chulleuges, Vol. 3. February 2007, p. 93.

⑤ 达蒙·布里斯托：《“五国防御协议”组织：鲜为人知的东南亚地区安全组织》，向来译《南洋资料译从》，2006年第2期。

⑥ Ruhanas Harun：The Evolution and Development of Malaysia's “National Security” dalam Ahdul Razak Baginda, Malaysia's Defeace and Security Since 1957, MSCRC, 2009, p. 18.

⑦ 《马六甲沿岸三国认同中国参与安慰》，《国际先驱导报》，2005年8月17日。

马六甲海峡共管国签署合作协议以加强马六甲海峡航道的巡逻。为克服弊端，提高效率，从2005年9月13日开始，海峡共管国在马六甲海峡海域开展名为“空中之眼”的空中联合巡逻，巡逻范围包括从新加坡到苏门答腊北部沙磺的4个部分。①

与大国普遍交好，保持适当的海上安全合作是马来西亚南海安全政策的一项重要内容。特别是在马六甲海峡等南海的重要海域上，马来西亚清楚自身实力有限，无法单靠自身或是本地区的力量确保这些海域的绝对安全，但又不愿意大国直接插手或是军事干涉乃至武装控制的情况发生。因此，马来西亚希望通过实施大国平衡战略，与美国、中国等大国开展海上安全对话与合作，维持上述海域的力量平衡，创造对自己有利的海上安全环境。

三、马来西亚南海安全政策的基本特点

冷战结束以来的一个特点就是军事手段不再成为解决海上冲突的主要途径，而马来西亚海洋传统安全领域的重点依然是维护国家领海主权、维护大陆架和专属经济区的权益。随着全球化进程的加快和国际贸易的迅猛发展，保护海洋环境、开发利用海洋、确保海洋安全是马来西亚海洋可持续发展战略的基础。与此同时，马来西亚也面临着各种对国家安全和主权造成威胁的非传统安全问题，包括海洋资源的过度开发、海洋污染、毒品和武器走私、非法入境、海洋主权遭受侵犯、航运通道安全、海上灾难搜救等。②

发展以马来西亚皇家海军为主，其他海上执法机构为辅的海上执法模式以应对各种非传统安全问题是近年来马来西亚南海安全政策的一个新特点。马来西亚皇家海军是维护南海战略利益的支柱力量，具有不可替代的地位和作用。面对浩瀚的海域以及有限的海军力量，马来西亚政府必须有所侧重地在海上战略部署和海域安全执法上取得平衡。为适应新形势的要求，马来西亚政府在2005年成立海事执法局，主要负责维护马来西亚海域的安全、和平以及主权完整，在马来西亚海域执行联邦法律，履行保障海域安全的一切职责，防范和制止海上犯罪的发生，实施空中和海岸监控，为相关机构提供援助及官员培训；在马来西亚海域和公海海域实施搜救行动，协助外国共同打击海上犯罪，监控和防止海上污染，防范和制止海盗、毒品走私等罪案的发生。③ 截止到2011年，海事执法局将是马来西亚唯一的海上执法机构，所有涉及其他执法机构的法律法令都将由海事执法局执行。

---

① Ruhanas Harun: The Evolution and Development of Malaysia's “National Security” dalam Ahdul Razak Baginda, Malaysia's Defeace and Security Since 1957, MSCRC, 2009, p. 31.

② Nazery Khalid “Signifikasi Keselamatan Selat Melaka Terhadap Kepentingan Ekonomi dan Strategik Malaysia”, Kertus kerju Persiduuguu Kebuugsuuu Pertuhuuuu Strutegik duu Ke. selumutuu Seruutuu, Kuala Lumpur, Mei 2005, p. 15 – 20.

③ “Latar Belakang, Visi, Misi, Objektif, Fungsi APMM”，马来西亚海事执法局网站，http://www. mmea. gov. my/index. php? option = com_ xmap&sitemap = 1&Itemid = 50&lang = ms, 2010 – 06 25.

通过地区、国家间的双边和多边合作维护南海战略利益是马来西亚南海安全政策的另一个特点。马来西亚海域面积达63.78万平方千米，约为陆地面积的两倍，[①] 国防力量还不能够完全满足海洋安全防御和航运秩序维护的双重要求。针对不同的安全需求，马来西亚与其他国家在南海展开了以直接合作和间接合作为主要形式的安全合作。直接合作是指以军事演习为形式的军事合作，地点遍布南海各重要海域，对象包括区域内的新加坡、印度尼西亚、泰国和文莱等国，以及区域外的美国、英国、澳大利亚、新西兰等国，主要目的是提高马来西亚武装部队应对非传统安全威胁的能力，增强各军种协同合作处置海上突发事件，维护海事航运安全的能力。间接合作是指在马六甲海峡等马来西亚政府高度重视主权，反对外部军事力量介入的区域，各海峡使用国通过资金和物资援助以及安全合作的形式，间接参与马六甲海峡安全的维护。

单边占领、双边协商、多边解决模式是马来西亚争取南海权益、处理南沙争端的一个显著特点。单边占领是指马来西亚在20世纪末期对南沙部分岛礁实施的单边占领行为，企图通过“有效控制原则”获取已占岛礁的主权。有效控制原则是国际法庭解决国际领土争端经常适用的基本原则之一，它是指国际法庭在权衡诉讼双方提出的进行了有效统治的证据之后，将有争议的领土判给相对来说进行统治更为有效的一方。因为对与印度尼西亚产生领土争议的西巴丹岛和利吉丹岛行使了“有效控制”，马来西亚在2002年从国际法庭的判决中获得了上述两岛的主权。而随后在2008年，也正是由于“有效控制原则”，马来西亚在与新加坡的白礁岛之争中落败。马来西亚国防部长艾哈迈德·扎希德·哈米迪在2011年6月提出的解决南沙争端4项建议中，就明确提到“各争端国需要加强双边会晤和举办多边对话以寻求解决方法，避免发生无益于各方的军事危机”，[②] 而“将问题提交给国际法庭或仲裁庭等第三方机构将是最终的选择”。[③] 因此，根据马来西亚处理岛礁争端的历史实践以及围绕南沙争端所实施的一系列举措不难看出，通过多边途径解决南沙争端将是马来西亚的一个主要策略。

四、马来西亚南海安全政策对我国的影响

南沙争端是目前世界上涉及国家和地区最多、情况最复杂的海洋权益争端，除牵涉五国六方外，美国、日本和印度等区域外国家也时常借机插手其中。作为争端国之一的马来西亚，其相关立场、政策和举措都将直接影响南沙争端的全局，并对我国的南海政策造成影响。

---

① “Fokus Keselamatan Maritim”，马来西亚国家安全委员会网站，http：//www. mkn. gov. my/vl/index. php/bm/ fokus – mkn/fokus keselamatan – maritim，2010 –05 –02.

② “Spratly：Malaysia kemuka 4 cadangan”，Utusan Malaysia，http：//www. utusan. com. my/utusan/info. asp？y =2011&dt =0619&pub = utusan – malaysia&sec = Muka – Hadapan&pg = mh_ 6. htm&arc = hive，2011 –06 –19.

③ “Tiada cadangan pembangunan bersama di Pulau Spratly”，Utusan Malaysia，http：//www. utusan. com. my/utusan/info. asp？y =2011 &dt =0407&pub = utusan – malaysia&sec = Parlimen&pg = pa_ 7. htm&arc = hive，2011 –04 –07.

（一）我们应警惕马来西亚与东盟其他当事国谋求多边解决南沙争端的企图，避免问题出现复杂化倾向

20 世纪 80 年代，随着国际、国内形势的变化，马来西亚开始逐步调整国防战略，提出了具有本国特色的综合安全观，认为马来西亚的综合安全由三方面紧密关联而成，即东南亚地区的安全，东盟的紧密合作与强大，马来西亚本国的安全与强盛，[①] 并明确了包含三部分的综合安全防卫战略，即马来西亚、东盟和整个东南亚地区。冷战结束后，马来西亚积极参与东盟地区的安全合作，倡导并支持在东盟范围内建立多边安全合作机制，认为东盟国家之间应该增加对话，加强合作，逐步建立以东盟为主导的地区安全机制，通过地区合作的形式共同维护东南亚地区的安全，从而为实现马来西亚国家的安全提供保障。2007 年 11 月 20 日，《东盟宪章》签署，明确了建立东盟共同体的战略目标，使未来的东盟具有一个目标、一个身份和一个声音，共同应对未来的挑战。对马来西亚而言，与东盟各成员国通过良好的安全合作共同抵御区域外的威胁是国家安全战略的核心内容。近年来，越南、菲律宾等国有意将与中国的南沙主权争端问题东盟化，企图在相关问题上形成东盟的集体立场以应对中国，这与《吉隆坡安全评论》等马来西亚国内媒体鼓吹"'东南亚南沙集团'隐然成型"的观点遥相呼应。由于没有足够把握在与中国的双边磋商中占据有利位置，联合其他东盟国家共同攫取南海利益，是马来西亚处理南沙争端的多边策略之一，与越南共同向联合国提交外大陆架"划界案"就是典型的案例。马来西亚针对南沙争端所实施的任何有悖于中国所倡导的双边谈判方针的行为都将可能使问题复杂化，不利于相关争端的解决。

（二）我们还应警惕马来西亚借助美国力量，妄图遏制我在南海的影响力

为平衡各方力量，马来西亚在南海实施大国平衡战略，利用美国"遏制"中国在南海的实力增长。从 1995 年开始，美国定期在南海与东南亚国家举行"卡拉特联合军演"，旨在加强美国与东南亚国家间的军事合作，强化部队协同作战能力。奥巴马总统上任后，美国政府积极实施"重返东南亚"战略，其主要目的之一就是为了平衡中国在该地区日益增长的影响力。马来西亚不反对美国在南海地区的军事存在，这点从马来西亚每年参加"卡拉特"演习就可看出，对美国重返东南亚，马来西亚也是持欢迎的态度。在 2009 年 7 月正式加入《东南亚友好合作条约》后，美国南海政策中"主张和平解决南海问题"的态度有利于促进东盟南海各方在处理南海安全形势的紧张局面时保持克制的态度，但美国长久以来对东盟南海各方在南海问题上的"偏袒"态度势必也将进一步"鼓舞"这些国家在南海主权争端上的"野心"，美国因素的客观存在势必成为制约南海问题尽快和平解决的一个重要因素。

鉴于马六甲海峡对中国的重要战略意义以及马中两国在南海存在的主权争端，合作与对立将是马来西亚与中国在南海关系发展的突出特点。一方面，与中国保持海上

① 陈乔之：《冷战后东盟国家对华政策研究》，北京：中国社会科学出版社，2001 年版，第 73 页。

安全对话与合作是马来西亚在南海和马六甲海峡等重要海域维持力量平衡，塑造安全环境的重要策略；另一方面，与中国在南沙岛礁的主权争端则是两国双边关系发展的最大障碍，发展睦邻友好关系与维护国家海洋权益将成为两国关系发展中不可避免的一对矛盾。在“搁置争议，共同开发”主张的基础上，随着中马两国关系的发展，在争议地区实现共同开发或许能够成为两国稳定局势、互利双赢的最佳模式，并为南沙争端的进一步解决奠定基础。[①] 马来西亚在马六甲海峡安全问题上向中国表达的合作意愿则为中国提供了参与海峡安全维护的良好合作途径。近年来，马来西亚与中国在维护马六甲海峡安全的问题上达成不少共识，中国应该抓住海上安全合作的机遇，积极参与马六甲海峡这一重要国际航道的安全维护，确保海上能源通道的畅通。

五、结语

马来西亚是一个海洋国家，所辖海域基本位于南海，由于地理环境的影响，马来西亚的国家利益和安全问题不可避免地与南海紧密相连。在马来西亚一系列南海安全政策中，主权安全和经济安全是两个核心目的。马来西亚曾经遭受了数百年的殖民统治，国家主权对于这个独立刚满55周年的新兴国家而言，是个非常敏感的概念，其中包含了太多的历史、荣誉和民族情感因素，因此，在处理包括马六甲海峡安全、南海争端等南海问题时，马来西亚始终秉持着“主权至上”的原则，把主权安全视为国家海上安全的基础。同时，鉴于南海所提供的巨额油气和渔业等收益，以及90%对外贸易通过海上运输完成的现状，马来西亚也特别注重其在南海的资源安全和航运安全。为维护国家在南海的既得权益，实现整体的海上安全，马来西亚一方面通过强军策略发展国防力量，增强海上的自主防御能力，一方面则通过双边或多边安全合作促进南海地区的安全稳定。但也正是由于马来西亚在南海实施的大国平衡等多边策略，使多方力量介入下的南海问题趋于复杂化、国际化，成为解决南沙争端的负面因素。

① 《温家宝接受外媒记者采访称南海能够共同开发》，《新京报》，2011年4月27日。

中国南海维权与国际形象重塑*

葛红亮**

[摘要] 南海维权事关中国主权和领土完整及海洋权益的维护，具有显著的战略意义。然而，由于中国在南海维权过程中的国际形象遭到曲解，中国南海维权面临着严峻挑战和巨大压力。这种挑战和压力源自两个方面：一是中国民间舆论基于大国尊严的需求与南海维权现况间的不平衡，二是东南亚地区其他南海争端方和美国等域外大国对中国南海维权行为的歪曲理解。因此，重塑和改善中国在南海维权过程中的国际形象，对缓解中国在南海问题上所面临的压力具有十分重要的意义，而这也势必将为南海维权创造新的有利环境。

[关键词] 国际形象；南海问题；南海维权；中国

国际形象是国际体系中其他行为体及外部公众对一个国家政治、经济、社会、文化与地理等方面状况的认知与评价，① 其有实体和虚拟之别，对国际形象的接受又有国内和国际受众之别，对国际形象的塑造和建设又有不同参与主体之别。②因此，国际形象具有显著的可塑性。国际形象的塑造往往由于形塑主体和受众的利益差异而产生程度不一、性质不一的变化。

从现实的环境来看，国际社会和国内民众既具备中国国际形象形塑主体的身份，又有作为中国国际形象国际受众和国内受众的身份，他们对中国国际形象的塑造和理解有着不同的看法。国际社会对华认知理性、客观的声音虽然在增强，但对中国发展的曲解、误解依然存在。③ 同时，国内民众也时常受到民族主义情绪的影响，在看待中国处理地区与国际事务过程中的国际形象时往往缺乏足够的理性和平和。国际社会曲

---

* 来源：本文原载于《太平洋学报》，2013 年第 4 期，第 55 – 62 页。该文为笔者博士研究生期间发表成果之一，同时也是教育部人文社科规划研究项目“南海周边国家与地区南海政策与中国南海维权”（11YJAGJW008）、中国海洋发展研究中心重大项目“南海重大战略问题及周边国家政策研究”（AOCZDA20120）的阶段性研究成果。

** 葛红亮，暨南大学国际关系学院 2014 届国际关系专业博士，研究方向涉及海洋问题、亚太国际关系等，现供职于广西民族大学东盟研究中心/东盟学院。

① 孙有中：《国家形象的内涵及其功能》，载《国际论坛》，2002 年第 3 期，第 14 – 16 页。有关国际形象概念的论述，本文借鉴了北京外国语大学孙有中教授关于国家形象内涵的分析。由南海问题的性质决定，本文中探讨国际形象的基本内容主要涉及政治层面，即政府信誉、外交能力与军事准备等。

② 潘一禾：《“国家形象”的内涵、功能之辨与中国定位探讨》，载《杭州师范大学学报》（社会科学版），2011 年第 1 期，第 77 页。

③ 崔天凯：《公共外交与国家形象塑造》，载《国际公关》，2011 年第 4 期，第 30 页。

解中国南海维权行为往往给中国国际形象带来负面影响，国内民众也时常对中国南海维权现状流露出不满的看法。由此，中国南海维权过程中表现出的国际形象在传播的过程中发生了差异性的变化。在这一背景下，中国作为南海争端方之一，虽拥有充分的历史和法理依据，但在处理南海问题和展开南海维权时，不得不同时面对其他声索国的无理纠缠、国际社会的曲解和国内民众的双重压力。

那么，中国政府在南海维权的过程中希望展示何种国际形象？国内民众在接受和重新塑造中国在南海维权过程的国际形象时又有怎样的想法？以西方国家和东南亚其他南海争端方为代表的国际社会，又给中国在南海维权过程中表现出的国际形象赋予了何种内容？本文拟对这些问题进行尝试性探讨，并就中国未来展开南海维权时如何校正和改善国际形象提出有关建议。

一、维护地区和平与反对霸权之国际形象

改革开放后，特别是20世纪90年代以来，中国政府对中国国际形象的塑造给予了越来越多的关注。时任中共中央总书记江泽民曾在1999年2月召开的全国对外宣传工作会议上全面描绘了中国的国家形象，并对中国在处理地区与国际事务时的国际形象作了特别描述："继续向世界说明我国反对霸权、维护和平、支持国际正义事业的立场，充分展示中国人民爱好和平的形象"。[①]此后，中国在处理地区与国际事务的过程中一直为树立中国"反霸权与维护和平"的国际形象而努力，并从整体上大大改善了中国的国际形象，对中国大国地位的提升带来了显著益处。

中国是南海周边国家，在处理这一问题和开展南海维权的过程中，除希望树立其"坚决捍卫南海主权和国家领土完整"的国际形象外，对"维护地区和平与反对霸权"的国际形象也有着同样的追求。

南海问题是中国与越南、菲律宾等东南亚有关声索国的双边争端。因此，中国一直以来均从中国—东南亚国家的双边关系及中国—东盟关系的高度，本着维护南海地区和平与稳定的共同想法来处理南海问题和开展南海维权。中国历来在南海问题上的立场、政策则充分体现了这一点。

在处理南海问题的立场与原则层面，中国政府提出并长期坚持了"搁置争议、共同开发"。这一立场和原则提出的初衷之一就是为了维护中国与东南亚国家的良好关系。[②] 1992年，中国—东盟开始对话，中国与东盟的多边关系由此起步。[③]是年，时任中国外交部部长的钱其琛就曾指出："在南沙问题上同我们存在争议的国家都是中国的友好邻邦，我们重视同这些国家的友好合作关系，不愿看到因为存在分歧发生冲突，影响国家间友好关系的发展和本地区的和平与稳定。我们提出'搁置争议、共同开发'

① 人民网：《全国对外宣传工作会议（1999年2月25—27日）》，http://dangshi.people.com.cn/GB/151935/176588/176597/10556595.html.

② 鞠海龙：《南海问题能够和平解决吗》，载《世界知识》，2007年第3期，第31页。

③ 曹云华：《21世纪初的东盟对华政策研究》，载《世界经济与政治论坛》，2007年第4期，第55页。

的主张，愿意在条件成熟的时候同有关国家谈判寻求解决的途径，条件不成熟可以暂时搁置，不影响两国关系。”[①]自此，中国不仅在长期的周边交往中践行了“以邻为伴、与邻为善”与“睦邻、安邻、富邻”的外交政策，而且在处理南海问题的过程中一直坚持与越南等南海问题争端方就海上划界、海上安全保持双边沟通渠道的顺畅，竭力避免南海问题的复杂化和推动中国与有关东南亚国家在维护南海和平、稳定展开更多的实质性合作。

基于和东盟在维护南海地区和平与稳定方面有着显著共同利益，中国长期以来还一直对东盟在地区一系列多边机制中的主导地位给予支持，并通过外交与协商的方式与东南亚国家达成了《南中国海各方行为宣言》（2002）及《<南中国海各方行为宣言>指导方针》（2011），竭力与各方协力共同维护南海地区的和平与稳定。2012 年 7 月，时任中国外交部部长杨洁篪在出席东盟峰会外长会议和东盟地区论坛等系列会议时，再度就南海地区安全阐明了中国的立场：“各方要切实按照《南中国海各方行为宣言》精神，保持自我克制，不采取使争议扩大化、复杂化和影响和平与稳定的行动”。[②]该声明又一次向东南亚国家及其他与会国家展示了中国作为“地区和平与稳定维护者”这一国际形象。

在南海问题的发展过程中，特别是20 世纪90 年代中期以来，美国、日本与印度等域外大国不断加强了对南海问题的介入。这不仅构成了南海问题国际化的直接推动因素，而且给南海地区的安全带来了不稳定因素。这些域外国家因对中国在地区的崛起持有“猜忌”心理，试图以南海问题为支点实现对华“遏制”与“制衡”战略，以实现美国、日本与印度在地区保持主导地位或扩大影响力的目标。基于这一思维，美国、日本与印度在政治层面上执行对越南、菲律宾等国偏袒的政策，在安全层面加强与越南、菲律宾等国的合作关系和引导地区国家走向军备竞赛。在这一背景下，南海问题国际化由于受霸权思维的影响渐行渐远，南海问题的复杂程度也随之日益加剧。为此，中国在树立其维护地区和平与安全国际形象的同时，长期以来在南海问题上也一直坚持反对南海问题国际化与区域外大国介入南海争端的立场，竭力避免美国等域外大国的霸权思维渗入南海问题。

二、国内压力：民间舆论对中国南海维权现状的不满

中国国内存在着两个舆论场，一个是官方舆论场，一个是民间舆论场。由于这两个舆论场并不完全一致，甚至出现对立的局面。[③] 中国政府在南海维权过程中希望展示的国际形象未必与中国民间舆论对中国南海维权的看法未必一致。特别是在中国经济

① 《人民日报》，1992 年7 月23 日，第6 版。

② 中华人民共和国外交部网站：《杨洁篪外长阐述中方在南海问题上的立场》，2012 年 7 月 12 日，http://www.fmprc.gov.cn/chn/gxh/tybzyxwt950574.htm.

③ 廖雷：《中国主流媒体在南海争端中的作用与影响——基于信号传递视角的分析》，载《外交评论》，2012 年第4 期，第63 页。

快速发展和大国地位日渐提升的背景下，国内民众在审视中国在南海维权中所展示出的国际形象时，或多或少地受到了民族主义情绪的影响。为此，平衡国内民众日益增强的民族主义情绪及由此导致的对南海维权的高度期望与中国南海维权现状之间的矛盾，成为中国在开展南海维权时面临的主要国内压力。

国内民间舆论对中国南海维权过程中的国际形象的塑造主要来自两个方面：一是中国国内的相关问题研究学者，二是对这些问题持有关注态度的普通民众。总体来看，中国国内民间舆论给中国在南海维权过程中的国际形象赋予了两方面的内容。

一则，学者和民众有认为中国在南海问题上执行的政策和立场效用不佳和对东南亚国家外交被动的倾向。关于中国在南海问题上的政策主张及其效果，中国人民大学教授金灿荣曾发文认为："中国的政策主张和外交实践效果不彰，南海问题不是趋于解决而是逐步升级"。①就"搁置争议、共同开发"的原则与立场，云南大学李晨阳等学者则认为这一政策的效用越来越低。②长期以来，中国一直支持东盟在地区多边机制中的主导地位，并积极融入地区多边外交，与东南亚国家共同维护地区和平。对此，有学者给予了不同的看法，他们认为，中国被东南亚国家的多边机制束缚，特别是中国向东南亚国家承诺以和平方式解决南海问题，被"解除"了武装，这是东南亚国家在外交上取得了胜利。③从反面看，国内民间舆论给中国南海维权中的国际形象扣上了"被动"的帽子。

在南海问题上较为"软弱"则是国内民间舆论给中国在南海维权中的国际形象赋予的另一项内容。近年来，随着中国发展对海洋依赖的日益加重和建设"海洋大国"的需要，中国显然加强了南海维权的力度。除展示于国人面前的日益增强的海上力量外，中国还不断推动南海海域巡航制度与护渔制度的机制化和常态化。然而，这并未从根本上缓解中国在南海方向的战略压力，也未能满足部分国内民众在南海问题等周边争端上日益显著的大国尊严要求。基于此，中国国内民间舆论在对待中国在处理南海争端方面出现了"软弱"、"强硬"两种截然不同的评价。④ 2010 年 11 月，《环球时报》主管下的舆情调查中心曾在中国部分城市就相关问题进行民意调查。结果显示，将近 40% 的受访者在"中国解决与周边国家领土争端应采取什么方式"这一问题上认为中国在必要时应使用武力，⑤ 对中国目前在周边争端上的"软弱"显示一定程度的不

---

① 金灿荣：《中国破解南海困局需要"一心二用"》，载《小康》，2011 年第 11 期，第 112 页。

② 邵建平、李晨阳：《东盟国家处理海域争端的方式及其对解决南海主权争端的启示》，载《当代亚太》，2010 年第 4 期，第 156 页。

③ 庞中英：《东盟的外交陷阱》，载《东方早报》，2012 年 5 月 6 日，第 14 版。

④ 乐玉成：《对国际形势和中国外交的一些看法与思考》，载《外交评论》，2010 年第 6 期，第 8 页。

⑤ 环球网：《36.5% 国人认为必要时武力解决周边领土争端》，2012 年 3 月 10 日，http://mil.huanqiu.com/Exclusive/2010-11/1242615.html.

满。随着中国“新媒体”与“自媒体”时代的到来,[①] 以及越南、菲律宾等在南海问题上的强硬态度的持续发展，中国民间舆论给中国在南海维权中所赋予的“弱软”形象也在不经意间持续蔓延。从根本上来看，越南、菲律宾等国国家领导人的强硬态度及域外美国、日本与印度等大国在南海问题频频向中国施压的现况使民众不可避免地产生了中国大国尊严“受损”的感觉，而这毫无疑问地激发了国内民众民族主义情绪的膨胀。由此，中国政府目前加强海上力量和推动南海巡航制度与护渔制度机制化、常态化的努力，未能满足民众对大国尊严和捍卫民族利益的需要。也即，国内民众日益增强的民族主义情绪及由此导致的对南海维权的高度期望与中国南海维权现况之间出现了差距与不协调。

当然还需指出，中国政府有关“通过双边谈判解决”南海问题的主张也得到了大部分民众支持,[②]由此反映出中国政府在南海维权中希望展示的“维护地区和平与反对霸权”的国际形象也得到了大部分民众的认同。这种认同说明，中国人民是爱好和平的，是成熟的爱国主义者，但中国人民绝不害怕战争，南海岛礁主权决不退让。

三、国际压力：国际社会对中国南海维权的种种曲解

国际层面的压力当然也是中国制定和执行南海维权政策时所不可忽视的因素，而国际社会对中国南海维权的看法与中国在南海维权中展示的国际形象密切相关。中国在南海维权过程中面临的国际压力主要来自两方面：其一是东南亚地区南海问题其他争端方；其二是以美国、日本、印度等为代表的域外大国。因这些国家在南海问题中角色、利益与中国对立，这两方面是影响国际社会对中国南海维权看法的最主要因素，同时也给中国在南海维权过程中希望展示的国际形象带来了巨大挑战。

(一) 东南亚国家对中国南海维权的审视

在东盟国家的观念中，中国总体的国际形象是一个正在崛起的巨人。[③]同时，东盟国家由于在南海问题上的立场和利益诉求存在差异及在处理对华关系时有着不同的立场与态度,[④]在看待中国南海维权时给出了在程度和性质上均带有差异性的看法。

---

① 相对于报刊、户外、广播、电视四大传统意义上的媒体，新媒体被视为“第五媒体”，是指新的技术支撑体系下出现的媒体形态，如数字杂志、报纸与广播、手机短信、网络、触摸媒体等。“自媒体”指为个体提供信息生产、积累、共享、传播内容兼具私密性和公开性的信息传播方式。在“自媒体”时代，各种不同的声音来自四面八方，“主流媒体”的声音逐渐变弱，人们不再接受被一个“统一的声音”告知对或错，每一个人都在从独立获得的资讯中，对事物做出判断。See Dan Gillmor, We the Media: Grassroots Journalism by the People, for the People, O'Reilly Media, Inc., 2006.

② 环球网：《36.5%国人认为必要时武力解决周边领土争端》，2012年3月10日。

③ 曹云华：《在大国间周旋——评东盟的大国平衡战略》，载《暨南大学学报》（哲学社会科学），2003年第3期，第19页。

④ Liselotte Odgaard, The South China Sea: ASEAN's Security Concerns About China, Security Dialogue, Vol. 34, No. 1, March 2003, pp. 13-19.

越南、菲律宾在南海问题上与中国的利益冲突相对突出，[①] 因此，对中国南海维权过程中所展示的国际形象持有的看法也相对极端。越南、菲律宾除将中国视为地区崛起的巨人外，还罔顾中国一直坚持的"维护地区和平与反对霸权"政策和做法，大肆歪曲中国在南海维权过程中展示出的国际形象。具体来看，越南、菲律宾一直竭力为中国南海维权过程中展示的国际形象赋予三方面的内容。第一，中国是南海问题的"制造者"。中国以九条"断续线"主张对南海有关岛屿及其周边海域的海洋权利。然而，中国的这一主张被菲律宾、越南等国视为南海问题产生的根源。菲律宾现任外长德尔·罗萨里奥（Del. Rosario）就曾对中国九条"断续线"发表过指责性的看法，其认为中国以"九断线"宣称拥有整个"西菲律宾海"（即我南中国海）权利的主张是南沙争端的关键，为通过有关国际法解决争端设置了一个巨大障碍。[②] 第二，南海地区安全的"威胁者"。随着海军现代化与海上战略影响力的增强，中国日益被越南、菲律宾等国视为南海地区安全的"威胁者"。越南、菲律宾等国不仅借此大力加强海上力量装备，还竭力与美国、日本与印度等域外大国加强海上安全合作和为域外大国在南海地区保持军事存在大开方便之门。第三，领土的"侵略者"。中国在南海海域的一系列维权行动，长期被越南、菲律宾等国视为对其"领土"的"侵略"行为。这些国家除向中国发出外交抗议外，还在国际上大肆渲染中国违反《南中国海各方行为宣言》。

与越南、菲律宾对中国南海维权及中国南海政策的看法不同，东南亚地区其他国家认为中国在南海维权过程中展示的国际形象赋予的内容则相对和缓。这些国家虽然对中国在地区的崛起表示出一定程度的"忧虑"，但随着与中国在双边、多边渠道沟通的增加和在经济、人文与安全领域交流与合作的加强，对中国致力于地区和平稳定、发挥地区责任的大国形象越来越"感同身受"。[③]

由此可见，东南亚地区部分南海争端方对中国在南海维权和维护地区和平过程中展示的国际形象持有的极端看法及由此产生大肆意歪曲行为，是东南亚地区给中国南海维权带来国际压力的最主要来源。鉴于中国对东盟发展的支持及与中国在维护南海地区稳定与和平方面有着共同的诉求，东南亚另一部分国家则相对客观地接受和反映了中国在南海维权过程中展示的良好国际形象。

（二）美国等域外大国对中国南海维权持有的有关表述

美国、日本与印度等域外大国虽非南海问题的争端方，但出于在地区政治、经济与安全方面拥有层次不一的利益，对南海问题的关注与介入也日渐加深。同时，随着

---

① Rory Medcalf & Raoul Heinrichs, Crisis and Confidence: Major Powers and Maritime Security in Indo – Pacific Asia, Lowy Institute for International Policy, June 2011, p. 22.

② Public Information Service Unit, Secretary Del Rosario Says China's 9 – Dash Line is "Crux of The Problem" in WPS, Proposes "Preventive Diplomacy" Solutions, 05 August 2011, http://dfa. gov. phmainindex. php/newsroom/dfa – releases/3533 – secretary – del – rosario – says – chinas – 9 – dash – line – is – crux – of – the – problem – in – wps – proposes – qpreventive – diplomacy – solutions.

③ 翟昆等：《中国在东南亚的国家形象：走向成熟的战略伙伴》，载《世界知识》，2010 年，第 16 页。

中国南海维权力度的加强，美国、日本与印度等国以南海问题为支点大肆渲染“中国威胁论”的种种表述也不绝于耳。具体来看，“中国威胁论”反映到这些国家审视中国南海维权的看法中，则转化为三方面具体的国际形象。

东南亚—南海地区地区平衡的“破坏者”是美国、日本与印度等域外大国在南海问题上给中国塑造的第一个国际形象。虽然这一形象在20世纪80年代早已有所论述，美国学者马翁·萨缪尔（Marwyn S. Samuel）曾就认为中国为了成为海洋大国采取了新的范围更广的强硬海洋政策，当代海洋争端会与中国海洋力量的不断壮大密切相关，①但是中国作为东南亚-南海地区平衡“破坏者”的国际形象在20世纪90年代“两极”格局结束以来，特别是在奥巴马总统上台以来，由于美国、日本与印度等域外大国的塑造得到了前所未有的加强。2009—2012年，有关“中国军力如今的发展形势是改变东亚军事平衡的重要因素”的评判，连续出现在美国国防部一年一度的中国军力报告中。②作为美国的盟国，日本追随美国对华的这一政策基调，也一直将中国经济的崛起与军事现代化的发展视为破坏地区平衡的因素，认为中国凭借着快速的军事现代化，特别是海军力量的发展，正在尝试将南海演变为“门罗主义”的试验田。③印度虽然对中国在地区崛起持有与美、日有所差异的看法，对华崛起采取了相对模糊与“微妙”的政策，但基于中印边界问题的存在与中印在地缘空间上的竞争，仍对中国在地区的崛起存有“担忧”心理，而印度不断加强在南海海域的军事存在和影响力正是这一心理的真实反映。

南海航行安全至今仍是美国、日本与印度等域外大国介入南海问题的理由之一，美国甚至将南海航行安全视为其在南海地区的“国家利益”。④ 为进一步介入南海问题，美国、日本与印度等域外大国也一直延续了将中国塑造为南海海上航线安全的“威胁者”的做法，这一形象是美国等域外大国20世纪90年代中期以来在南海问题上竭力给中国强加的第二个国际形象。不可否认，这也与美国等国南海政策的调整有着直接的关联。1995年5月10日，白宫发言人克里斯汀·雪莉（Christine Shelly）代表克林顿政府首次确认了美国在南海地区的利益及在这一问题上的政策，其表示：“美国政府认为，在南海地区的单方面行动和反应加剧了本地区的紧张，美国强烈反对使用武力

---

① Marwyn S. Samuel, Contests for the South China Sea, New York and London, Methuen Publishing Ltd. , 1982, p. 117.

② Office of secretary of Defense, Military Power of the People's Republic of China 2009, p. 28; Office of secretary of Defense, Military Power of the People's Republic of China 2010, p. 37; Office of secretary of Defense, Military and Security Developments Involving of the People's Republic of China 2011, pp. 37 – 38; Military and Security Developments Involving of the People's Republic of China 2012, pp. 5 – 10.

③ Japan Times, South China Sea is not Shangri – La, June 20, 2011, http://search.japantimes.co.jp/cgi – bin/eo20110620mr.html.

④ Hillary Rodham Clinton, Remarks at Press Availability, National Convention Center, Hanoi, Vietnam, July 23, 2010; Stephen Kaufman, Clinton Urges Legal Resolution of South China Sea Dispute, 23 July 2010, http://www.america.gov/st/peacesec – english - July/20100723154256esnamfuak4.879177e – 03.html#.

和武力威胁解决领土争议，并要求各方保持克制，避免采取令局势动荡的行动。”[①] 由于这一表态发生的背景是“美济礁事件”，美国在字里行间隐藏了对中国在“美济礁事件”中有关行为的指责，将中国视为南海海上安全的“威胁”。21 世纪初，中美在南海地区发生“撞机事件”。该事件的发生从侧面再度反映了美国将中国视为地区安全“威胁”的心理。2009 年，中美在南海地区发生“无暇号”事件。事件发生后，美国国会发布报告认为，“该事件表明了在美国传统的作业区，中国潜在的军事扩张威胁日益增大。”[②] 与美国的看法相似，日本在以“海上安全”名义介入南海问题的同时，还将南海航行安全的“威胁”来源直指中国。2009 年日本在《防卫白皮书》认为，“中国在我国（日本）近海以外的地区加强活动，例如在南中国海上与东盟国家存在领土争端的南沙和西沙群岛附近”，[③] 第一次将“中国威胁论”扩大至南海区域。2010 年，日本再次在《防卫白皮书》中强调了同样的看法。[④]印度同样强调南海航行安全，对保持南海地区航道顺畅保持着强烈的关注。同时，印度也日渐将矛头指向中国，认为：“如果中国主导这一地区，印度将很难经由南海通道参与地区事务。”[⑤]

此外，美国等国在南海问题上也日渐将中国视为南海问题的“制造者”与问题根源，认为中国的南海维权行为越来越“独断专行”（assertive）和具有“侵略性”（aggressive）。这是美国、日本与印度等国试图给中国南海维权强加的第三个国际形象。以南海九条“断续线”为例，中国的这一主张在西方学者中也遭到了批判。美国传统基金会学者沃尔特·罗夫曼（Walter Lohman）一直认为，按照国际法原则，中国对南海地区的权利主张是不合理的，美国应当毫不动摇地支持菲律宾对南沙岛礁的领土主权主张。[⑥]美国海军战争学院学者劳尔·佩德罗（Raul Pedrozo）则更为反对中国的南海九条“断续线”主张，认为美国应加入印度尼西亚与越南的队伍。[⑦]这或多或少地对美国政府的南海政策产生了影响。2010 年，中美经济与安全委员会（US – China Economic and Security Review Commission）在给美国国会的一份报告中曾在南海问题上将中国的

---

① Christine Shelly, US Policy on Spratly Islands and South China Sea , May 10, 1995, http://dosfan. lib. uic. edu/ERC/briefing/daily_ briefings/1995/9505/950510db. html.

② Kerry Dumbaugh , China – U. S. Relation: Current Issues and Implications for U. S. Policy, Congressional Research Service Report for Congress , April 2, 2009, p. 6.

③ Japan Ministry of Defense, Defense of Japan 2009 (Annual White Paper), National Defense Policies of Countries, China, http://www. mod. go. jp/epublw_ paper/pdf/2009/11Part1_ Chapter2_ Sec3. pdf.

④ Japan Ministry of Defense, Defense of Japan 2010 (Annual White Paper), National Defense Policies of Countries, China, http://www. mod. go. jp/epublw_ paper/pdf - 11Part1_ Chapter2_ Sec3. pdf.

⑤ Dr Amit Singh, South China Sea Dispute and India, National Maritime Foundation , http://maritimeindia. org/article/south – china – sea – dispute – and – india.

⑥ Walter Lohman, Spratly Islands: The Challenge to U. S. Leadership in the South China Sea, the Heritage Foundation, No. 2313, Feb. 26, 2009, p. 1.

⑦ Raul Pedrozo , Beijing's Coastal Real Estate: A History of Chinese Naval Aggression , Foreign Affairs, November 15, 2010.

"强势作为"视为地区安全形势恶化与局势紧张的源泉。[①]日本也持有相同的看法，称中国在南海地区的行动独断而愈加有自信。[②]作为印度最富有影响力的媒体之一，《印度斯坦时报》也在印度国内宣传了与美日相似的看法，认为中国在南海问题上的态度越来越强势。[③]

四、结语

国际形象是国际关系行为体互动与交往的结果，同时它作为一种可信度的标志，对于国家战略目标的实现起着日益重要的作用。为此，中国逐步将国际形象纳入自己的战略框架，视之为制定大战略的重要因素。[④]尽管如此，在南海维权的过程中，特别是与东南亚争端方和域外美国等大国的互动中，中国希望展示的"维护地区和平和反对霸权"国际形象，既未全部为国内民间舆论所认同，又不能为东南亚部分国家和美国等域外大国所接受。同时，它们为中国在南海维权过程中展示的国际形象赋予了不同的内容。

可见，中国南海维权不得不面对国内压力和国际压力这两股相向而行的力量。中国一方面为了满足国内民众日益增长的民族自尊需求，需要在南海维权方面作出更多的努力和进一步展示捍卫主权完整的决心，但另一方面又受到来自国际层面的压力，需要在南海维权过程中慎之又慎。那么，如何在维护中国国际形象与切实维护南海主权之间实现平衡将是中国未来南海政策必须包含的内容。虽然南海维权方式方法的选择很重要，但目前由中国政府主导的国际形象宣传策略也值得反思。这一策略在具体到南海问题和南海维权方面的中国国际形象宣传时则表现为：中国政府的声音太大，而中国学者和民间等非政府层面的宣传过少；重视面向中国国内的宣传，对国际宣传力度不够；由中国人自己的宣传较多，由国外政府、学者和民间舆论的正面宣传较少。因此，向国内外和由国内外正确、如实地宣传中国在南海维权过程中的国际形象，不仅有利于改变中国国际形象遭到曲解的局面，而且有助于缓解中国南海维权时面临的国内、国际压力，为中国南海维权创造一个良好而有利的环境。

---

① US - China Economic and Security Review Commission, 2010 Report to Congress of U. S. - China Economic and Security Review Commission , U. S. Government Printing Office, Washington , 2010, pp. 134 - 135.

② Japan Times, Beijing projects power in South China Sea, May 9, 2010, http: //search. japantimes. co. jp/cgi - bin/eo20100509mr. html.

③ Rahul Singh, ASEAN invites India, US to keep China in check, Hindustan Times, New Delhi, September 22, 2010, http: //www. hindustantimes. com/rssfeed/newdelhi/ASEAN - invites - India - US - to - keep - China - in - check/ Article1 - 603510. aspx.

④ 门洪华：《压力、认知与国际形象：关于中国参与国际制度战略的历史解释》，载《世界经济与政治》，2005 年第 4 期，第 18 页。

中日钓鱼岛争端中的有效统治证据分量考*

张卫彬**

摘要：有效统治作为一国对争议区域行使主权活动的行为，已经引起越来越多国家的重视。但是，有效统治并非一种法律权利；当有效统治行为与体现权原的权利发生冲突时，后者处于优先的地位。而且，有效的国际条约具有决定性分量。同样，中日钓鱼岛争端中所涉及的相关条约应具有优先性，但是，也不应忽视历史证据，尤其是有效统治证据的分量。为了巩固我国对钓鱼岛享有的历史主权，必须采取各种有效统治措施，进一步彰显主权。

关键词：有效统治；钓鱼岛；证据分量

一、问题的提出

近年来，随着日本国内右翼势力的不断挑衅及美国亚洲战略的重大调整，中日钓鱼岛列岛（以下统称钓鱼岛）之争愈演愈烈。尽管2008年6月18日中日双方就东海问题达成原则共识，但是，日本片面曲解该项没有法律约束力的声明，甚至误把“春晓”油气田视为两国共同开发对象，借口挑战中国对“春晓”油气田拥有的主权权利。随后，2010年9月日本竟然在钓鱼岛海域非法抓扣中国渔船船长詹其雄，进而导致双方进一步谈判达成有约束力协定的谈判气氛“付之阙如”。

尤为严重的是，2012年9月11日，日本政府与栗原家族就非法买卖中国钓鱼岛及附属的南小岛和北小岛签订土地所有权买卖合同，试图通过“国有化”措施加紧对我国钓鱼岛的有效统治。由于1972年美日私相授受钓鱼岛时，美国只是辩称把施政权交给日本，鉴于国际法上主权的内涵主要包括所有权和管辖权两个层面，因此，日本在逐步强化所谓管辖权的前提下，“所有权”问题自然成为其考量的重要因素。

毋庸置疑，日本所谓“购岛”的闹剧并不能改变钓鱼岛是中国固有领土的历史事实，但是，通过国有化措施，其意图从表面上给国际社会造成如下假象：钓鱼岛的所有权已经归于日本政府，日本享有钓鱼岛的主权，进而达到将岛屿所有权与主权混同的非法目的。国际法院存有新近的案例可供借鉴。如在2008年马来西亚—新加坡白礁

---

* 来源：原发文期刊2012年12月《太平洋学报》第20卷 第12期。基金项目：教育部人文社科规划青年基金项目《国际法院解决领土争端中的证据问题研究》（11YJC820169），以及中国海洋发展研究中心重点项目《我国应对海洋权益突出问题的策略研究》（AOCZD201202）阶段性成果。

** 张卫彬（1975－），男，安徽怀远人，法学博士，安徽财经大学法学院副教授。

岛、中岩礁和南礁案中，尽管马来西亚认为柔佛州政府在1953年函复信件中只是表明其不主张对白礁岛的所有权，而非主权，但国际法院最终确认，所有权就是指主权。[①]虽然，日本政府与栗原家族非法买卖中国领土的所有权与国际法院判案的案件事实根本不同，但至少从有效统治措施的表象上对于我国存有不利之处。

实际上，自20世纪70年代以来，与中国的国内立法、外交声明和抗议相比，日本为了达到占有钓鱼岛的目的就一直采取渐进蚕食的策略，如在钓鱼岛建灯塔、竖立"界碑"、插上木制国旗、设置"小神社"、涂写标语、以国家形式"租用"钓鱼岛、在岛屿周边海域驻扎可搭载直升机的巡视船等方式不断强化其"有效统治"行为，意在宣示所谓"日本主权"，以至于无视政治现实，自1996年开始公开否认钓鱼岛主权存在争议。正因如此，国外有的学者（Dai Tan）错误认为，日本已经通过现代国际法上的有效统治和时效理论取得了钓鱼岛的主权。[②]

虽然，日本东海大学国际法塚本孝教授从国际法上"争端"的内涵和判断基准角度，[③] 指出中日之间客观存在领土争议，但同时他认为根据《旧金山和约》，钓鱼岛作为冲绳的一部分其施政权托管于美国。而且，根据国际判例，中国单凭明清时期的古代文献不足以证明拥有钓鱼岛主权，还必须提供体现领有意志和曾实际控制的证据。相反，日本很早便有效控制钓鱼岛，因此处于有利地位。即便承认存在主权争议，在国际法上也不会对日本造成不利。[④] 就其实质而言，无论是日本的官方言论抑或个人的见解，无不把"有效统治"作为其主张的主要法理依据和证据支撑，且除了一再否定我国一贯主张的历史证据的分量（证明力）之外，完全无视或刻意回避中国过去长期以来对钓鱼岛所行使的管辖权或有效统治行为，尤其是片面割裂中国对钓鱼岛享有主权的条约依据与有效统治行为之间的关系。基于此，分析中日钓鱼岛争端中的有效统治证据的分量就显得尤为必要了。

二、有效统治内涵的界定及效力

（一）有效统治的内涵及界定

"effectivités"一词，我国学者一般将其翻译为"有效统治"，但也有学者翻译为"有效控制"。[⑤]"有效控制"一词的英文为"effective control"。实际上，在国际法院的

---

① Pedra Branca/Pulau Batu Puteh, Middle Rocks and South Ledge case, Judgment, I. C. J. Reports 2008, p. 80, para. 223.

② Dai Tan, J. D, "the Diaoyu/Senkaku Dispute: Bridging the Cold Divide", *Santa Clara Journal of International Law*, Vol. 1, 2006, pp. 157 – 158.

③ 常设国际法院在1924年8月30日审理马弗罗马提斯何耶路撒冷工程特许权案中指出，所谓的争端是指两个当事人（或国家）之间在法律或事实上的某一方面存有分歧，或法律或利益上发生冲突。此后国际法院在相关的判决中反复确认了这一判断的基准。

④ 塚本孝教授还指出，一方面日本要求韩国承认独岛存在主权争议，但另一方面又拒绝在钓鱼岛上存在主权争议，这令人难以理解，也妨碍了日本在国际社会上进行有效说明。

⑤ 朱文奇主编：《国际法学原理与案例教程》（第二版），北京：中国人民大学出版社2009年版，第152页。

司法判例中，“effectivités”一词最初是指一国被殖民期间殖民当局的有效管理行为，包括殖民法律、皇室文件等。但是，随着国际法院在司法实践中将该内涵扩展至后殖民时期的有效实施主权活动的行为（Sovereign activities），因此，“有效统治”与“有效控制”内涵趋于一致。正因如此，国外有的学者也将两者不作严格区分。①

值得注意的是，有效统治与有效占领并非同义语。一般来说，对领土的有效控制可以通过征服、占有无主地、或权利存有疑问时可通过承认、默认、禁止反言和时效等方式使之合法化。与之相比，有效占领的客体为经由发现的领土，进而巩固初步的权利。② 而且，占有和行政管理是构成有效占领的两个基本因素。有效占领制度设立的目的在于对发现的无主地进行公示和公信，避免此后其他国家类似的“发现”，属于权利创造的范畴。一国实施有效占领可以避免如下情况的发生：如果某一土地曾属于一个国家所有，但后来被放弃，那么它就成为其他国家占领的可能客体。③ 此外，实际控制和有效统治亦非等同的法律概念。相比而言，实际控制仅是一种事实状态，属于有效控制的构成要件之一，只能对确认领土的权利起到补充证明，并非领土权利的本源，不可本末倒置。

综上，有效统治的内涵可以界定为：一国对争议区域行使主权活动的行为。其主要目的在于：当国家通过“发现”或“有效占领”某一无主地后，如果较长一段时间没有或疏于行使主权统治行为，则可能与他国在占领问题上发生争议，从而进入一个领土控制权的竞争阶段，此时国际法院将比较当事方提交证据分量的大小，将争议区域的主权归于处于证据优势的一方。至于一国哪些行为能够体现其有效统治行为，国际法院在2007年尼加拉瓜诉洪都拉斯领土与海洋争端案和2012年尼加拉瓜诉哥伦比亚案中，将这些证据大致分为如下几类：立法和行政管理、刑法和民法的适用和执行、移民的管理、经济和渔业活动的规制、海军巡逻、访问和营救行动、油气协议和公共工程，等等。④ 当然，该案所列举的非穷尽式，实际上一切体现国家权威的行为均为有效统治的应有之内涵。而且，国际法院强调，在当事国争议出现法律或事实对立分明之时的关键日期之后发生的，为了加强本国立场而采取的有效统治行为不能被考虑或不具有可采性，除非此行为是先前的继续。⑤ 简言之，关键日期通常决定有效统治证据的可采性。

---

① Malcolm. N. Shaw, *International Law*, 5th ed., Cambridge University Press, 2003, p. 432.

② Gillian D Triggs, *International Law: Contemporary Principles and Practices*, LexisNexis Butterworths, 2006, p. 225.

③ ［英］詹宁斯、瓦茨修订：《奥本海国际法》（第二分册），王铁崖等译，中国大百科全书出版社1998年版，第75页。

④ Daniel Bodansky, “Territorial and Maritime Dispute between Nicaragua and Honduras in the Caribbean Sea”, *the American Journal of International Law*, Vol. 102, 2008, p. 115; Territorial and Maritime Dispute (Ncargua v. Colombia), Judgment, 9 November 2012, pp. 32－34, paras. 82－84.

⑤ Sovereignty over Paulau Ligitan and Pulau Sipadan (Indonesia/Malaysia), Judgment, I. C. J. Reports 2002, p. 682, para. 135.

（二）有效统治行为的效力

如前所述，日本政府此次对钓鱼岛采取国有化的措施，其主要目的在于，试图将其视为本国的一种体现行政管理的有效统治行为；而且，意在国有化之后，将其采取的一切管辖措施体现为官方的意志，试图与私人岛主的个人行为相区分。

对于钓鱼岛争端，基于日本政府目前所宣称的“实际控制”的态势（我国一直不予承认），可以判断不会主动向国际法庭提起诉讼。但是，这并不意味着日本一味排斥司法方式，如目前与韩国关于独岛屿之争中就主张将争端提交国际法院。因此，为了被动应对诉讼或在条件成熟（法庭证据规则支持其立场）时主动提起诉讼以及在未来政治谈判中掌握主动，日本政府实施国有化意在为以后应对司法途径或通过双边谈判方式解决钓鱼岛纠纷提供法理支持和证据支持。由此看来，日本制造这场“购岛”的闹剧自然就不难理解了。

其实，日本的这种做法不仅是对中国领土的严重侵犯，也与国际法和国际司法实践相背离，同时，也是对有效统治行为在国际法上的效力缺乏正确的认知。例如，国际法院在解决涉及领土主权归属案件实践中，首先遵行以分析有关领土在争议发生以前，是否有证据证明其主权的归属为路径：如果经证明存在确定的主权所有者，则不论实际控制权在任何一方。显然，在国际法院看来，有效统治仅仅是一种体现主权活动的行为，并非一种法律权利；当有效统治行为与作为体现权原的权利发生冲突时，后者处于优先的地位。

具体而言，在2002年喀麦隆/尼日利亚陆地与海上边界案中，在涉及乍得湖地区的主权归属问题上，国际法院认为，1929年英国和法国《汤姆森—马恰得宣言》和1931年《亨得森—福勒瑞换文》已经对该内陆的边界进行了详细的规定，其主权归于喀麦隆所有，从而驳回了对争议地区拥有实际控制权的尼日利亚的主张。同样，对巴卡西半岛主权归属问题，国际法院的判决依据为1913年的《英德条约》，由此喀麦隆拥有其主权。①

与此同时，在国际法院解决领土纠纷中，确认了如下证据规则：条约和国际协议的分量大于其他书面证据；在缺少有效条约作为判决依据的情况下，有效统治证据分量一般大于历史证据；官方行为的分量一般大于私人行为；书面证据的分量大于口头证据。同时，如果一国有清楚的历史证据和有效统治证据表明其享有原始权利，则优于另一方单纯以有效统治作为证据对争议地区主张权利。但是，无论如何，正如国际法院分庭在布基纳法索/马里边境争端案中所述：“有效统治不能与任何法律权利相并存。”② 由此推之，日本对我国钓鱼岛采取的所谓各种有效统治行为，在效力上自然难以与中国的历史性主权相提并论。

---

① Brian Taylor Sumner, “Territorial Disputes at the International Court of Justice”, *Duke Law Journal*, Vol. 53, 2004, pp. 1802 - 1803.

② Frontier Dispute (Burking Faso/Republic of Mali), Judgment, I. C. J. Reports 1986, p. 587, para. 63.

三、有效统治证据之于钓鱼岛争端

如前文所述，有效控制，又称之为有效统治，是一国显示对争议区域实施主权的行为。实际上，虽然国际法院始终承认“发现”一块领土产生先占权利，但国际法院强调这仅是初始性权利，根据时际法的原则，持续、和平、实际控制才能进一步巩固一国主权，否则可能发生权利的转移。2008 年马来西亚/新加坡白礁岛、中岩礁和南礁案即是典型的判例。显然，国际法院的司法判例体现出的判案证据规则值得我国予以借鉴。

首先，从 1972 年关键日期之前的有效统治的证据而言，[①] 我国有充分的证据显示，钓鱼岛已经长期被有效军事和行政管辖。如 1171 年宋朝军事将领汪大猷在澎湖建立了军营，遣派有关将领分屯各岛，台湾及附属岛屿（包括钓鱼岛）隶属于澎湖进行军事统辖，而行政上则由福建泉州晋江实行管理。在明清两朝时期，如 1562 年《筹海图编》（明朝）和 1863 年《皇清中外一统舆图》（清朝）均清晰标示钓鱼岛为中国领土，且被划入军事海防管辖范围之内。

在官方的文献方面，也体现了中国对钓鱼岛所实施的有效统治。如 1722 年清朝监察御史黄叔敬巡视台湾，并撰写《台湾使槎录》，在其卷二《武备》一节中特别记载了台湾、海岛、港、澳，以及附属岛屿的相关情况。尤其考察了钓鱼台和薛坡兰（中国橄榄山）的重要地位，有力体现了清朝的统治“痕迹”。[②] 以上证据清楚表明，中国已经通过政治、军事、行政管理等多种形式有效管理了钓鱼岛。

其次，自第二次世界大战结束以后，虽然从国际法理上钓鱼岛已经自动归还给中国，但基于当时的国内政治生态及对钓鱼岛的主权维护重视程度不够等诸多原因，因此未能及时对其进行有效管辖。尤其是，由于在日本占领台湾期间把钓鱼岛归于冲绳行政管辖范围，因此，美国于 1952 年将钓鱼岛划入其托管的琉球群岛经纬度之内，由此成为日本所主张拥有主权的证据之一。不可否认，虽然当时美军司令部单方颁布的指令以经纬度界定琉球群岛管辖范围，但这并不能决定钓鱼岛列屿的主权归属。其原因主要在于，1951 年《旧金山和约》违反了《开罗宣言》关于日本应放弃以武力或贪欲取得领土的规定；而且，在涉及领土归属决定事项时，将中国排除在签字国之外，进而违反了《波茨坦公告》第 8 条关于日本的领土主权范围应由“吾人所决定”之规定。随后，美国以《旧金山和约》为依据将钓鱼岛划入琉球群岛的经纬度之内，自然相悖于 1945 年《波茨坦公告》文本和相关精神。

与此同时，日本主张 1951 年《旧金山和约》第 2 章第 3 条将冲绳和钓鱼岛置于美国托管之时，中国并没有反对。而且，国外部分学者也指出，直至 20 世纪 60 年代末和

---

① 张卫彬：《国际法院解决领土争端中的关键日期问题——中日钓鱼岛列屿争端关键日期确定的考察》，《现代法学》2012 年第 3 期。

② 鞠德源著：《钓鱼岛正名——钓鱼岛列岛的历史主权及国际法渊源》，昆仑出版社 2006 年版，第 47 页。

70年代初，并没有记录显示中国曾对该岛屿提出主权主张。[1] 无疑，这是一种悖论。因为当时周恩来总理曾明确宣布1951年《旧金山条约》是非法的，其涉及中国领土的条款自然是无效力的，因而并没有默认之说。实际上，自1945年之后，民国政府多次表达收回或托管琉球的愿望。[2] 当然，日本的这种说法也源自于1952年台湾当局以"中华民国政府"名义与日本所签署的《中日双边和约》。因为该条约在日本放弃的领土中仅言及"台湾"，并没有《马关条约》第2条第2款所规定的"台湾全岛及所有附属各岛屿"。显然，《中日双边和约》内容存在阙失。而且，众所周知，对于《中日双边和约》，从草拟至签署，中华人民共和国政府一直表示反对。

不可否认，随着1971年美日《冲绳归还协定》的签署，虽然我国多次表达抗议和坚决反对，但自1972年以来，日本就一直试图有效控制我国的钓鱼岛。毋庸置疑。从本质上而言，日本的这些实际控制的活动并不能改变中国对钓鱼岛所享有的历史主权。但是，也应密切关注有效统治效力在国际法院解决领土争端中的发展趋势。虽然国际法院并不是国际立法机构，但往往充当准国际立法机关的角色，对国际法的发展和编纂起到重要的推动作用。

值得强调的是，新近以来，我国对钓鱼岛的维权行动得到了不断加强，并且采取了相关的实质举措，如国家海洋局下属的东海海监总队于2008年12月8日委派"海监46"号和"海监51"号对钓鱼岛进行了巡航壮举，切实有效地宣示了中国领土的主权。但是，与日本所采取的诸多措施相比，仍略显单薄。其原因之一在于，在2002年印度尼西亚/马来西亚利吉丹岛和西巴坦岛案和2007年尼加拉瓜诉洪都拉斯领土与海洋争端案中，国际法院曾强调，此类零星巡逻对于证明有效统治而言是不充分的。[3] 不过，针对2012年9月日本政府导演的"购岛"闹剧，中国政府已经采取了一系列及时的、应对有力的有效统治措施，如公布领海基线、多次进入钓鱼岛领海内常态化巡航等。无疑，这有利于维护和巩固我国对钓鱼岛享有的主权。

如下的图表主要从国际法院关于领土归属的证据规则角度分析，采取演绎的方法，对中日两国关于钓鱼岛的有效统治证据的分量进行权衡，并得出如下结论：1895年之前中国的有效统治证据的分量比日本大得多。简言之，通过历史证据和有效统治证据可以清楚地证明我国对钓鱼岛所享有的原始主权。然而，值得注意的是，自1969年以后，我国对钓鱼岛的有效统治的证据相对较少。因此，今后我国应借鉴国际法院在解决领土争端中所适用的证据规则，进一步加强对钓鱼岛的有效控制，进而巩固这种原始主权显得尤为必要。

---

① Steven Wei Su, "the Territorial Dispute over the Tiaoyu/Senkaku Islands: An Update", *Ocean Development & International Law*, Vol. 36, 2005, p. 55.

② 参见丘宏达：《日本对于钓鱼岛列屿主权问题的论据分析》，载《钓鱼台－中国的领土》，明报出版社有限公司1996年版，第117页。

③ J. Craig Barker, "Decisions of International Courts and Tribunals", *International and Comparative Quarterly*, Vol. 57, 2008, p. 705.

日钓鱼岛争端有效统治证据分量比较图

	中日对钓鱼岛利于有效统治的证据	对判断主权的证据分量
中国	明清两代被中国册封使节作往返琉球时的指向标	支持，册封使具有官方身份
	资料显示钓鱼岛被列入中国的海防范围	支持，分量较大，因为是官方行为
	1893 年慈禧太后将钓鱼岛中的三个小岛赐给盛宣怀，以供采药	支持，但需要进一步确定该诏书的真伪，决定分量大小
	传统上，该岛屿附近海域为台湾渔民捕鱼场所	不支持，私人行为
	1943 年《开罗宣言》	支持，规定日本放弃窃占领土，分量较大
	美国公布的 1943 年 11 月蒋介石和罗斯福关于琉球群岛的谈话，以及 1944 年斯大林的谈话	支持，前者口头协议中美共管，后者指出琉球群岛应归还中国，有分量
	1945 年《波茨坦公告》	支持，将日本国土限制在一定范围内，分量较大
	1971 年台湾将钓鱼岛归入宜兰县管辖	支持，行政管辖行为，分量较大
	1992 年《中华人民共和国领海和毗连区法》	支持，一国立法行为，分量较大
	2012 年之前，军舰、渔政船和巡航船等非定期巡航	支持，因为未能定期巡航，分量较小
	2012 年 9 月 10 日中国政府发表声明，公布钓鱼岛的领海基线	支持，官方行为，分量较大
	2012 年 9 月以来，多次进入钓鱼岛领海巡航	支持，常态化巡航，分量较大
日本	古贺辰四郎自 1884 年在钓鱼岛上采集鸟羽毛等	私人行为，不支持
	冲绳县自 1885 年对钓鱼岛进行考察	不支持，岛屿为清朝所有，无分量
	1895 年通过秘密协议，将钓鱼岛纳入日本领土范围	不支持，因为不是公开行为，无分量
	1920 年 5 月 20 日中国驻长崎领事冯冕的感谢状	不支持，因为当时钓鱼岛已通过《马关条约》割让给日本，处于其殖民统治时期之下
	1951 年《旧金山和约》	不支持，未提及钓鱼岛，无分量
	1953 年 1 月 8 日《人民日报》（钓鱼岛为琉球群岛的一部分）	不支持，尽管报纸有官方背景，但仅为未署名的一般资料，不代表政府立场，且出处不明，与主要事实不一致，无分量
	1958 年、1960 年及其后的中国地图（包括同期的一些台湾地图）	不支持，地图底下标注某些国界是基于中日战争（1937—1945 年）前编制的，且同时期也有一些地图标钓鱼岛为中国领土，彼此相互冲突，无分量
	1971 年《冲绳归还协定》	不支持，美日私自相授，无分量
	1972 年以来，在钓鱼岛竖立“界碑”、插国旗、租岛屿、常态化巡航等	不支持，关键日期之后行为，无分量

四、中国的应对之策

（一）确定适当的证据收集、审查和判断路径

在司法实践中，国际法院始终将国际条约作为判案的法理逻辑起点，且将其置于

相对优先的位置。在缺乏条约和国际协议的情况下，将会考虑有效统治效力。简言之，对非殖民地国家而言，国际法院遵行的路径为两重性层级结构，即国际条约效力优先于有效统治。无疑，这对于我国和平解决钓鱼岛争端具有一定的启示意义。

基于此，我国应着重分析如下三种收集和审查证据的路径，进而做出合理的判断：

第一，借鉴国际法院在先例中适用的条约解释的规则，不再一味坚持钓鱼岛作为台湾的附属岛屿在《马关条约》中一并割让给日本。但是，这种论证路径不仅与日本的观点非常接近，而且可能无法解释诸如1920年5月20日中国驻长崎领事冯冕的感谢状事件。其问题在于，如果是日本窃占钓鱼岛，那么基于钓鱼岛本来就是中国的，为何中国驻长崎领事冯冕还要写感谢状？难道此时中国仍然不知道日本窃占了钓鱼岛？无疑，这种路径无法合理解释此次感谢事件。因此，在一定意义上，不再坚持《马关条约》第2条第2款割让钓鱼岛的立场只会在证据方面对我存有不利之处。实际上，如前文所述，日本是以1895年1月决议先行窃占钓鱼岛，后利用《马关条约》使之“合法化”。

第二，继续坚持《马关条约》第2条第2款将钓鱼岛割让给日本的证据路径，进一步加强嗣后一系列相关条约文本和意图方面的研究，充分论证钓鱼岛已经被嗣后的条约确认归还中国。但是，我国既往收集的证据过于强调从地理和地质结构上进行论证钓鱼岛为台湾的附属岛屿，[①] 而1895年之前台湾对其所采取有效统治的证据较少提及。[②] 换言之，收集1895年以前钓鱼岛行政上隶属于台湾管辖，可能更为重要。实际上，从国际法院在相关的司法判例来看，它反复强调，地理的邻近并非权原。尽管国际法院的观点对当事国之外并没有约束力，但其法理值得借鉴和深入探究。

第三，鉴于日美《冲绳归还协定》第一次在条约中明确提及钓鱼岛，因此，美国在中日领土争端中的角色不可或缺。实际上，无论是《开罗宣言》和《波茨坦公告》，抑或《旧金山和约》，美国均为条约的缔约方。因此，在相关条约条款的解释方面，今后我国应加强与美国的协商，进一步收集与之有关的证据。

总之，无论采取哪一种或综合的路径，都不应忽视历史证据在解决钓鱼岛争端中的作用。实际上，国际法院并非一概忽视历史证据，对于那些没有争议的历史证据，国际法院并非将其置于次要的、补充的地位，而是相反，如2008年马来西亚/新加坡白礁岛、中岩礁和南礁案。但是，与历史证据相比，国际法院更为重视其后的有效统治的效力，进而弱化当事国的原始权利。[③] 虽然国际法院的判案的法理依据具有难以令人信服的一面。但是，国际法院的这种判案规则仍然值得我国予以借鉴。

（二）进一步加强有效统治措施

应当承认，日本对钓鱼岛实施“国有化”之后，将对我国对钓鱼岛定期维权执法、

① “附属岛屿”在国际法上并没有的明确、统一的定义或界定标准。

② 近年来，我国的学者如贾宇、刘江永等，开始从有效统治的角度论证钓鱼岛归于中国行政和军事管辖的证据，而非再以单纯的历史证据的罗列作为论证的逻辑思路。

③ 张卫彬：《论国际法院的三重性分级判案规则》，《世界经济与政治》2011年第5期。

对我国渔民的渔业生产和民间保钓等活动产生十分不利影响。即使如日本政府所言，“国有化”是为了维持如今的“不登岛，不查资源、不搞建筑”原则，以实现对钓鱼岛的“平稳安定管理”，似乎与我国政府提出的“三不”原则相吻合，但是，问题的关键在于，日本一直宣称所谓的“管辖权”在于己方，这势必给中日通过政治谈判和平解决解决纠纷设置障碍。而且，日本的这种做法似乎借鉴了国际法院的相关判例。如在2008年马来西亚/新加坡白礁岛、中岩礁和南礁案中，国际法院认为，对本国人员造访白礁岛进行许可，可能仅是本国的一种管理行为，但是对外来人员造访白礁岛的许可，是一种行使主权权利的行为。[①] 实际上，日本一再宣称绝对不允许中国的保钓人士再次登岛就是明证。这理所当然为中国政府和人民所反对。

虽然从国际法院的判案证据规则而言，民间保钓和渔民捕鱼属于私人的行为，并没有体现一国的有效统治行为，但是，如果经过我国政府的同意或授权，这种方式仍不失为中国彰显钓鱼岛主权的一种方式。相反，在国有化之后，如果日本政府对于我民间保钓人士和渔民非法行使司法管辖权，无疑，从有效统治角度，这种不利影响将是十分深远的。

值得注意的是，近年来，针对国内相关人士主张应在钓鱼岛大兴基建以强化“实际控制”，日本东海大学国际法教授塚本孝指出，这种想法是不正确的。因为根据国际法，在他国提出主权主张以后为强化本国立场而采取的行动不能被认定为证据。但是，日本继续先前所进行的巡逻船巡航、行使征税权和警察权能够成为有效统治证据。相反，虽然中国委派海监船等进入钓鱼岛领海，但这不是先前就有的行为，不太可能成为证据。[②] 由此可见，塚本孝教授相当重视有效统治证据的分量，而且认为关键日期决定证据的可采性。虽然塚本孝教授的观点颠倒是非，实属谬论，但是也表明了长期以来我国对钓鱼岛的有效统治缺乏足够的重视。

鉴于国际法院日益将争议领土主权归属的判定与有效统治的效力密切关联，因此，我国政府在直面固有领土遭到日本不断蚕食的严峻形势下，其应对措施不应仅主要限于外交层面的交涉，还可积极借鉴国际法院在司法实践中赋予当事一方所采取的“有效统治”措施的效力，尤其是在我国政府公布钓鱼岛领海基线之后，更应加强对钓鱼岛主权宣示行为。如加大在该岛海域海洋经济、科学研究活动的力度，积极促进海峡两岸的联手动作，以及派遣公务船只进行常态化巡航等某些必要体现有效统治的各种措施，以切实维护我国的领土主权及海洋权益，进而真正实现海洋强国战略。

---

① Pedra Branca/Pulau Batu Puteh, Middle Rocks and South Ledge case, Judgment, I. C. J. Reports 2008, pp. 83 - 85, paras. 235 - 239.

② 王欢：日专家称中国单凭古文献难印证中国拥有钓鱼岛主权，http://wap.huanqiu.com/view.html? id = 101858, 2012 - 10 - 31.

钓鱼岛争端的解决进路辨析*

罗国强**

摘要：原有钓鱼岛争端解决的进路需要重新考量。仅仅依靠政治经济博弈，回避法律手段、不对自身主张的国际法理由做出充分的阐述而仅仅注重于钓鱼岛属于中国的历史渊源和证据的阐述和收集，不足以解决错综复杂的钓鱼岛争端。在钓鱼岛争端上，现实主义的零和博弈与自由主义的双赢博弈可能性并存，事态向哪个方向取决于两国的选择，但“购岛”事件令双方良性博弈的空间以及实现双赢的可能都变得更小。而目前非常必要的，则是构建中日两国对于国际法治的认同。当前双方政治沟通难有结果、经济制裁两败俱伤、军事行动虚张声势，博弈已经陷入僵局；而在日本高调提出以国际法解决争端的背景下，中方仍旧仅仅强调在历史上拥有钓鱼岛主权并频频展示这方面的历史依据，已经不足以令人信服地应对这一争端。诉诸国际法，乃是解决或者缓解争端最为可行的和有效的途径。

关键词：钓鱼岛；争端解决；进路

最近一段时期以来，围绕钓鱼岛的争端呈现出白热化的趋势。2012 年 9 月 11 日，日本政府为实现钓鱼岛的“国有化”，与钓鱼岛的“拥有者”栗原家族正式签署了岛屿的买卖合同，购买金额为 205 000 万日元。日方“购岛”之举引发了中国政府和民众的强烈抗议。对此中国外交部表示，钓鱼岛及其附属岛屿自古以来就是中国的固有领土；中方不会容忍任何侵害国家主权和领土完整的行径；中方将根据事态的发展，采取必要措施维护国家主权。但日本声称“不接受”中方对“购买钓鱼岛”的抗议，并将如期实施“购岛”后工作。尽管日本“购岛”之举不能改变钓鱼岛属于主权归属有争议岛屿的现实状态，不能达到其确认或者强化对钓鱼岛“主权”的目的，也不具有国际法上的效力，① 然而客观上，此次事件打破了长期以来勉强维系着的博弈平衡，导致了多方面的严重后果——两国政府各自在包括联合国大会在内的诸多国际场合发表了措辞强硬的讲话，两国国内出现了带有民族情绪的群众示威，两国之间多个层面和领域的合作也受到极大影响……

---

* 来源：原发文期刊 2012 年 12 月《太平洋学报》第 20 卷 第 12 期。本文受中国海洋发展研究中心重点项目《我国应对海洋权益突出问题的策略研究》（AOCZD201202）的资助。

** 罗国强（1977—），男，四川成都人，武汉大学国际法研究所副教授、法学博士，牛津大学法学院访问学者，研究方向：国际法。

① 参见罗国强：《日本“购岛”之举的国际法效力解析》，《现代国际关系》，2012 年第 10 期。

"购岛"事件之后的局势发展也表明，原有钓鱼岛争端解决的进路已经基本失效，若要解决或者缓解有关争端，就需要重新考量解决进路的问题。围绕钓鱼岛争端，存在着不同的解决进路；其中所涉及的，又包括两个方面的问题，一是争端解决的理论基础，二是争端解决的具体手段。而如何选择争端解决的进路，则是值得进一步思考的问题。本文拟就上述问题作一探讨。

一、争端解决的理论基础

钓鱼岛争端属于典型的国际争端，受到国际法的调整。国际法是调整国际关系的有拘束力的法律规范之总称。国际法作为法律的一种，属于社会意识的范畴；国际关系作为社会生活的一方面，属于社会存在的范畴，国际法是由国际关系等社会存在决定的。由此可见，国际关系是国际法的实质渊源，[①] 有国际关系才有国际法。[②] 基于此，国际关系的相关理论，应当能够用于指导此类争端的解决。

纵观国际关系学的发展史，理论流派繁多，争鸣激烈，其中最具代表性的理论流派可以概括为以下三种。

（一）现实主义流派

包括以摩根索为代表的古典现实主义及与其一脉相承的新现实主义。现实主义理论认为国家为了实现利益，必然竞相追逐权力，各国之间的利益冲突与实力不均等使国家间的权力斗争不可避免。[③] 新现实主义虽然认为国家的目标不再是权力而是安全，且对经济因素、国际合作给予了关注，但仍然认为国际社会是"自助"的，国家为了安全仍将展开权力斗争。[④] 总之，根据这一流派的理论，国际社会是严酷的、自助的，国家为了生存就必须展开权力角逐，国际法只是国家为了利益而斗争的工具。

从现实主义的角度出发，钓鱼岛争端对于中日两国来说就是一场你得我失的零和博弈，岛屿主权只有一个，一方得到就意味着另一方的失去；加之钓鱼岛正好位于两国各自所主张的大陆架边界线的中界，谁得到钓鱼岛，谁的大陆架边界线就得以成立，目前两国所争议的海域就归谁，而失去钓鱼岛的一方则什么也得不到。由此引发的必然结果，就是钓鱼岛主权及其所附带的相关海洋权益，对于任何一方都属于绝对不能放弃的，双方为此将展开激烈的甚至是你死我活的斗争。如果加上美日军事同盟的考量的话，那么根据近来在美国影响巨大的"进攻性现实主义"的观点，由于钓鱼岛争

---

① 参见潘抱存著:《中国国际法理论新探索》，北京：法律出版社，1999 年版，第 70 页。

② 参见张乃根著:《国际法原理》，北京：中国政法大学出版社，2002 年版，第 14 页。

③ See Hans Morgenthau, *Pollitics Among Nations——The Struggle For Power and Peace*, Alfred A. Knopf Inc., 1985.

④ See Kenneth Waltz, *Theory of International Politics*, Addison - Weslsy, 1979. 有学者一针见血地指出，新现实主义对现实主义的"修正和补救"主要是在侧重点和强调面上的不同，并无本质的区别。参见金应忠、倪世雄著:《国际关系理论比较研究》，中国社会科学出版社，2003 年版，第 77 页。

端涉及东北亚地区的国家权力分配，而美国将竭力阻止中国获得东北亚地区的霸权，[①]因此中国若欲真正取得钓鱼岛的主权并排除日本对钓鱼岛的实际控制，就势必与美日同盟展开严酷的斗争。而显然，中国目前并没有足够的综合实力来抗衡这一强大的军事同盟，中国政府一直以来也无意于、或者说竭力避免这样做。

（二）自由主义流派

包括理想主义与承继其衣钵的新自由主义。理想主义认为国家利益可以调和，永久的和平在国际会议的保障下是可能的。这一观点是最早由康德提出，[②] 并在第一次世界大战后被威尔逊发扬光大的。[③] 新自由主义强调经济利益，认为国际社会是相互依存的，普遍的、广泛的国际合作可以保障和平。[④] 总之，根据这一流派的理论，国际社会是相互依存的，国家利益是可以调和的，经济的双赢是可行的，国际合作是实现和平与发展的根本途径，国际法应该进一步健全并得到普遍遵守。

从自由主义的角度出发，钓鱼岛的争端并非不可缓解。虽然钓鱼岛争端涉及岛屿的主权归属、岛屿附带海域以及海洋权益的归属两个方面，但其争议焦点本质上还是在于岛屿所附带海域及其以及海洋权益的划分，[⑤] 只不过受两国国内政治因素的影响，近来主权方面的问题被突显了出来。因此，鉴于两国之间较高的经济相互依存度，两国合作则双赢对抗则俱伤。海洋权益的争夺并非不可调和，双方通过和平手段，暂且放下主权争议，共享相关海洋资源，也是完全有可能的。实际上，近几十年来中国政府的主张，基本上是遵循这一指导思想的，这其中最具代表性的说法就是“搁置争议、共同开发”。但是，基于海洋权益越发彰显的重要性以及日本政府在历史问题和主权争议方面日渐强硬的、单边性的立场，利益调和的空间在逐渐减小。不仅“搁置争议、共同开发”一直没有得到真正落实，而且两国之间的经济合作也在“购岛”事件的冲击之下陷于停滞和倒退，实现“双赢”的可能性正在减小。

（三）建构主义

建构主义主张用社会学的视角看待世界政治，注重国家关系中的社会规范结构而非经济物质结构，强调行为体与体系之间的互动，其主要主张是：“认同构成利益和行为。”在建构主义看来，具有共同命运和利益相关的国家之间，如果彼此分享共同的政治文化，遵守和尊重相同的规范，就会有效地培育彼此之间的信任，在行为上做到自

---

① See John J. Mear - sheimer, *The Tragedy of Great Power Politics*, New York / London: W. W. Norton & Company, 2001, pp. 401 - 402.

② See Immanuel Kant, *Perpetual Peace*, Bobbs - Merrill Educational Company, Inc. , 1957, p. 18.

③ 威尔逊呼吁以“权力共同体”和“有组织的普遍和平”来取代欧洲列强的传统均势政策。See George. Kennan, *American Diplomacy*: 1900 - 1950, A Mentor Book by The New American Library, 1951, p. 67.

④ See Robert Keohane and Joesph Nye, *Power and Interdependence*, *Little*, Brown and Company, 1977; Robert Keohane and Joesph Nye, *Transnational relations and World Politics*, Havard University Press, 1981.

⑤ 参见罗国强、叶泉：《争议岛屿在海洋划界中的法律效力——兼析钓鱼岛作为争议岛屿的法律效力》，《当代法学》，2011 年第 1 期。

我约束，从而形成不以武力解决矛盾的安全共同体。① 可见，根据建构主义的理论，使得国际法行之有效的关键，就是培养对其规则的认同。

应该说，在认同的构建方面，两国存在着较大的鸿沟。显然，地理位置上的相邻以及同属亚太区域的现状，并不足以培养出两国的认同，相反，在地缘政治学看来，实力接近的相邻国家势必走上博弈和争夺地区霸权之路；加之历史上日本军国主义曾经宣扬的基于地缘结构的“大东亚共荣圈”，早已臭名昭著，故而从地缘层面培养认同，几乎没有可能性。而“民主国家无战争”这样的认同模式，显然并不适用于中日两国之间。尽管在历史上，中国儒家文化曾经对日本有深远影响，然而如今无论是中国还是日本，均不再以这一文化理念为建国之本。更为明显的是，认同的培养需要较强的互信，而基于日本侵华的历史以及至今拒绝彻底悔罪的态度，两国之间的互信非常脆弱，往往是好不容易修复又被轻易打破。可以说，迄今为止，中日之间并无深层次的认同，只有权宜性的合作，即便是一个较小的突发事件，都可能打破两国之间脆弱的“伙伴关系”并引发持续而广泛的冲突。

二、争端解决的具体手段

解决国际争端的具体手段通常包括四种。

（一）第一种是政治手段

即通过谈判、协商、斡旋、调停、调查、和解等外交方式来解决争端。在运用政治手段的过程中，争端当事方往往会进行各种形式的博弈，如果最后能够达成一个各方都能接受的方案，订立条约或者临时协定抑或达成谅解，则争端就能够得到不同程度的解决，否则就可能需要运用其他手段来解决争端。

在钓鱼岛争端中，中国政府一贯主张通过谈判解决，也就是说政治方式一直都是中国所偏好的解决手段。尽管中日两国就此问题一直在谈判，但是从未出现过任何订立条约、临时协定、达成谅解的解决争端的希望，争端的态势非但没有缓解反而愈演愈烈，及至“购岛”事件以来，双方的谈判空间已经越来越小。在几十年的交锋和博弈已经证明，仅仅依靠这种手段，是不足以解决错综复杂的钓鱼岛争端的。

（二）第二种是经济手段

即通过经济合作（包括贸易、金融、投资等方面的开放与合作）与对抗（包括贸易、金融、投资等方面的限制和制裁），来配合外交政策的实施，从而影响争端的解决。应该说明的是，经济手段往往是作为政治博弈的辅助形式出现的，其本身不能直接解决争端，但是可以影响博弈的效果以及争端的解决。

对于钓鱼岛争端，中国政府实际上一直希望借助两国之间的经济合作来予以缓解，

---

① See Alexander Wendt, *Constructing International Politics*, International Security, 20, No. 1, 1995; Alexander Wendt, *Anarchy is What States Make of It: the Social Construction of Power Politics*, International Organization, 46, No. 2, 1992.

即便争端不能解决，但至少可以搁置起来，而专注于经济合作。这种策略曾经一度取得了成功，在相当长的一段时间内，即便在中日关于钓鱼岛问题的政治磋商陷入僵局的时候，两国之间的经济合作仍然如火如荼地进行，两国国民的视线也不会一直集中于政治争端上面。但是自从“购岛”事件以来，这种“政冷经热”的脆弱平衡被打破，两国经济合作受到极大影响，反过来又加剧了两国国民之间的裂痕。政治经济手段对于钓鱼岛争端的同时失效，表明双赢的非零和博弈机制已经损坏，中日之间正朝着你死我活的零和博弈走去，仅仅指望通过政治经济博弈来解决争端，已经不现实了。

（三）第三种是军事手段

即通过武力威胁或者直接使用武力来解决争端。在历史上，使用武力解决国际争端乃是合法的方式之一，然而随着1945年《联合国宪章》明确规定“禁止使用武力”的原则，这种手段已经为国际法[①]所一般性地禁止。不过，宪章也规定，依宪章有关规定采取的集体强制措施、单独或集体自卫和区域机构采取的强制行动等，不受这一原则的限制。此外，“收复失地”也是为现代国际法所承认的领土变更方式，其中对于历史上被他国武力征服或者通过不平等条约而强制割让的领土，失地国理所当然拥有使用武力收复的权利。

对于中国而言，使用武力解决钓鱼岛争端，理论上是可行的。因为首先，维护领土完整乃是自卫权的应有之义，一国在领土被他国非法占领的情况下，当然有权利拿起武器自卫。其次，对于因历史原因而被他国强占的钓鱼岛，中国拥有“收复失地”的权利，因为《马关条约》作为不平等的强制割让条约，早已被国际社会确认为无效并且实施了权利回转；[②] 而即便日本通过《旧金山和约》从美国手中取得琉球群岛的“施政权”，但钓鱼岛作为中国台湾的附属岛屿，也理应回归中国。不过从现实的角度上讲，基于美日军事同盟的存在，中国对于采取军事手段解决钓鱼岛争端并无把握；[③] 而且中国政府一直希望构建“和谐世界”，竭力避免武装冲突，如此一来，军事手段就只能局限在有限的演习与示威阶段，不到最迫不得已之时是不会被真正付诸实施的。

---

① “禁止使用武力”原则不仅具有条约法和习惯法的性质，而且在国际法院的判例中被确认为具有强行法性质。See *the Military and Paramilitary Activities in and against Nicaragua case*, ICJ Reports, 1986, Judgment, p. 14.

② 1941年，中国政府在《对日宣战布告》中宣布，所有一切条约、协定、合同有涉及中日间之关系者，一律废止。1943年，中、美、英三国发表《开罗宣言》，宣告日本强占的中国领土，例如东北地区、台湾和澎湖群岛等将“归还中国”。1945年，美、英、中发表《波茨坦公告》，敦促日本投降并重申《开罗宣言》之条件必将实施。1945年日本签署《无条件投降书》，同意接受《波茨坦公告》中所列的全部条款，无条件地将包括台湾在内的所掠夺的领土全部交出。1945年，中国政府正式收复台湾、澎湖列岛，恢复对台湾行使主权。

③ 基于《美日安保条约》第5条的规定，“各缔约国宣誓在日本国施政的领域下，如果任何一方受到武力攻击，依照本国宪法的规定和手续，采取行动对付共同的危险。”由于美国认同钓鱼岛属于日本“行政管辖”之下，故而属于第5条规定的情况，也就为美国“采取行动”提供了理由。但同时也应看到，上述条约规定并不意味着日本能够要求美国在任何条件下都给予自己武力支持，因为该条款对于采取何种“行动”并未明确规定，这实际上就给了美国根据本国利益斟酌考虑的主动性和空间。这也就是说，美国并不会因上述条约规定而被日本绑架到钓鱼岛争端之中，美国仍然保有选择的权利，日本若一意孤行地挑起武装冲突不一定能够得到美国的军事支持。

（四）第四种是法律手段

即通过国际仲裁或者国际法院等国际司法机构来裁决争端。这种方式往往意味着争端的彻底解决，不过由于在国际层面不存在强制性的管辖权，因此国家是否将争端提交司法解决，取决于争端当事国是否接受国际司法机构的管辖、或者是否能够达成提交国际司法机构裁决的合意。

从中国外交实践的情况来看，对于这种手段，中国政府是一贯采取回避态度的。中国从未参加国际仲裁；尽管中国政府向国际法院、海牙常设仲裁法院、国际海洋法法庭、前南刑庭等国际司法机构指派了法官，但是中国从未接受这些国际司法机构的管辖，在加入有关的国际条约（比如《国际法院规约》、《条约法公约》、《联合国海洋法公约》等）中，也一定会对涉及争端解决管辖权的条款做出保留。迄今为止，这种局面仅在国际贸易领域得到了改观——中国加入世界贸易组织之后充分运用了其争端解决机制，而在传统国际公法领域内维持不变，也就是说，在这一领域内中国从未接受过任何国际司法机构的管辖和裁决。出现这种局面，应当有历史和现实两方面的原因：历史上，新中国成立后的相当长时间内，都视上述国际司法机构为西方法律文化的产物和西方国家控制国际社会的工具，一直敬而远之；现实上，由于在这些国际司法机构进行争讼的经验不足，国际法研究的准备不足，若一旦争讼，恐于己不利，而与主要关乎经济利益的国际贸易争端不同，传统公法的争端通常涉及国家主权最为敏感的部分以及国家的根本政治利益，败诉的后果往往难以承受。因此，在处理钓鱼岛争端的过程中，中国政府一直回避法律手段，也没有对自身主张的国际法理由做出充分的阐述，而仅仅注重于钓鱼岛属于中国的历史渊源和证据的阐述和收集。

三、解决争端的进路选择

任何重大国际争端的恰当解决，都是融会贯通主要国际关系理论，交替运用各种具体手段的结果。处理钓鱼岛这样错综复杂的国际争端，也需要采用这样的进路。

（一）在理论基础方面，应当注重将三大国际关系学理论结合起来使用，尤其要注重构建中日两国对于国际法治的认同

上述三大理论流派各有其侧重的角度，也各有优缺点。现实主义看到了矛盾的普遍性和斗争的残酷性，但是对权力政治的过分强调，对国际法的忽视，只能最终导致国家陷入“安全困境”① 而作茧自缚；自由主义怀有崇高的理想以及对国际法的热情，但是对矛盾普遍性的忽视，对合作前景的过于乐观，使得它常常在残酷的国际社会现实面前败下阵来；建构主义看到了主体的心理对其行为的影响，但它必须与其他理论

① 在国际社会处于自助状态下，A 国总是设置“假想敌”以此作为增强其军事力量的“参照物”，当 A 国力量增强并感到安全有保障时，其“假想敌”或其他国家就会感到不安全，这些国家也同样会加强军事力量以保障安全，这反过来将对 A 国的安全构成威胁。由此，一种安全与不安全的恶性循环形成了国际政治中难以克服的“安全困境”。参见倪世雄等著：《当代西方国际关系理论》，上海：复旦大学出版社，2001 年版，第 384 页。

结合才能发挥作用。因此，为获得对事物的较为全面、准确的认识，应将上述三种理论结合起来使用，事实上，这样做也是符合客观现实与社会规律的。不难发现，美国之所以能够和平地取代英国的霸权并保持至今，与它结合军事力量、经济力量和思想力量，兼具理想主义与现实主义、积极促成国民和其他国家对其观念的认同是分不开的。[①] 而这一点是颇为值得希望“和平崛起”的中国借鉴的。

应该看到，在钓鱼岛争端上，现实主义的零和博弈与自由主义的双赢博弈可能性并存，事态向哪个方向取决于两国的选择，但显然，“购岛”事件的出现，令双方良性博弈的空间以及实现双赢的可能都变得更小。也正如面前所分析的，中国虽然一直怀有与日本充分合作的善意且并未放弃斗争，然而在认同构建方面却存在明显的短板，如果与同样既有合作也不乏矛盾的美日同盟相比较，就不难发现认同的缺失乃是中日关系较之前者最为严重的缺憾。因此，若要真正缓解乃至解决钓鱼岛争端，建立某种互信和认同，乃是当务之急。尽管如前所述，中日之间构建有效认同的元素较少、难度较大，但这并不意味着构建起码的认同为不可能。笔者认为，两国之间应该至少可以从国际法治的角度，构建某种认同。即便两国在政治体制、意识形态、经济模式、地缘位置、结盟立场等方面存在差异，很多历史问题也纠缠不清，然而至少在尊重国际法方面，两国应能够达成共识。

在这一点上，日本近来多次提出“依据国际法解决钓鱼岛争端”，也可作为佐证；如果中国政府对此作出积极的回应（这不一定就是立即诉诸司法解决），并以此为切入点双方展开对话，显然会有利于在双方之间构建出一种守法的互信以及对于国际法治的认同。因为现在双方都担心的一点，就是对方将仅在国际法对己有力的时候要求大家都要遵守，而在对己不利的时候则自己拒绝遵守，故而进一步的谅解与合作根本没有办法谈下去，只有改变这种局面并培养出起码的国际法治认同，才有可能以和平的方式缓解乃至解决争端。可以说，对于国际法治的认同，乃是目前唯一能够在中日之间构建的认同形式，对此应当进行尝试。

（二）在具体手段方面，应当改变过于依赖政治经济手段的一贯做法，正视运用法律手段解决中日钓鱼岛争端的必要性与可能性，并为此做好充分的理论准备

长期以来，中国政府在处理包括钓鱼岛争端在内的外交事务中主要依赖政治手段和经济手段，忽视法治认同的构建，回避法律手段；加上相关实务部门和学术界一贯不重视国际法，造成了不良的后果。在世纪之交的多次外交争端中，尽管中方本应找出充分的国际法依据和原理来论证自己的观点，然而却屡次错过了向国际社会令人信

① See Elizabeth Economy and Michel Oksenberg edited, China Joins the World: Progress and Prospects, Council on Foreign Relations Press, 1999, Introduction, p. 8. 参见刘德斌主编：《国际关系史》，北京：高等教育出版社，2003 年版，导言，第 13 – 14 页；基辛格著：《大外交》，海南出版社，1998 年版，第 36、27 页；封永平：《国家互动与认同转换——美国和平崛起的建构主义分析》，《国际观察》，2004 年第 5 期，第 21 – 26 页。

服地阐明自身国际法理由和主张的机会，反而因过于依赖政治经济博弈而陷入某种被动之中。

笔者早已指出，从客观上讲，钓鱼岛属于主权归属存在争议的岛屿。[①] 尽管从国内政治立场的角度来看，强调“主权毫无争议地属于本国”无疑是正确的，然而在国际层面，拒绝承认客观存在的争议，只能是一种“鸵鸟政策”的表现。实际上，承认争议的存在，乃是运用相关手段解决争端的前提，尤其是对法律手段而言，有争议才有争讼和裁决，若是连争议存在都不承认，那么法律手段就永远无法发动。而且从现实的角度上讲，在日本实际控制钓鱼岛的前提下，确认钓鱼岛主权存在争议，对于中方而言其实是更为有利的——除非中方决心单方面地强行改变日方实际控制钓鱼岛的现状。因此我们也可以看到，在“购岛”事件之后，中国官方已经正式承认钓鱼岛争议的存在，并开始敦促日本承认也争议的存在。[②] 这无疑是一种有利于争端解决的进步。

不过接下来，在确认争端存在之后，若要和平解决，最终都要诉诸法律手段，毕竟，钓鱼岛争议不能总是搁置，更何况搁置的效果也不好，[③] 而在争端引发全国关注的情况下，政府若是在谈判中做出任何妥协，都将面临民众的强大压力，只有通过中立的国际司法机构来裁决，才是最为可行的解决办法——当然，这一解决方法的效果好坏，取决于两国政府和民众对于国际法治的认同程度。

不难发现，在目前的钓鱼岛争端中，双方政治沟通难有结果、经济制裁两败俱伤、军事行动虚张声势，博弈已经陷入僵局，双方的讨价还价的空间变得很小，若仍旧遵循如此进路则争端难有解决之进展。而且，在日本高调提出以国际法解决争端的背景下，中方仍旧仅仅强调在历史上拥有钓鱼岛主权并频频展示这方面的历史依据（不管是来自中国的史料还是来自日本的史料），已经不足以令人信服地应对这一争端。对此笔者认为，诉诸国际法，乃是解决或者缓解争端最为可行的和有效的途径。中方必须加强在钓鱼岛主权归属和钓鱼岛海洋划界效力等问题上的研究，拿出能够论证本国观点的有力法律根据，再辅之以其他手段的配合，才能在争端和平解决的过程中立于不败之地。而且，即便中国最终选择主要运用政治经济手段乃至军事手段来处理钓鱼岛争端，也不意味着对法律手段的忽视乃至放弃，因为中方只有从国际法的角度阐明自身主张的合法性，才能在未来的谈判中占得优势、或者在武装冲突中占据法理制高点，从而获得国际社会的普遍支持和认可。

综上所述，原有钓鱼岛争端解决的进路需要重新考量。任何重大国际争端的恰当

---

① 参见罗国强、叶泉：《争议岛屿在海洋划界中的法律效力——兼析钓鱼岛作为争议岛屿的法律效力》，《当代法学》，2011 年第 1 期。

② 中国外交部发言人在近来的多次例行记者会中，都指出“日本必须正视严峻局面，承认钓鱼岛主权争议。”http：//www. fmprc. gov. cn/chn/gxh/tyb/fyrbt/jzhsl/.

③ 尽管中国政府一直倡导在东海和南海实行“搁置争议、共同开发”，但迄今为止，这一理念并未被周边国家正确理解和接受，也未被落实到具体的国际法律文件中。参见罗国强：《“共同开发”政策在海洋争端解决中的实际效果》，《法学杂志》，2011 年第 4 期。

解决，都是融会贯通主要国际关系理论，交替运用各种具体手段的结果。仅仅依靠政治经济博弈，回避法律手段、不对自身主张的国际法理由做出充分的阐述而仅仅注重于钓鱼岛属于中国的历史渊源和证据的阐述和收集，不足以解决错综复杂的钓鱼岛争端。在钓鱼岛争端上，现实主义的零和博弈与自由主义的双赢博弈可能性并存，事态向哪个方向取决于两国的选择，“购岛”事件的出现令双方良性博弈的空间以及实现双赢的可能都变得更小。而目前非常必要的，则是构建中日两国对于国际法治的认同。

次区域合作背景下国际河流通航利用的冲突模式*

——澜沧江－湄公河与图们江的实践比较

李　正** 　陈　才***

[**摘要**] 探索国际河流合作通航中的经验及模式，对于化解矛盾和早日实现图们江合作通航，有着重要意义。以次区域合作为背景，运用地缘政治与地缘经济理论与方法，对澜沧江—湄公河与图们江通航实践进行比较分析，基于正反经验提出了合作通航的冲突模式。研究表明，在国际河流的合作通航中，地缘政治向地缘经济的转移是前提条件，次区域合作是主要推动力，多维利益的平衡是核心问题，签署和规范国际河流法是根本保障。针对图们江合作通航中的矛盾冲突，指出了化解途径。

[**关键词**] 次区域合作；合作通航；冲突模式；国际河流；图们江

围绕国际河流（湖）进行跨国开发，是区域合作的优选与常态。欧洲的莱茵河、多瑙河，美加边境的五大湖区，美墨边境的科罗拉多河，非洲的尼日尔河，南美洲的亚马孙河，亚洲的大湄公河等，都是合作开发的成功案例，并由此成为世界经济异速增长区。其基本经验是，国际河流的开发利用促进了流域经济一体化，而（次）区域合作则又为河流开发提供了广阔背景。中国拥有众多国际性河流，其西南的澜沧江—湄公河与东北的图们江最为典型。在世界区域合作掀起大潮之时，它们率先响应并开启了合作通航及次区域合作的历程。然而，二者的进展却颇有差异，突出表现在澜沧江－湄公河的合作通航至今已十余年，图们江的通航则尚待时日。可见，对二者进行比较分析，探索其经验与模式，对于发展次区域合作理论以及找到图们江合作通航的有效途径，具有重要意义。

---

* 来源：原发文期刊《东北亚论坛》2013 年第 02 期。[基金项目] 国家自然科学基金项目（NO. 41071100）；中央高校基本科研业务费专项资金项目（11ssxt126）；云南师范大学人文社科研究基地资助项目。

** 李正，男，湖南永州人，东北师范大学城市与环境科学学院博士研究生，云南师范大学经济与管理学院讲师。

*** 陈才，男，黑龙江庆安人，东北师范大学城市与环境科学学院教授，博士生导师。（长春，130024）

一、研究对象及其合作通航的地理基底

（一）研究对象的地理区位

1. 澜沧江—湄公河及其流域的地理区位

澜沧江—湄公河发源于青海省内唐古拉山脉北麓，自北向南流经中国、缅甸、老挝、泰国、柬埔寨和越南等六国，于湄公河三角洲汇入南中国海，是世界上有名的狭长条状国际河流。其干流全长4 900千米，流域面积81万平方千米，多年平均径流量4 600亿立方米。全流域分为六个生物—地理区：澜沧江流域、北部山地、呵叻高原、东部山地、南部山地、低地。其中，云南以下先后作为中缅、缅老、老泰的界河及老挝内河、柬埔寨内河、越南内河。所谓大湄公河次区域，是指澜沧江—湄公河的主要流域区，包括云南省、缅甸、老挝、泰国、柬埔寨和越南。见图1。

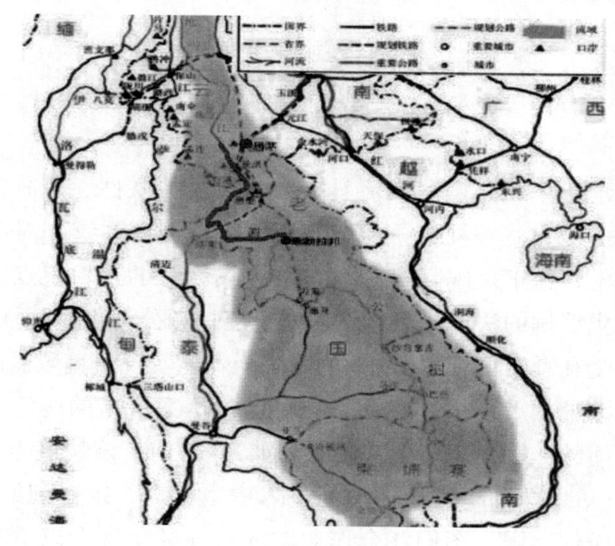

图1 澜沧江－湄公河及其流域

2. 图们江及其流域的地理区位

图们江发源于长白山主峰的东麓，自西南流向东北，是东北亚重要的国际河流。其干流全长525千米，流域面积3.3万平方千米（中国约占68%），多年平均径流量为690亿立方米。主要为中朝界河，长约510千米；在珲春市防川村附近的“土”字碑东南方出境，之后为俄朝界河，长约15千米，最后注入日本海。按自然地理状况，全河流可分为三段：河源至南坪为上游，南坪至甩湾子为中游，甩湾子以下为下游，“土”字碑以下则是河口三角洲地区。所谓图们江地区即指图们江流域区，主要包括珲春、延吉、图们和龙井地区，朝鲜的咸镜北道和俄罗斯的哈桑地区，并聚合成“契形”地理构造。（如图2）

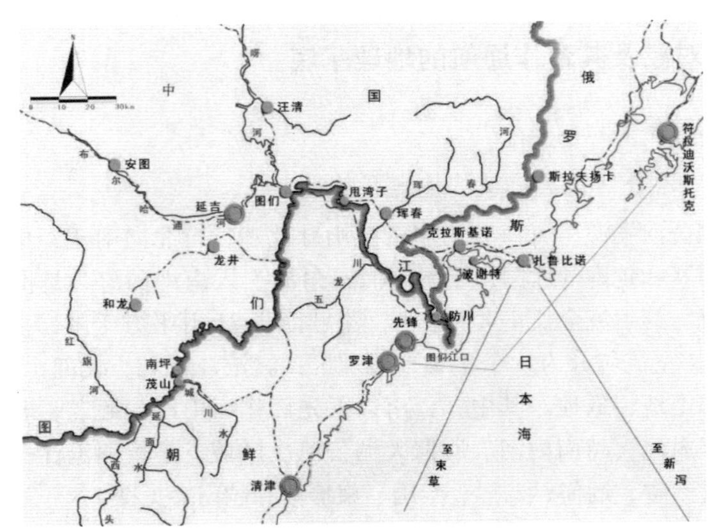

图 2　图们江及其流域

（二）合作通航的基底条件

作为一个自然地理单元，国际河流具有整体性、关联性、开放性、流动性和共生性等本质属性，是一个自然—社会—经济复合型流域经济系统，因而其水资源为沿岸国共有共享。事实上，这正是国际河流“有限主权论”的逻辑起点，也是世界跨境河流形成国际通航历史惯例的法理基点。简述澜沧江—湄公河与图们江的通航基底条件：①澜沧江—湄公河受孔瀑布群（Khone）的阻隔，不能实现全流域通航。通常将孔瀑布群以上河段称为上湄公河，以下则称为下湄公河。本案所指的澜沧江—湄公河国际通航指向的是上湄公河的一段（思茅至琅勃拉邦港）。目前，该航道为五级航道，通航船型为 200～300 吨。对中国而言，经湄公河进入中南半岛，须得到缅老泰等国的协作；②受适航性与航运条件所限，图们江合作通航的目标区是珲春以下至图们江口，长约 25 千米。据 20 世纪 90 年代图们江复航试航资料显示，其自然航道为五级航道。因该段主要为俄朝界河，实现通航的关键问题在于得到俄朝合作与谅解。

二、次区域合作背景下国际通航实践比较

澜沧江—湄公河与图们江的合作通航，有着极其相似的地缘环境与时代背景：从时间上来看，均始于 20 世纪 80 年代中后期；从地缘环境来看，冷战结束后，周边地区政治关系不断改善，相关国际流域总体局势趋缓，发展经济和增进福利成为了新时期主要竞争领域；从时代背景来看，世界经济区域化和集团化方兴未艾，澜沧江—湄公河和图们江流域因其区位特殊，成为中国在西南和东北方向参与周边合作的主区域；从目标取向来看，建立对外联系的便捷通道，是实施内陆沿边地区开发开放战略的基础性工作。不过，合作实践的结果却引人深思。

（一）澜沧江—湄公河合作通航的实践

1. 澜沧江—湄公河合作通航的地缘环境

（1）地缘政治的转向。冷战结束后，澜沧江—湄公河地缘政治与安全形势发生了显著变化，为相关国家集中发展经济和开展区域合作提供了可能。首先，中南半岛国家间的敌对关系逐渐淡化。越南调整了政策，缓和了与其他国家间的关系；柬埔寨和平协议在巴黎签署，初步化解长达十多年之久的地缘焦点冲突；缅甸族群纷争与矛盾得到一定程度控制，局势趋向平稳。其次，东盟国家结束了对印度支那国家的对立状态，1995 年后陆续接纳越南、老挝、缅甸和柬埔寨为成员国，从而终结了东南亚地区二元结构，建立起统一的大东盟组织和安全机制。此外，中越两党两国也于 1991 年实现关系正常化，历史遗留的边界问题逐步得到解决。总之，澜沧江—湄公河流域国家完成了地缘政治的转向，并将睦邻、友好与合作的新型关系带进了 21 世纪，为次区域经济合作创造了条件。

（2）次区域经济合作的促进。各国开始在和平的环境中谋求发展，实施对内推进经济改革，对外寻求国际经济合作的战略规划。大湄公河次区域合作（GMS）应运而生，其目标之一是建立以交通通道为基础的经济走廊。1992 年，在亚洲开发银行倡导下，中、老、缅、泰、柬、越等六国在马尼拉召开大湄公河次区域第一次经济合作部长级会议，通过了关于次区域经济合作的总体框架报告，标志着 GMS 正式启动。相应地，作为连接 GMS 国家和地区的国际航运水道，澜沧江—湄公河的航运价值得到了相关国家及组织的重视；亚行提出开发大湄公河水能资源和建立云南—中南半岛水路交通网的初步设想，随后该项目被列为首批重点支持项目。迄今为止，GMS 共召开了 18 次部长级会议、4 次国家领导人会议，并取得了丰硕的成果。一方面，GMS 在交通、能源、贸易投资、现代农业、人力资源、跨境旅游、环保减灾、禁毒执法和疾病防控等多个领域开展了合作，一大批基础性关键性项目包括澜沧江 - 湄公河通航利用等，得到优先安排。另一方面，这些项目的实施，反过来又对次区域合作起到积极促进作用。

2. 澜沧江—湄公河合作通航的进程及成果

为发展多样化联系通道，1990 年，中老两国率先在上湄公河航道开展载货试航。在亚洲开发银行和湄公河委员会支持推动下，中老缅泰四国政府把航运开发作为该流域资源开发的启动项目，并于 1993 年对上湄公河航运进行了联合考察。1994 年，中老两国正式签署《澜沧江—湄公河客货运输协定》，揭开了湄公河的国际航运业务；1997 年，中缅两国签订《澜沧江—湄公河商船通航协定》。2000 年，中老缅泰签署《中老缅泰澜沧江—湄公河商船通航协定》，明确了在中国思茅港和老挝琅勃拉邦港之间 886.1 千米水域的自由航行权，指定了协调机构，夯实了合作通航的国际法基础。次年，中老缅泰四方通过了关于航运管理的六项规则、办法和导则的谅解备忘录，形成实施协定的制度保障，同时建立“商船通航协调联合委员会”。2011 年，中老缅泰四国湄公河流域执法安全合作会议通过了《湄公河流域执法安全合作会议纪要》，对于联合巡逻执法达成一致意见，并从12月中旬开始，在湄公河流域开展联合巡逻执法。如今，从事国际航运的船舶多达百余艘，最大单位船载重达300吨，473客位，总运力达到了40亿万吨，参与国际航运的公司已达30家。累计运输量达300万吨以上，进出口额和边民互市贸易超过300亿元，已成为GMS合作的水运“黄金大通道”。

（二）中国推动图们江合作通航的实践

1. 图们江合作通航的地缘环境

（1）图们江通航的地缘政治环境。随着新时期国际格局变动，图们江地缘政治安全形势转缓。首先表现在朝鲜半岛焦点问题降温，南北互动开启；其次，苏（俄）对东北亚国家关系进行了修补和重塑，与日韩关系改善，对中朝传统关系有新发展；再次，中韩建交，中日经济联系密切等等。总体上，一个有利于各国致力于经济社会发展目标的区域性政治构架初见雏形，从而将图们江地区经济合作提上日程，使地缘政治让位于地缘经济。

（2）图们江通航的地缘经济环境。与亚行在东南亚地区发起GMS的同一时期，联合国开发计划署（UNDP）则在东北亚图们江地区倡导了国际合作。UNDP计划用20年时间，投资300亿美元将图们江三角洲打造成多国经济技术合作开发区和国际性港口城市。中俄朝对此积极响应，并于1995年签署协议建立起图们江地区开发协调委员会，自此次区域合作进入了实施的新阶段。在三国共同努力下，次区域经济一体化稳步前进：包括中俄“路港关”、中朝“路港区”在内的集疏运体系基本形成，基础设施不断改善，开发开放的制度环境进一步优化，经济合作框架搭建成型，合作模式有了新突破。罗先经贸区与图们江地区（珲春）国际合作示范区的于2011年和2012年批准与实施，标志着双边合作拉开了历史性序幕，预示即将进入多边合作时期。

2. 中国对图们江合作通航的推进

图们江通航出海受阻问题始于1938年日苏军事冲突的“张鼓峰事件”，由于日军强行封锁图们江出海口，中国所拥有的、延续超过五百年的经图们江出海的通航权，自此被迫中断。改革开放后，恢复图们江通海航行权取得了新进展。1991年中苏签订了关于中苏国界东段的协定，其第九条明确和确定“中国船只（悬挂中国国旗）可沿图们江（图曼纳亚河）通海往返航行”，正式恢复了图们江通海航行权，并于1990年、1991年和1993年，先后三次成功组织了图们江复航试航和出海科考。然而，受当时东北亚地缘政治与朝核问题影响，以及出于自身利益考虑，俄朝对中国一再提出落实图们江出海权的正当要求，采取了推诿、拖延态度，致使未能举行中俄朝三方协商，具体航行管理制度也未能适时形成与签署。图们江通航与次区域合作相背离，造成沿岸国不但没有分享到“通航红利”，反而对次区域经济合作产生了深远负面影响，并与澜沧江－湄公河航运业的快速发展形成了鲜明对比。

三、国际河流合作通航经验与冲突模式

（一）国际河流合作通航的实践经验

澜沧江—湄公河与图们江的实践启示，国际河流实现合作通航的关键在于沿岸国遵循时代潮流和经济规律，摒弃传统地缘政治安全思维并创新合作理念，坚持公平合理利用原则，依据国际法原则与精神解决合作中的矛盾冲突。主要存在如下几对矛盾冲突或者说是矛盾冲突的几个方面：

1. 地缘政治与地缘经济的矛盾冲突

国际关系重心从地缘政治向地缘经济转移，是区域合作的前提及安全保障。但由于地缘政治与地缘经济是一对复杂的矛盾统一体，其演进过程并非是单向的线性耦合。从湄公河流域来看，东盟的扩大和功能化，以及与中日韩之间的互动，奠定了地缘经济发展的安全基础，从而使得相关国家确立起“合作发展＝安全”的新安全观。从图们江流域来看，总体上，平等和谐、睦邻友好的地缘政治地图已形成。不过，应该看到图们江地区地缘政治关系的复杂性和脆弱性，其前景因既受东北亚国际环境的影响又受自身外交政策制约，还存在诸多不确定性：其一，俄罗斯政治经济战略重心在欧洲，在图们江地区采取的是平衡外交策略，既对朝鲜半岛局势平稳乐见其成，又警惕中国在图们江及环日本海地区影响力扩大；其二，朝鲜半岛焦点问题迟迟不能破局，受困于美日欧倾轧的朝鲜需要中俄支持，然而其地缘政治心态却敏感而复杂；其三，图们江地区是东北亚地理中心，也是相关国家力量和利益的交汇点，其战略地位极易引致外部大国觊觎。

2. 次区域合作与通航合作的矛盾冲突

在澜沧江—湄公河的实践中，GMS 合作与通航合作相互促进，已然为良性因果关系。图们江流域的情况则有异于此。由于沿岸国的经济体制、发展水平和开放程度不一，其重点发展项目与优先开发区域各有考虑，兼以竞争区域国际合作主导权的需要，难免会在合作方向的确定、合作区域的选址、合作项目选择、合作模式设计等方面产生分歧甚至矛盾冲突。中国致力于打造图们江地区全方位、宽领域的国际开发开放格局，通过租用俄港口形成“路港关”开放体系，通过与朝合作共建罗先经济区形成“路港区”开放体系，将图们江航运视为不可或缺的外联通道；俄罗斯滨海边疆区经济发展不足且地广人稀，其参与图们江国际合作的重点区域是海参崴－克拉斯基诺交通沿线城镇及其港口群，对于图们江利用难以顾及；朝鲜出于自我发展的需要，亟须大力引入稀缺资本、设备和技术以实现工业化，重点开发罗津港、先锋港和罗先合作区，对于图们江合作通航则缺乏动力。

3. 沿岸国多维利益需求的矛盾冲突

国际河流有着多重属性和多维功能，相对于各沿岸国，由于所属河段、所处区位、

自然禀赋及其经济社会条件的差异，其主导作用的发挥也有很大差异，各国的关注点与利益诉求更不一致。解决这个矛盾冲突的关键，在于沿岸国之间能否找到其共同的利益基础——基于合作的次区域经济发展与整体竞争力提升，并在平等互惠原则指导下维护之。在澜沧江－湄公河流域，沿岸国围绕防洪、灌溉、水电开发、航运、渔业生态、污染防治等议题进行了长期的利益博弈。在航运利用方面，也存在对航道疏浚带来的水生环境影响的质疑，甚至某些国家与组织别有用心地谈论中国利用航道渗透至中南半岛腹地的“阴谋”。但是，由于协议国家认识到航运的经济性及其对次区域合作的溢出效应，基本给以理解与合作。当然，这也与中国主动加大与下游国的合作力度分不开，比如与泰国联合开发水电结成利益联盟，向 GMS 国家提供水文资料等。同样，在图们江开发利用中存在利益冲突（如表 1）。虽然图们江合作通航对中俄朝三国都具有重要意义，但是其受益程度与份额存在较大差异。此外，俄朝还担心实现通航可能会影响到已与中国开展借道出海、合作建港的主动地位与既得利益。

表 1　图们江沿岸国的利益需求差异

	地缘政治利益	地缘经济利益	资源与生态利益
中国	恢复实现通航出海权益；发展与俄朝传统友好关系，维护地缘安全	唯一无阻碍通往日本海的重要集疏运通道	地理环境独特，生物多样性保持完好，已发挥着重要的生态功能
俄罗斯	维护和巩固在图们江及环日本海地缘格局中的占优位势；俄朝联系的极为重要的战略通道	担心会影响已与中方开展“路港关”合作的主动地位和既得利益	重视生态保护；需中朝给以环保合作，尤其是中方在图们江中上游流域的环境保护
朝鲜	对地缘政治与安全感到焦虑，以维护和巩固政权为首要考虑；	侧重于防洪灌溉；担心会影响到“路港区”合作	生态环境保护工作没有得到应有的重视，生态环境失衡比较严重

4. 国际河流通航利用的法律冲突

国际河流通航问题，涉及沿岸国的主权与国际航行权两个不同的法权主体。因为国际河流位于两国之间或者流经不同的国家，其整体性被国界所分割，其航行权为国家的主权所涵盖，不可避免地引起二者的法律地位争议与国际河流开发利用的争端。有鉴于此，关于现代国际河流“有限主权论”与“共同利益论”的探索和实践广受关注，体现国际化的河流制度和法律大量出台。其宗旨是在维护各方主权的前提下，建立一个平衡利益和化解矛盾的国际性治理结构。据此，澜沧江—湄公河沿岸国经过平等协商，缔结通航协定，制定相关管理制度，建立起了较为完善的管理体系与组织机制以解决河流通航国际争端。正是由于得到了国际性河流法规的有力保障，澜沧江－湄公河航运畅通，如 2011 年“湄公河事件”后，中、缅、泰、老四国即依法共同组织实施联合巡逻，维护了流域安全稳定，促进次区域经济社会发展和人员友好往来。而在图们江通航出海问题上，中国虽然拥有了受俄朝法律保护的航行权，但由于没能出台具体通航规则，该合作长期受阻。

（二）国际河流通航利用的冲突模式

基于正反经验并参考前人研究成果，运用地缘政治与地缘经济学理论与方法，对国际河流合作通航的内涵特征、约束条件及作用机理开展探索性分析。研究表明，国际河流合作通航的冲突源自国际法理性规制、深层利益驱动，以及地缘政治与经济关系的演替特征及次区域合作水平。援引冰山图，表达国际河流通航利用中的冲突模式（如图3）：

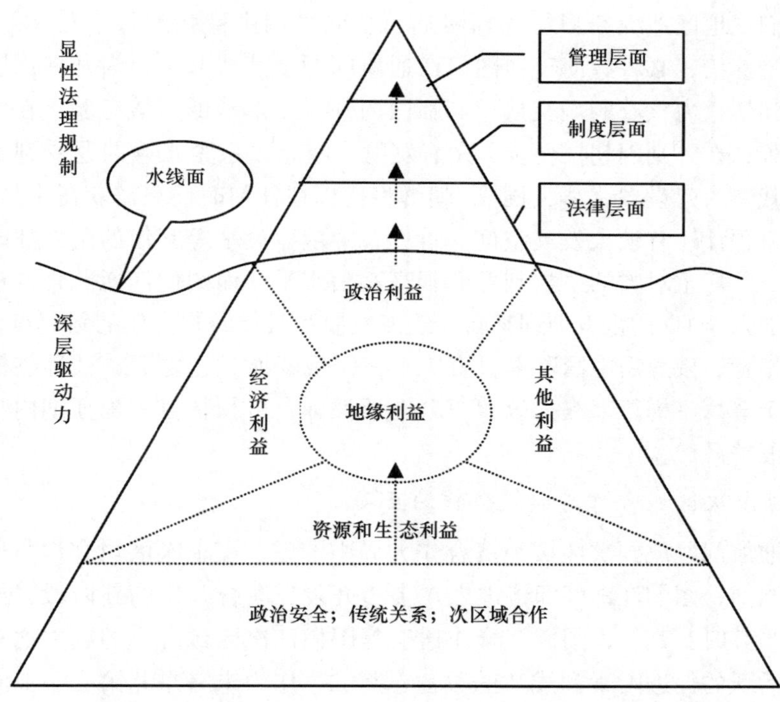

图3 国际河流通航利用冲突冰山图

该冰山模式由水线面以上、以下两大部分组成：水上部分定义为显性法理规制。具体包含三个序贯性程序：第一步，在法律层面上界定国际河流的法律地位，明确沿岸国的权益与责任；第二步，上升到制度层面，即协商制定通航管理规则以规范通航行为；第三步，进入管理层面，即组建联合管理机构，履行管理职责。水下部分定义为深层驱动力，主要源自地缘政治利益、经济利益与生态利益及其相互关系上的多维考量以及各国间传统关系、现实力量对比与战略取向及其动态过程的综合权衡。

该冲突模式有其独特的作用机理：其一，作为政治、经济、资源和生态利益加权和的地缘利益居于核心位置，主导着各国在图们江通航问题上的合作意愿、合作方向与合作水平，并最终决定着其外部法理进程。这是因为满足自身利益需求、寻求利益最大化，是各沿岸国开展通航合作的目标，是原动力；其二，地缘政治安全、传统关系、现实力量和战略取向等因素，作为重要参量深刻影响各国的地缘利益观与价值取向；其三，相对于不同国家不同时期，矛盾冲突的内容与形式不一。在合作孕育期，表现为地缘政治与经济的冲突、法律的冲突；在合作初期，表现为多维利益的冲突；在中期，主要是流域社会、生态问题上的冲突。

四、图们江合作通航中的冲突化解途径

（一）提升地缘安全互信层级

把握图们江地区地缘新形势与新机遇，全面协调中俄朝睦邻、友好、合作关系，提升地缘政治互信，必将有助于在图们江通航问题上达成共识，为开展深度合作营造良好氛围。朝鲜权力核心刚刚交接，面临国内外复杂形势的严峻考验：在内是经济受困、发展维艰；在外则因朝核会谈、火箭发射、南北关系紧张等问题受到美日韩等国家挤压和制裁。为建设“强盛大国”，朝鲜将比以往任何时候更需获得中俄强力支持。中俄伙伴关系预计还有较大发展空间。首先，中俄建设平等互信的全面战略协作伙伴关系的前提，是尊重对方的主权利益和提高互信水平，而图们江通航将开启历史新篇章。其次，加入 WTO 的俄罗斯迎来自身经济发展和对外经贸合作的新起点，中俄协作内容将得到拓宽，俄急需中国资本投资。第三，俄罗斯大选之后，种种迹象显示俄国内及欧美对于普京－梅德韦杰夫政权组合有所反弹，可预料普－梅任期内将更倚重中国因素与东亚关系。

（二）谋求次区域合作与通航合作的互动

将合作通航问题放到次区域经济合作大局中考虑，谋求次区域合作与通航合作的联动发展。当前，图们江地区即将进入在多边开发、联合开发的新阶段，推动图们江合作通航正当其时：其一，图们江合作通航是图们江次区域合作的题中之意与核心内容，也是最活跃的促进因素和成败的关键；其二，作为未来东北第二条亚欧大陆桥的转运节点、国际物流中枢，图们江的航运潜力不可估量；其三，图们江为中俄朝共享的事实，最大程度降低了领土边界、主权意识、政治形态、民族心态等因素对多边联合开发的限制。

（三）平衡沿岸国的利益需求

对于沿岸国的利益冲突，其解决路径主要是通过转移效用及其他平衡手段，在更广阔范围进行多目标综合协调，确保国际河流的公平合理利用。可考虑实施如下措施：首先，做大珲春国际合作示范区和罗先经贸区的经济规模和辐射效应，惠及周边。其次，适当运用援助、借贷、金融、投资、债务免除等经济杠杆。最后，发挥自身的占优位势：第一，权益优势，即中国在图们江俄朝交界段拥有无阻碍的通海往返航行权；第二，区位优势。中国是图们江的水源国与汇源地，具有国际河流上游国的天然优势；第三，经济优势。图们江地区开发建设项目，主要是依靠中国投资带动，其正当权益不容忽视；第四，关系位势。在维护东北亚地缘格局稳定，确保中俄朝北三角与美日

韩“南三角”的均势对话中，中国日益成为至关重要的一环。

（四）联合制定图们江通航管理协定

以公约、条约和判例等方式作为确定国际河流开发利用的原则与准则，是化解矛盾冲突、实现可持续利用的唯一有效路径。图们江要实现稳定、不受外部影响的合作通航，就必须遵循国际河流法原则准则，与俄朝签署具有法律效力的有关通航管理的协议。外事部门应在当前有利的周边国际环境条件下，协调相关部门抓住和创造多边协商的契机，制定通海航行的具体规则，设立管理机构并完善配套设施，为实现图们江无阻碍通海往返航行建立完备制度保障和组织保障。

（五）做好合作通航前期准备

其一，加大图们江及其流域生态环保的科研力度，开展联合监测、研究与保护工作，建设流域整体信息系统和监测系统。重点是图们江通航对水环境与流域生态的影响评估以及环境保护与生态修复预案，避免外界拿生态环保问题做文章。

其二，全面收集图们江水文资料信息，实地勘察河道及其主航道现状特点，综合评估图们江下游的适航性与通航船型，改造和升级防川简易码头，科学规划建设图们江通航出海港口。

其三，总结20世纪90年代图们江复航试航与出海科考经验，择机重启图们江复航试航与科考工作。最后，重视珲春防川近海靠海的地理区位优势，研究和挖掘防川与日本海之权益关系及其因应策略，继续组织图们江洄游性鱼类增殖放流，进一步巩固和提升作为日本海鱼源国的地位，为恢复在日本海的权益做长远布局。

第四篇　国际海洋动态

联合国的海洋事务及其协调*

李景光**，阎季惠

摘要：自 1982 年《联合国海洋法公约》问世以来，尤其是 1992 年联合国环境与发展大会以后，联合国日益重视海洋，海洋事务在联合国议事日程中的地位日趋突出。文章介绍了联合国有关公约和文件对海洋的重要性的论述、联合国关注的主要海洋议题以及联合国系统的主要涉海机构，同时介绍了联合国海洋事务协调情况，归纳了联合国海洋事务与协调工作的特点以及对我国海洋工作的启示。

关键词：联合国；海洋事务；协调机制

海洋是全球生命支持系统的重要组成部分，在全球经济、社会与环境发展中起着独特作用。联合国一向积极推动全球海洋事业的发展，自 20 世纪中期以来，日益认识到海洋及其资源与环境的重要性，不断加大海洋工作力度，重视和加强海洋事务协调，海洋在联合国事务中的地位日趋突出。

一、联合国主要涉海公约和文件有关海洋的论述

联合国一系列公约和文件阐述了海洋的重要性，建立了管理各种涉海活动的法律制度，提出了推进海洋可持续发展的目标与措施，其中最主要的有以下内容。

（一）《联合国海洋法公约》

1982 年通过的《联合国海洋法公约》（以下简称《公约》）被誉为“海洋宪法”，为全球的海洋事务管理建立了全面的法律框架。主要内容包括：领海和毗连区；用于国际航行的海峡；群岛国；专属经济区；大陆架；公海；岛屿制度；封闭或半封闭海；内陆国出入海洋的权利和过境自由；国际海底区域；海洋环境的保护和保全；海洋科学研究；海洋技术的发展和转让以及争端的解决等。该《公约》明确规定了各国在海上不同区域的权利和在行使权利时应履行的义务。

（二）《21 世纪议程》

1992 年联合国环发大会通过的《21 世纪议程》，以国际法律文件的形式确认了加

---

* 来源：原发文期刊《海洋开发与管理》2014 年第 2 期。基金项目：中国海洋发展研究中心 2013 年项目（AOCZD201308）.

** 李景光，中国海洋发展研究中心学术委员会委员，中国海洋发展研究会学术委员会委员．国家海洋局国际合作司原司长．

强海洋与海岸带管理是实现可持续发展的重要途径。《21 世纪议程》第 17 章指出，“海洋是一个整体，是全球生命支持系统的基本组成部分，是有助于实现可持续发展的宝贵财富”，要求“沿海国承诺对其在国家管辖内的沿海区和海洋环境进行综合管理和可持续发展”，“每个沿海国都应考虑或在必要时加强适当的协调机制，在地方和国家层面推进海洋及其资源的综合管理与可持续发展”。该议程确定了 6 个与海洋综合管理相关的方案领域：①海洋综合管理和可持续发展；②海洋环境保护；③国家管辖范围内海洋生物资源的可持续利用和保护；④处理海洋环境管理和气候变化方面的重大不确定因素；⑤加强各地区的合作与协作；⑥小岛屿的可持续发展。

（三）《约翰内斯堡执行计划》

2002 年全球可持续发展高峰会议通过的《约翰内斯堡执行计划》着重指出，海洋、岛屿和海岸带是地球生态系统不可分割的重要组成部分，是全球食物供应安全和保持各国经济繁荣的关键，要求：①各国批准或加入并执行《联合国海洋法公约》；②促进对《21 世纪议程》第 17 章的执行；③在联合国系统内建立海洋事务协调机制；④鼓励应用生态系方法，促进各国的海岸带和海洋综合管理；⑤鼓励并协助沿海国家制定海岸带综合管理政策和建立所需机制；⑥加强相关区域组织和计划间的协调与合作；⑦采取措施促进渔业的可持续发展；⑧促进海洋环境保护与管理，保护海洋环境免受城市废水污染和避免栖息地的物理变化和遭破坏，提高海事安全水平和保护海洋环境免受航运活动污染；⑨加强对海洋和沿海生态系统的科学认识与评估，为正确决策服务。

（四）2012 年联合国可持续发展大会成果文件《我们憧憬的未来》

2012 年召开的联合国可持续发展大会通过的会议成果文件《我们憧憬的未来》第五部分阐述了可持续发展具体领域的未来行动，其中涉海内容主要有：①海洋及其资源的养护和可持续利用对可持续发展具有重要意义；②敦促所有缔约方充分履行根据《联合国海洋法公约》承担的义务；③加强海洋科学研究，积极推进技术转让；④支持海洋环境状况全球报告和评估经常程序；⑤加强国家管辖范围以外区域海洋生物多样性的养护和可持续利用；⑥加强陆源污染控制，减少海洋废弃物；⑦防止外来物种入侵；⑧努力应对海平面上升和海岸侵蚀对许多沿海地区和岛屿带来的严重威胁；⑨应对海洋酸化以及气候变化对海洋和沿海生态系统及资源的影响；⑩依照谨慎与预防方针处理海洋肥化问题；⑪加强对脆弱的海洋生态系统的保护；⑫敦促各国执行《鱼类种群协定》和《负责任渔业行为守则》；⑬打击和取缔非法、未报告和无管制的捕捞活动；⑭提高区域渔业管理组织管理工作的透明度和推行问责制；⑮养护珊瑚礁和红树林生态系统；⑯到 2020 年，使 10% 的沿海和海洋区域得到有效保护。

二、联合国关注的主要海洋议题

联合国关注的海洋议题主要有如下内容。

（一）海洋和沿海地区生物多样性

联合国有关报告指出，世界海洋及沿岸地区正面临着严峻威胁，生态环境正发生迅速改变。海洋及沿岸地区面临的主要威胁包括：陆源污染与富营养化；过度、破坏性捕捞和非法、未报告与无管制捕捞；生态栖息地遭受物理改变；外来物种入侵和全球气候变化等。

联合国在这方面开展的工作主要有：①通过《生物多样性公约》支持建设跨国海洋保护区；②环境规划署编制的《海洋生物多样性评估和展望报告》论述了全球海洋生物受到的影响情况，预测了到2050年海洋生物多样性的状况，提出防止物种灭绝的重要举措；③环境规划署从1974年起开始实施区域海计划，迄今已有140多个国家参与；④《濒危野生动植物种国际贸易公约》对濒危野生物种的国际贸易进行了相关规定或限制；⑤签署了《养护野生动物移栖物种公约》；⑥教科文组织实施了“人与生物圈计划”，海洋、海岸带和岛屿地区是人与生物圈计划七类区域之一；⑦建设了生物勘探信息资源数据库；⑧推动实施2011—2020年生物多样性战略计划。

（二）海洋与气候变化

政府间气候变化专门委员会的评估报告指出，近50多年来，全球海水温度一直在上升，进而导致海水膨胀和海平面上升。20世纪，海平面上升约0.17 m，2100年前海平面可能升高1 m或1 m以上。逐渐变暖的海水和表面洋流的变化直接影响着海洋动植物群落，改变鱼类种群的分布和数量。海平面的持续上升对许多小岛屿国家造成威胁，作为许多国家主要收入来源的旅游业受到严重影响。

联合国在应对气候变化方面开展的工作主要有：①签署了《联合国气候变化框架公约》，为应对气候变化国际合作奠定了法律基础；②通过了《摩纳哥宣言》，呼吁减少二氧化碳排放量，避免海洋酸化对海洋生态系统造成严重危害；③世界海洋大会发布《万鸦老海洋宣言》，要求制订可持续管理海洋和沿海生态系统的国家战略；④“小岛屿发展中国家可持续发展国际会议”通过了《关于进一步执行小岛屿发展中国家可持续发展行动纲领的毛里求斯战略》；⑤通过了《保护臭氧层维也纳公约》和《关于消耗臭氧层物质的蒙特利尔议定书》。

（三）海洋环境污染

联合国环境规划署指出：“海洋污染的80%来源于陆地，按照目前的污染速度，海洋污染程度在40年内将翻一番，各国应履行保护海洋环境免受陆上活动影响的责任。”1995年11月，108个国家的政府和欧盟达成了《保护海洋环境免受陆上活动污染全球行动纲领》，联合国环境规划署承担了该行动纲领秘书处的职责。此外，联合国还启动了海洋环境状况全球报告经常程序。

（四）海洋与人类食物

联合国粮农组织报告指出，捕捞渔业和水产养殖业2011年全球产量约为1.54亿吨，其中1.31亿吨供人类食用。在海洋与人类食物问题上，联合国采取了一系列措施，以发展可持续的水产养殖，减少过度捕捞和预防并遏制非法、未报告和无管制的捕捞行为，包括要求各国按照《约翰内斯堡执行计划》，采取严格的管理计划来恢复渔业资源的可持续生产能力，落实《联合国鱼类种群协定》，加强对高度洄游、跨界和公海渔业资源的保护与养护。1995年，联合国粮农组织通过了《负责任渔业行为守则》，2001年，在《负责任渔业行为守则》框架内通过了一项《预防、制止和消除非法、未报告和无管制捕鱼国际行动计划》。

（五）海盗问题

2013年联合国秘书长发表的海洋和海洋法报告称，2012年国际海事组织收到全世界341起已发生或未遂海盗和武装抢劫船舶行为的报告，在西非、马六甲海峡和地中海的袭击次数有所增加。联合国安理会2008年12月通过授权有关国家和国际组织向索马里附近海域派遣军队打击海盗的决议。2011年，安理会通过了旨在加强打击海盗行为的决议草案，决定在索马里境内和境外设立特别法庭。2009年1月，国际海事组织召集的高级别会议签署了《关于在西印度洋及亚丁湾海域打击海盗和武装劫船的行为守则》。

三、联合国主要涉海机构

联合国许多机构都涉及海洋事务，其中主要有以下内容。

（一）联合国粮农组织

粮农组织总部设在意大利罗马，截至2013年12月，共有197个成员，其中包括194个成员国、1个成员组织（欧洲联盟）和2个准成员（法罗群岛和托克劳）。

为了推动渔业和水产养殖业的可持续发展，粮农组织分别制定了《负责任渔业行为守则》《预防、制止和消除非法、未报告和无管制捕鱼国际行动计划》和《港口国预防、抵制及消除非法、未报告和无管制捕捞活动的措施协定》等。粮农组织是全球海洋环境与资源管理项目的积极参与者，其中包括由全球环境基金资助的许多国际项目以及涉及生物多样性保护和国际水域等方面的其他项目，例如国家管辖以外海域生物多样性保护项目。

（二）国际海事组织

国际海事组织的宗旨是促进各国间的航运技术合作，鼓励各国在促进海上安全、提高船舶航行效率、防止和控制船舶对海洋污染方面采取统一的标准以及处理有关的法律问题，主要工作是制定和修改有关海上安全、防止海洋污染、促进海洋运输和提高航行效率以及与此有关的海事责任方面的公约、规则、议定书和建议案。截至2013年12月，国际海事组织制定并负责保存的公约、规则和议定书共47个，已经生效的43个，其中包括《国际海上人命安全公约》《国际海上避碰规则公约》《国际防止船舶污染公约》《国际油污损害民事责任公约》《国际海上搜寻救助公约》《制止危及海上航行安全非法行为公约》《国际油污防备、反应和合作公约》和《防止倾倒废物及其他物质污染海洋的公约》等。国际海事组织积极参与全球环境基金和其他机构资助的国际海洋项目的实施。

（三）国际海底管理局

国际海底管理局是《联合国海洋法公约》设立的国际海底区域管理机构，负责组织和控制成员国在国家管辖范围外的深海底进行的活动，特别是管理该区域矿物资源的勘探与开发活动。主要职能包括：①审议各国的勘探工作计划申请，并监督已核准的勘探工作计划的实施；②执行与已登记的先驱投资者有关的决定；③跟踪和审议深海底采矿活动趋势；④研究深海底矿物生产对发展中陆地生产国的经济可能产生的影响；⑤制定海底开发活动及保护海洋环境所需的规则、规章和程序；⑥促进和鼓励海底采矿方面的海洋科学研究。

（四）联合国经济和社会事务部

经济和社会事务部的宗旨是通过与各国政府和利益攸关方的合作，协助各国实现经济、社会和环境目标。经济和社会事务部是涉及海洋事务的一系列重大国际峰会的组织者和推动者，其中包括：1992 年联合国环境与发展大会；1994 年小岛屿发展中国家可持续发展全球会议；2002 年可持续发展问题世界首脑会议；2010 年联合国千年发展目标峰会；2012 年联合国可持续发展大会等。这些会议均做出了许多与海洋直接相关的决议，为推动和指导各国和全球海洋可持续发展提出了全面的政策框架。

（五）联合国法律事务部海洋事务和海洋法司

海洋事务和海洋法司的主要职能：①就《联合国海洋法公约》及相关的协定、海洋和海洋法问题以及与海洋研究和法律制度有关的具体事项提供咨询意见并组织相关研究；②就海洋和海洋法问题为联合国大会等提供服务；③跟踪和研究海洋事务和海洋法的进展；④为联合国大陆架界限委员会提供服务；⑤建设和维护相关的地理信息系统和设施；⑥与《联合国海洋法公约》设立的机构保持密切联系，并为国际海洋法法庭提供行政支撑；⑦为发展中国家提供海洋事务和海洋法领域的能力建设援助。

（六）联合国开发计划署

开发计划署是联合国促进发展的全球网络。环境与能源是联合国开发计划署的重要领域之一，其关注重点是：①水治理；②可持续能源管理；③可持续土地管理；④生物多样性保护；⑤化学品管理。

联合国开发计划署积极参与海洋与海岸带管理计划，通过该计划，开发计划署与联合国其他相关机构、国际金融机构、地区渔业组织和其他相关机构和团体一道，不断加强对海洋的有效管理，共同推进全球、地区、各国和各地方的海洋管理和确保可持续生计。开发计划署还积极组织和实施“大海洋生态系统计划”，通过该计划，联合国开发计划署和全球环境基金积极支持对世界 10 多个大海洋生态系统区开展基于生态系的管理，提高海洋资源与环境管理水平。

（七）政府间海洋学委员会

政府间海洋学委员会的宗旨是促进海洋研究、海洋公益服务、海洋观测、海洋减灾防灾与能力建设方面的国际合作与协调，以加深对海洋与沿海地区及其资源的了解并有效地管理海洋环境及其资源。政府间海洋学委员会的基本业务领域主要分：①海洋科学；②海洋服务；③培训、教育和互援。政府间海洋学委员会的主要计划涉及的领域包括：①全球海洋观测系统；②海洋综合管理；③海洋法；④海洋减灾防灾：⑤气候变化；⑥海洋生态系统健康。

（八）联合国环境规划署

环境规划署的宗旨是促进环境领域的国际合作，主要任务是：①分析全球环境状况并评价全球和区域环境趋势，提供政策咨询，并就各类环境威胁提供早期预警，促进和推动国际合作和行动；②促进和制定旨在实现可持续发展的国际环境法；③采取行动应付新出现的环境挑战；④加强联合国系统有关环境工作的协调；⑤促进公众环境意识；⑥为各国政府和其他有关机构提供政策和咨询服务。

环境规划署涉及海洋的重大事项有：①地中海行动计划；②联合国环境与发展大会及其《21 世纪议程》；③《生物多样性公约》；④《保护海洋环境免受陆地活动污染全球行动纲领》；⑤联合国可持续发展世界首脑会议及其《约翰内斯堡执行计划》；⑥联合国可持续发展大会及其成果文件《我们憧憬的未来》。

（九）国际海洋法法庭

《联合国海洋法公约》规定，国际海洋法法庭的管辖权及于下列案件：①有关《联合国海洋法公约》的解释或适用的任何争端；②关于与《联合国海洋法公约》的目的有关的其他国际协定的解释或适用的任何争端；③如果同《联合国海洋法公约》主题事项有关的现行有效条约或公约的所有缔约国同意，有关这种条约或公约的解释或适用的争端，也可提交法庭。截至 2013 年 12 月，各国向联合国海洋法法庭提交了 22 个案件，已审理 20 个。

（十）大陆架界限委员会

成立大陆架界限委员会的目的，是便利联合国成员国在确定从测算领海宽度的基线量起 200 海里以外大陆架外部界限方面执行《联合国海洋法公约》。《联合国海洋法公约》为大陆架界限委员会规定的职能是：审议沿海国提出的关于扩展到 200 海里以外的大陆架外部界限的资料和其他材料，并按照《联合国海洋法公约》规定提出建议；为沿海国提供科学和技术咨询意见。截至 2013 年 12 月，大陆架界限委员会共收到各国提交的外大陆架界限资料 67 份，大陆架界限委员会已审议其中 26 份。

（十一）世界银行集团

世界银行集团是为发展中国家实施项目提供贷款的国际金融机构，宗旨是消除贫困。世界银行集团目前由国际复兴开发银行、国际开发协会、国际金融公司、多边投资担保机构和解决投资争端国际中心五个成员机构组成。世界银行集团在海洋领域的重点工作包括：①可持续渔业；②气候变化；③海岸带与海洋综合管理；④污染预防与控制；⑤海洋生物多样性和海洋生态系统保护；⑥珊瑚礁管理；⑦解决食品供应危机。2012 年，世界银行宣布启动“保护海洋健康伙伴关系计划”，呼吁各国政府、国际组织、民间社团和私营企业携手共同对付过度捕捞、海洋生态退化和栖息地丧失等问题。

四、联合国海洋事务的协调

为了协调联合国系统内各机构的涉海事务，2003 年联合国成立了“联合国海洋网络”，全称为“联合国海洋事务协调机制”。

联合国海洋事务协调机制的主要职能是：①加强并促进联合国系统与海洋和海岸带有关的各项工作的协调和一致；②定期交流各成员单位在联合国相关框架内正在进行和计划进行的工作和其他活动，以确定需要开展合作与协调的领域；③支持与海洋有关的联合国会议与工作；④促进有关的可持续发展目标的制定和落实；⑤界定联合国系统有关机构的共同行动并设立专门特设工作组；⑥推进海洋和海岸带的可持续综合管理；⑦为联合国秘书长海洋和海洋法年度报告提供信息和资料；⑧促进机构间的信息交换；⑨提高全球海洋意识。

为支持各项涉海任务和工作，联合国海洋事务协调机制设立了相关的特设工作组：①海啸后应对特设工作组；②海洋保护区和其他以区域为基础的管理手段特设工作组；③建立海洋环境全球评价经常程序特设工作组；④联合国海洋图集特设工作组；⑤气候、渔业和水产养殖全球伙伴关系特设工作组；⑥保护海洋环境免受陆地活动污染全球行动计划特设工作组；⑦国家管辖范围以外海域生物多样性特设工作组；⑧宣传和推广特设工作组；⑨海洋垃圾问题特设工作组。

2012 年，联合国联合检查组根据联合国大会有关决议对联合国海洋事务协调机制进行审议和评估。评估报告指出，联合国海洋事务协调机制成员单位的工作，83% 与《千年发展目标》相一致，55% 与《可持续发展世界首脑会议约翰内斯堡执行计划》目标一致。联合检查组还指出，海洋事务协调机制未能有效地履行职能，主要原因“一是结构性缺陷”，没有专门的秘书处，二是“没有专门预算”。为此，提出了 5 项建议：①各国设立海洋和有关问题的国家协调中心；②修订联合国海洋事务协调机制的职责范围；③成立专职秘书处；④为联合国海洋事务协调机制制定业务指南；⑤加强与联合国能源机制和联合国水机制的协调。

五、联合国海洋事务管理与协调的特点及其启示

（一）特点

联合国在海洋事务管理与协调方面的主要特点有如下内容。

1. 不断完善法律体系，通过法规，规范和管理涉海活动

联合国十分重视依法管理涉海活动，为规范涉海事务建立了比较完整的法律框架。联合国及其所属机构为此制定了一系列公约、协议和准则等，其中最主要的是1982年《联合国海洋法公约》。联合国有关机构的涉海法规涉及领域众多，内容广泛，例如国际海事组织的《国际海上避碰规则公约》《国际防止船舶污染公约》和《防止倾倒废物及其他物质污染海洋的公约》等；联合国粮农组织的诸多公约与准则中，最有代表性的是《负责任渔业行为守则》和《港口国预防、抵制及消除非法、未报告和无管制捕捞活动的措施协定》等；国际海底管理局制定的《“区域”内多金属结核探矿和勘探规章》《“区域”内多金属硫化物探矿和勘探规章》和《“区域”内富钴铁锰结壳探矿和勘探规章》，也是联合国系统涉海法规的重要组成部分。

2. 成立与海洋事务有关的机构，扩展已有机构的涉海职能

为了推进海洋事务，联合国相继成立了相关机构，其中最主要的有大陆架界限委员会、国际海底管理局和国际海洋法法庭。除此之外，联合国秘书处法律事务厅设有海洋和海洋法司，在联合国系统内设有政府间海洋学委员会、国际海事组织、粮农组织以及环境规划署等。随着国际海洋事务的发展，这些组织的职能在不断扩展和强化，例如政府间海洋学委员会，原来专门肩负海洋科学技术任务，迄今已把工作范围扩展到海洋法和海洋与海岸带综合管理等领域。2012年7月，连国际原子能机构都成立了“海洋酸化国际协调中心”，世界银行于2012年2月宣布实施全球海洋伙伴关系计划。

3. 将海洋事务列为重要议程

目前，海洋事务已经成为联合国的重要议程之一，主要表现是：

（1）组织定期海洋会议和开展海洋问题辩论：定期举行的海洋会议主要有《联合国海洋法公约》缔约国大会和联合国海洋和海洋法问题不限成员名额非正式协商进程。《联合国海洋法公约》缔约国大会从1994年公约生效至今共召开了20次会议；联合国大会于1999年11月24日决定启动“不限成员名额非正式磋商会议”，以便利联合国大会每年审议联合国秘书长关于海洋和海洋法的报告，至2013年已召开14届。此外，联合国大会在每年的届会上，还围绕海洋问题举行辩论。联合国大会海洋问题辩论到2013年底共举行了22次。

（2）将海洋作为可持续发展议程的重要领域：在联合国的可持续发展议程中，海洋已经成为不可或缺的重要领域，其中最具代表性的是《21世纪议程》《联合国千年宣言》《约翰内斯堡执行计划》和《我们憧憬的未来》等。

4. 积极实施海洋管理、保护与服务项目

为了推动海洋环境及其资源的保护和可持续开发利用，联合国系统积极推动有关项目，其中最主要的有环境规划署的区域海计划，由全球环境基金资助的大海洋生态系项目和国家管辖范围以外海域生物多样性保护项目，由政府间海洋学委员会推动的

全球海洋观测系统计划等。

5. 发布海洋和海洋法年度决议与报告

从1993年起，联合国大会每年都通过海洋与海洋法问题决议，2013年4月联合国大会发布的第六十七届大会通过的海洋与海洋法决议，共分18部分，主要内容包括：《联合国海洋法公约》和相关协定及文书的执行；和平解决争端；国际海底区域；国际海底管理局和海洋法法庭的有效运作；大陆架界限委员会的工作；海事安全和安保与船旗国的执行情况；海洋环境和海洋资源；海洋生物多样性；海洋科学；海洋环境状况全球报告和评估经常程序和区域合作等。从1994年起，联合国秘书长向联合国大会提交关于海洋和海洋法问题的年度报告，全面和系统地介绍《联合国海洋法公约》的年度实施进展情况。

6. 不断强化海洋事务的协调

为了强化联合国系统涉海事务的合作与协调，2003年成立了联合国海洋事务协调机制。目前协调机制有成员组织16个。2012年联合国联合检查组还专门应联合国大会要求对海洋事务协调机制的工作进行评估，提出了加强协调机制的工作的五大建议，联合国有关机构对该评估报告普遍表示欢迎，评估报告提出的改进措施正在落实之中。

（二）启示

2013年7月，国家主席习近平指出，21世纪，人类进入了大规模开发利用海洋的时期。我国既是陆地大国，也是海洋大国，拥有广泛的海洋战略利益。我们要坚持陆海统筹，坚持走依海富国、以海强国、人海和谐、合作共赢的发展道路，扎实推进海洋强国建设。

近几十年来，我国的海洋工作取得了长足发展，但也存在诸多不足。联合国的海洋事务，为我们提供了许多有益的启示。其中主要有：

第一，将海洋事务作为国家的重要议事日程。联合国反复强调海洋在可持续发展事业中的重要性，要求各国将海洋纳入国家发展战略。我们应进一步重视海洋，提高海洋在国家总体规划与发展议程中的地位。

第二，不断强化和完善海洋管理与协调体制。2013年，我国重组了国家海洋局并成立国家海洋委员会，为海洋事业的发展奠定了有益的体制基础。但由于各种因素的制约，管理与协调工作仍然滞后。进一步提升管理体制和强化协调工作，是摆在我们面前的重要和紧迫任务。

第三，加强涉海法规建设。联合国在这方面为我们树立了良好的榜样。我国尽管出台了一些涉海法规，但缺乏国家海洋基本法，有些法律缺乏配套法规，制约了海洋工作的开展。因此，应尽快制定国家海洋基本法，全面完善海洋法规体系，为涉海工作建立全面的法律框架。

第四，发展海洋科学技术，为管理与决策提供依据。联合国的年度海洋报告与决议中，海洋科学技术是重要内容之一。我国应进一步发展海洋科学技术，加深对海洋的了解与认识，进而促进海洋决策与管理工作。

第五，加强国际合作。联合国在许多文件中指出，全球海洋是一个整体。海洋的流动性与整体性，决定了海洋国际合作的重要性。积极推进双边与多边合作，积极参与全球海洋事务，是发展我国海洋事业的重要保障。

第六，大力提高全民海洋意识，加强海洋教育与培训。联合国系统组织了包括“海洋日”在内的一系列促进全球海洋意识的活动以及针对海洋的教育、训练与援助计划。我国长期受“重陆轻海”思想的束缚，国民海洋意识淡薄，应采取有效措施强化海洋意识，并加大海洋人才培养力度。

韩国海洋安全政策：历史和现实*

冯　梁　方秀玉

朝鲜半岛地处亚洲大陆的东北部，基本呈南—北走向，东滨日本海，西临黄海，南瞰朝鲜海峡，北以鸭绿江、图们江同中国为邻，东北一角与俄罗斯滨海省接壤，东南则隔朝鲜海峡同日本相望。按照美国著名的国际关系理论家斯皮克曼关于“濒海地带”的理论①，朝鲜半岛处在显著的滨海地缘地带范围之内，对其周边诸国有着巨大的影响。自古以来，朝鲜半岛就是连接亚洲大陆和日本诸岛屿的天然通道，是大陆力量和海洋力量相交汇的缓冲地区。作为由大陆向海洋延伸、过渡的特殊的地理部分，朝鲜半岛是东北亚的地理中心，具有独特而显著的地缘战略特征。它地处大陆与海洋的交接部位，是陆权与海权竞相争夺的关键地区。朝鲜半岛近百年来的史实以及20世纪的日俄战争、朝鲜战争则从另一个侧面证明了朝鲜半岛作为大陆与海洋两种地缘政治力量竞争的要害地区所显示的作用。②

朝鲜半岛以其特殊的地理位置，不仅控制着朝鲜海峡，而且俯瞰整个日本海，半岛是否稳定直接关系日本安危。对俄罗斯来说，朝鲜半岛曾是前苏联东西方对抗的直接阵地，朝鲜海峡是前苏联和俄太平洋舰队最稳妥的战略通道之一。对美国而言，朝鲜半岛在冷战时对遏制前苏联的扩张有着十分重要的战略意义，现今，朝鲜半岛是其遏制中国的战略包围链上重要的一环，更是美日同盟的战略前哨。对中国来说，朝鲜半岛对中国有着“唇亡齿寒”的攸切战略关系，其稳定对于中国是否能够有一个稳定的建设局面至关重要。总之，地处中、俄、日、美四大国的交叉点的朝鲜半岛，不仅是四大国利益的汇集点，而且在很大程度上成为直接影响四大国之间关系的重要因素之一。③ 所以，“朝鲜半岛被认为是太平洋最具有战略意义的地区，这是无可争辩的事实。”④ 反过来，大国力量的此消彼长，也对韩国的周边安全有着巨大的影响。

位于朝鲜半岛南部的韩国，全称大韩民国，南北长约500千米、东西宽约250千

---

* 来源：原发文期刊2012年1月《世界经济与政治论坛》第1期。

① ［美］N. J. 斯皮克曼：《和平地理学》，商务印书馆，1965年版，第76－79页。斯皮克曼的理论认为：位于欧亚大陆心脏地带和西方世界控制的沿海地带之间的缓冲地带在未来的政治格局中的地位将不断上升，并成为统治沿海地带的关键地区。因为欧亚大陆的边缘地区处在大陆心脏地带和边缘海之间，一方面他必须对抗大陆心脏地带的陆上势力，另一方面他必须对抗滨海岛屿的海上势力，所以欧亚大陆的边缘地带历来都是各强国争相占领和控制的核心地区，他认为谁支配着边缘地区，谁就控制着亚欧大陆；谁支配着欧亚大陆，谁就掌握世界的命运。

② 陈峰君、王传剑：《亚太大国与朝鲜半岛》，北京：北京大学出版社，2004年版，第17页。

③ 同上，第19页。

④ 沈伟烈：《地缘政治关系简析》，载于《人文地理》，1991年第1期。

米，面积约9.93万平方千米，占朝鲜半岛总面积的45%。北与朝鲜相临，东、南、西三面环海，海岸线长5 000余千米，其所扼守的朝鲜海峡，不仅是东北亚的海上门户、日本海的“南大门”，而且历来为兵家必争之地，美国海军在1986年宣布要控制全球16个海上航道咽喉，其中就包括朝鲜海峡。① 历史上，朝鲜②曾受到西方列强来自海上的多次入侵，特别是来自日本的海上侵略，最终使朝鲜沦为殖民地，被日本控制长达36年之久。第二次世界大战战后，韩国在美国的保护和扶持下，努力发展经济，成为东北亚举足轻重的力量之一。由于韩国国土狭小，资源缺乏，韩国经济对外的依赖性非常大，尤其是对海洋的依赖性非常严重。因此，无论是在古代朝鲜，还是在战后，海洋对于韩国来说都具有极其重要的战略意义，海上安全一直是韩国国家安全的重要组成部分。

一、1953年以前古代朝鲜海上安全意识与活动的萌芽与近代朝鲜海上安全所受到的严峻挑战

（一）19世纪末以前，朝鲜海上安全意识与活动的酝酿、高潮与淡化

据考古发现，早在50万年以前，朝鲜半岛就有人类活动。大约在新石器时代末期，半岛上开始形成氏族，后来又逐渐出现由整个氏族组成的地域集团。据历史记载，朝鲜半岛在形成统一的民族国家之前先后经历了檀君建国、箕子封王、三韩时代、卫满称王几个时代。公元668年，新罗国在唐朝的干预下统一了大同江以南地区。从7世纪后半期起，新罗形成群雄割据局面，后来王建夺取了王位，自称太祖，改国号为高丽，历34世。到14世纪末，高丽王朝被李氏王朝取代。

古代朝鲜的周边环境对朝鲜非常不利，西方有强大的中国封建王朝，北方有凶悍的少数民族游牧部落，东南方则是海上强国日本。但在16世纪以前，朝鲜东南的日本尚未统一，国力不强，北方的游牧民族实力弱小，都不能对朝鲜构成较大威胁，而处在朝鲜西部的中国封建王朝则不然。自战国时代以来，朝鲜就多次受到古代中国封建王朝的海、陆两路大军的入侵。弱小的朝鲜政府大部分时间选择的不是对抗，而是接受西方封建王朝中国的宗主统治。实际上，这种宗主式的统治对于朝鲜除了礼节上的“一丁点的要求”之外，其他方面则对朝鲜没有更多的损害。相反，在某种程度上对朝鲜的稳定和经济繁荣反倒有所帮助。然而，在某些时候，被认为不够礼貌的朝鲜政府会受到强大的中国封建王朝的“教训”。例如，西汉前期，卫氏朝鲜受汉朝辽东太守节制，公元前109年，卫氏王朝传到第三代右渠时，与汉朝断绝联系，是年，汉武帝在统一东南沿海地区后，发兵进攻朝鲜，一路由左将军荀彘率领陆军出辽东，渡坝水，一路由楼船将军杨仆率领楼船兵5万人，自今山东烟台市渡黄海后在朝鲜登陆，两路

① 《中国海军百科全书》，海潮出版社，1998年12月第1版，第93页。

② 这里的朝鲜是指朝鲜半岛没有分裂以前的古韩国，我国习惯上称其为朝鲜。

夹攻，最终迫使朝鲜屈服。[①] 此后的隋朝、唐朝都曾派遣水陆两路大军对不够“听话”的朝鲜施以“教训”。在多次对抗中国封建王朝的两路进攻中，朝鲜逐渐产生了海上安全的意识，但海上安全相对于陆上安全而言，处于次要方向，再加上朝鲜大部分时间处在中国封建王朝的保护伞下，海上安全的意识处在酝酿阶段，虽有却不强。

16 世纪前后，来自日本诸岛的骚扰逐渐增多，而朝鲜的保护国明朝虽然当时国力强盛，但由于相距遥远，并不能为朝鲜提供“随叫随到的”保护，朝鲜开始意识到海上安全的重要性，海上方向也成为朝鲜主要的安全方向，为应对日军的侵略，朝鲜建立了一支武备精良、训练有素、屡败日军的海上劲旅。在对抗日本的海上入侵所进行的一系列战斗中，露梁海战的胜利，对朝鲜的海上安全有着重要影响，同时也标志着朝鲜海上安全意识与活动的高潮。

1598 年，日本的丰臣秀吉以武力统一全国，但国内动乱不止，为了转移国内矛盾，丰臣秀吉制定了先占领朝鲜，然后征服中国的扩张计划。1592 年，丰臣秀吉发动了侵朝战争，史称“壬辰战争”。日本侵略军乘舰船 700 余艘，渡过朝鲜海峡后，分兵三路，大举进攻朝鲜，2 个多月就占领了汉城、开城和平壤，朝鲜王遣使向明朝求援。1592 年，明军入朝参战，经过几番苦战，迫使日军败退南部渚道，并提出议和。不久，双方停战。1597 年，丰臣秀吉再次增兵北犯。1598 年，中朝联军大举反攻，连续奏捷，将日军压缩在朝鲜南部一隅。是年八月，丰臣秀吉病死，遗命从朝鲜撤军。当时，盘踞在朝鲜东南一隅之日军，尚余兵力 4.6 万余人等待撤退。为予日军以彻底打击，中朝发起了以切断敌海上退路为目的的露梁海战。

战前，日本水军兵力不足 5 万人，拥有 3 000 艘左右舰船，舰船数量虽然可观，但构造简单，性能较差。朝鲜水军约 4.8 万多人，拥有船舶 488 艘，在这些战船中，李舜臣创造的“龟船”很有特色，“龟船”甲板坚固，机动灵活，攻击和防护能力均较好。明朝参加作战的水师 1.3 万人，战船 500 余艘。战船的种类繁多、武器精良。战争开始后，日军决定分三路从海上撤退。中朝联军在获悉日军撤退的情报后，决定将约有 800 艘主力战船部署在古今岛一带海面，在海上阻击日军。日军一支船队被阻击后，组建了两支船队，共有兵力万余人，舰船 500 余艘，准备对被阻日军实施救援，于午夜开始通过露梁海峡。李舜臣所率朝鲜水军在获悉日援军西进情报后，立即调整部署，决心在露梁以西海域，包围和歼灭救援之敌。十九日深夜，海战爆发，至次日中午时分，日军停止抵抗，大部分舰船或焚毁沉没，或被联军俘获。

在整个海战中，日军死亡万余人，第五军主力几乎悉数就歼，舰船也几乎全部覆灭。露梁海战是在近 400 年前由中朝水军对日本水军进行的一场规模巨大的海上歼灭战。胜利的原因除了中朝联军作战英勇、配合密切、战术技术优势较大之外，最关键的是，朝鲜在长时期的对日作战中意识到海上安全的重要性，并建立了一直在李舜臣领导下的屡破日寇的精锐水军。这次战役给侵朝日军以歼灭性重大打击，战后约 200

① 张铁牛、高晓星：《中国古代海军史》，八一出版社，1993 年 10 月版，第 32 页。

年，日本再也不敢从海上入侵朝鲜。[①] 而自此，没有了外部威胁的朝鲜海上安全意识又逐渐淡化，也不再重视海上力量的建设，最终导致了被沦为日殖民地的悲惨后果。

总之，16 世纪以前，海上并不是朝鲜主要的安全方向，其面临的主要威胁是来自中国封建王朝的陆、海两路进攻，这种进攻往往以陆上为主，海上为辅。在意识到根本无法同强大的中国封建王朝对抗、与其为敌不可能保证国家安全这一点之后，朝鲜在作出了无奈但又明智的选择，即同历代中国封建帝国建立宗藩关系，从而解除了中国封建王朝的威胁。随着 16 世纪末期日本的强盛，朝鲜面临的主要威胁开始主要转变为来自日本的海上进攻，海上安全意识逐渐增强，并建立了一支精锐的海上劲旅，最终在中国封建王朝的协助下，朝鲜的海上安全得以有效维护，并屡破强敌，露梁海战的辉煌胜利更是奠定了近 200 年朝鲜的海上安全局面。露梁海战后，朝鲜海上安全的意识又趋薄弱，从一定程度上导致了近代朝鲜被殖民的惨痛命运。

（二）19 世纪末至 20 世纪 50 年代初期，受到严峻挑战的朝鲜海上安全与战火中韩国海上安全意识与力量的形成

19 世纪开始，当西方列强在完成了对华夷体制外围东南亚藩属国的蚕食之后，开始把矛头指向朝鲜半岛，朝鲜半岛的厄运接踵而来，日、俄、美、英、法为了同中国争夺朝鲜半岛的主导权，相互展开了激烈的角逐。1832 年，美国人最先进入朝鲜半岛沿岸，要求定约通商，随后，其他西方列强也不甘“落后”，通过炮舰外交，屡屡侵入朝鲜，以期取得“特权”。18 世纪 70 年代，通过明治维新后实力大增的日本通过同朝鲜签订《朝日修好条规》，取得在朝鲜的特权。80 年代，美国通过逼迫清政府向朝鲜施压也同朝鲜签订了《朝美友好通商条约》，紧接着，已经在中国清王朝获得了一定利益的俄国通过笼络当时的朝鲜统治阶级也一步步获得了在朝鲜的“特权”，随后，其他列强也同朝鲜签订了一系列的不平等条约。

在这之后，“妄图吞并朝鲜，进而侵占中国”的日本与“试图保全藩属朝鲜，进而保障本国安全”的清政府发生了著名的甲午战争。清朝战败，朝鲜被纳入了日本的势力范围。然而，中日战争期间，一直躲在背后蠢蠢欲动的俄国趁机施展调停、中立、三国干涉等手段，迅速扩充其在中国东北和朝鲜的势力。[②] 最终控制了朝鲜上层集团，获得了一系列在朝鲜的特权，从而取代了日本在朝鲜原有的优势。自此，日俄矛盾进一步激化，双方在签订合约的同时，积极扩军备战。1905 年，日俄战争爆发，俄国失败，日本重新独占了朝鲜半岛。之后，日本一步紧似一步地吞并了朝鲜。1910 年，《日韩合并条约》的签订，表明日本已经正式吞并了朝鲜，朝鲜再无主权可言。

日本吞并朝鲜后，对朝鲜进行了长达 36 年的殖民统治，一方面对朝鲜实行了残酷的殖民统治，大肆掠夺朝鲜的各种资源；另一方面，利用朝鲜优越的地理环境，以朝

---

① 相关资料参见张铁牛、高晓星所著的《中国古代海军史》，八一出版社，1993 年版，第 241 – 247 页。

② 陈峰君、王传剑：《亚太大国与朝鲜半岛》，北京大学出版社，2004 年版，第 17 页。

鲜作跳板，从陆上出兵中国东北，进而发动全面侵华战争，妄图建立所谓的“大东亚共荣圈”，实现其侵占亚洲大陆的野心。同时，日本部分海军还以朝鲜半岛为活动基地，对中国实施了全面海上封锁，给中国的抗日战争带来了巨大困难。在第二次世界大战爆发后，日本再次以本土和已经占领的朝鲜半岛为海军基地，出动海军兵力，从海上发起进攻东南亚的战争，在不到两个月的时间里就侵占了东南亚诸岛。

1941 年，美国参加第二次世界大战，极大地增强了世界反法西斯力量。第二次世界大战胜利后，朝鲜半岛在世界反法西斯力量的支持下终于结束了日本的殖民统治，迎来了民族独立。但是，在东西方冷战的大背景下，朝鲜半岛还没有来得及品味民族独立的喜悦，就开始陷入了国家分裂的苦难之中。战后，美苏以“三八线”为界，分别接收了朝鲜，朝鲜半岛完全不由自主地陷入了民族分裂的深渊。1945 年底，在美国支持下，李承晚创建了海防兵团，成立了海军陆战队。翌年 6 月“海防兵团”改称“海岸警备队”，这就是韩国海军的前身。1948 年 8 月 15 日，韩国成立，海岸警备队正式改名为“韩国海军”。同年 9 月 2 日，在苏联的支持下成立了以金日成为首相的朝鲜民主主义共和国。

苏、美相继于 1948 年底、1949 年中撤出朝鲜半岛后，朝韩双方屡次发生冲突，1950 年 6 月 25 日，朝鲜内战爆发。战争中，韩国海军和“联合国军”一起，参加了登陆作战和海上的巡逻、侦察等战斗。如韩国海军陆战队曾参加了著名的仁川登陆作战。虽然在朝鲜战争期间，韩国海上安全基本上完全依赖美国海军的保障，但韩国海军却由于战争的需要在美国人的大力扶持下迅速发展壮大，至 1953 年 7 月 27 日，朝鲜停战协定签订时，韩国海军已经成为一支拥有总兵力约 3 万人，舰艇 60 余艘、具有一定海上作战能力的小规模海上力量。

19 世纪末开始，朝鲜受到了主要来自海上的诸多列强的殖民入侵，但是由于宗主国中国的腐败无能和朝鲜长期的积贫积弱使其在西方列强主要从海上发起的入侵面前几乎毫无反抗之力，最终被日本所吞并。海洋意识的长期淡薄、海上安全保障力量的孱弱和落后，使朝鲜在列强的入侵面前任人宰割。第二次世界大战后，朝鲜半岛分裂，在美国支持下，韩国开始了海军的初创过程，并依靠这支小小的海军初步得以维持海上安全。朝鲜战争爆发后，韩国的海上安全基本依靠美国来维持，韩国海军在战火中进一步得到发展与壮大。

二、冷战时期韩国海上安全理论与实践的发展

（一）20 世纪 50 年代初到 60 年代末期，以韩美同盟为依托的海上安全观念与实践

朝鲜战争结束后，1954 年底，韩美签署《美韩共同防御条约》，韩美同盟建立，韩国被纳入了美国的东亚安全体系，成为美国对苏遏制政策的桥头堡。在世界大冷战的两极格局下，以美韩为一方和苏朝为另一方以“三八线”为界形成了直接的政治、

军事对抗，这种东西方阵营的对抗直接形成了冷战时期朝鲜半岛的战略态势，并在冷战后相当长一段时间内得以延续。同样，这种战略态势也给韩、朝双方的国家安全带来了巨大的影响。

《美韩共同防御条约》签订后，美国为了巩固这一东西方对抗的前沿阵地，对韩国实施大量的军事经济援助。在军事上，从1953年到1969年，美国为韩国提供了高达3亿多美元的军事援助，使得韩国的军事实力大增；在经济上，1950年到1968年，美国共向韩国提供了价值35亿美元的经济援助项目，这对韩国的发展起到了十分重要的作用。通过军事、经济的双重援助，韩国这一时期的军事实力日益增强，经济也蒸蒸日上。

同时，这一时期也是东西方冷战中双方对峙最为严重的时期，朝鲜半岛可以说是冷战对峙中一个非常典型的缩影。在朝鲜半岛整个军事分界线上，双方陈兵百万，枕戈待旦，此外，还有十几万的特工部队，从海上、陆上相互渗透、颠覆。[①] 在这样一种紧张的状况下，韩国认为必须在美国盟友的帮助下才能应对面临的主要威胁，即陆上方向可能来自苏联支持下的朝鲜民主主义共和国的大举入侵。在海上方向，韩国认为相对比较弱小的朝鲜海军不具备发起大规模的登陆战役的能力，所以相对而言，海上方向处于次要的安全方向。

在“陆重海轻”的指导思想下，韩国的海上安全主要服从于陆上安全的需要，再加上美国强大的海上力量在东亚地区的存在，韩国对海上安全的重视程度远远不及陆上安全。故而这一时期韩国尚未提出明确的海上安全观念，但对海军主要担负的任务作了明确的规定，即在平时担任侦察、巡逻和海上戒备等任务，其主要目的是防止朝鲜的海上入侵和朝鲜特工的渗透，维护沿海海域的安全；战时配合驻韩美军作战，抵御来自朝鲜方向可能的一定规模的两栖作战。

为了更好地执行近海“警察性任务”，1953年，韩国成立了“海岸警察队”，1955年更名为“海洋警备队”。1962年，韩国又通过“海洋警察队法案”，“海洋警备队”改称“海洋警察队”，并配备了部分岸基飞机和水上飞机，担负维护海上治安、护渔、缉私、救难以及配合韩海军舰艇执行近海巡逻警戒等任务，必要时参加海上作战。

总之，在20世纪50—60年代，处在东西方冷战对峙最前沿地带的韩国承受着来自北方的巨大威胁和压力，韩国势单力薄，只能依托韩美同盟才能确保自身的安全。海上安全相对于陆上安全而言处于次要方向，韩国虽然没有提出明确的海上安全观念，但在美国的支持下较好地运用了海上力量，确保了本国海上安全。

（二）60年代末到90年代初，向“自主防卫”过渡时期的海上安全思想与实践

20世纪60年代末，美国在同前苏联的军备竞赛中逐渐感到力不从心，加上越南战场上的节节败退和国内反战呼声的日益高涨，新当选的尼克松总统打算调整美国亚太

① 陈池、陈世英、胡蕴坚：《韩国》，当代世界出版社，1998年4月版，第67页。

战略。1969 年，越战撤军前夕，尼克松在关岛表述了美国的新外交政策："美国将继续承担也已承担的条约义务，但除非是美国切身利益的需要，美国将不再承担任何新的义务……在亚洲，美国的政策应避免那些接受美国援助的国家对美国的过分依赖，以防止越战失败那样的悲剧重演。"① 自此，美国开始收缩驻韩美军力量，并宣布将于 1975 年停止对韩国的无偿军事援助。受到美国战略调整的影响，原本比较协调的美韩关系也发生了一些摩擦和变化，韩国对美国的"不信任感"开始抬头。尼克松秘密访华后，韩国更是有了一种被出卖的感觉。更让韩国感到不可思议和感到为难的是，美国政府竟然劝说韩国与北朝鲜直接对话并同时加入联合国。总之，在与美国的交往中韩国越来越感到自己就像是美国大棋局中的马前卒，是美国对苏战略中的砝码，"依附于美国"的安全战略导致韩国政府在国家安全政策上无法自主，极为被动。

20 世纪 70 年代初，在经济上，朴正熙政府开始实施"出口导向型"的经济发展战略后，国内工业持续发展、经济持续增长，韩国的综合实力大增；在外交上，韩国首次提出了北方政策，开始谋求与朝鲜的对话以及与中、苏关系的正常化，逐渐有了脱离美国进行独立外交的倾向；在国防上，韩国认识到单纯的依赖美国并不能确保自身的安全，只有发展自己的力量，将国家的安全掌握在自己手里，才能实实在在的保障自身的安全，政府采取了逐渐向"自主防卫"过渡的防务政策。

尽管韩国在外交上采取了主动和中国、苏联以及朝鲜接触的政策，但这种接触政策并不是立竿见影的，由于南北敌视意识的长期存在和"朝鲜的顽固不化"，韩国认为其面临的主要威胁还是来自朝鲜的大规模陆上进攻，海上方向仍然不是韩国主要的安全方向，海上防御重点仍然没有改变，但是，与过去有较大区别的是，海上防御不再完全依靠美海军，而是逐渐努力"独立自主"地承担。与此相一致，海军建设也进入了"自主发展"的萌芽阶段，开始积极筹划、发展国产武器装备，先后自行研制生产火箭艇、导弹快艇等小型作战艇只 40 余艘，1980 年，开始建造"蔚山"级导弹护卫舰，"东海"级猎潜舰，1983 年建造了 4 艘"韩国型"小型潜艇，对美援老式驱逐舰进行现代化改装。此外，韩海军还进一步调整体制编制和力量部署，先后成立六大海域司令部，在韩美陆、海、空三军各兵种司令部的基础上组成"美韩联合司令部"。截至 1984 年底，韩海军总兵力约 7 万人，拥有各型舰艇约 200 艘，海军航空兵飞机 50 多架。

20 世纪 80 年代中期以后，在国际上，苏联开始在外交"新思维"的指导下，积极推行"缓和战略"与"收缩战略"，② 主动终止在第三世界的扩张，冷战形势进一步缓和。受苏联对外政策的影响，朝韩关系在双方不断的推动下出现了新的转机，南北对话开始取得新的突破，半岛形势也呈现出迅速缓和态势。在国内，韩国经济持续高速增长，综合国力不断提高。与此同时，韩国民众的主权意识、自主意识和民主意识不

---

① 美国国务院：《国际条约和协定》（第五卷），第三部，华盛顿特区政府出版社，1970 年版，第 1574 页。

② 中国国际关系协会：《国际关系史》（第十一卷），世界知识出版社，2004 年 5 月版，第 94 页。

断增强。鉴于国际国内形势，韩国在外交上提出“主动、积极、多边”的口号，在加强与美、日等西方国家关系的同时，努力增进与第三世界、不结盟国家的关系，继续谋求改善与苏、中等不同制度国家的关系，并大力开展经济外交；在国家安全威胁方向的判断上，韩国认为尽管东西方冷战对峙的形势仍然不能乐观，韩国仍然需要依托韩美同盟来保证国家安全，但来自朝鲜大规模入侵的可能性已经大大降低。而在海上方向，随着经济的发展和科技的进步，原本并不十分突出的问题如海上交通的安全、海洋资源的保护、海洋领土的纠纷等逐渐成为海上安全热点，尤其是着眼于对南北双方建立和平机制后朝鲜半岛安全形势的考虑，韩国认识到海上安全的已不再是单纯的针对朝鲜进行作战和防御，而是要逐渐独立自主的承担起全方位地维护海上安全的任务，于是韩国开始自觉不自觉地向着“自主防卫”的海上安全思想过渡。其主要内容主要有以下三个方面：海军要逐渐独立自主地承担起海上防御的任务；海军的防御任务要逐渐全方位化，而不是单纯的对朝防御和作战；要逐步自主独立地开发、研制、生产海军装备，建立一支现代化的海军力量。

在这样一种不明确的海上安全思想的指导下，一方面，韩国海军继续以韩美同盟为依托，积极参加美军组织的三军联合演习以及海上演习等。参加的演习主要有：“乙支·焦点透镜”演习、“鹞鹰”演习、“协作精神”演习等。通过这些演习的参加，海军具备了对付多重威胁的能力、较快的反应速度、较高的海上作战技能和与美军较好的协作能力。另一方面，为适应新的海上安全形势的需要，主要从以下三个方面加以努力：一是进行了体制编制调整与革新，20 世纪 80 年代中期以后，韩国海军撤销原六大海域司令部，成立三大舰队，设海军司令部统一指挥；通过体制编制调整与革新，韩国海军的指挥体制变得更紧凑，有效，反应更加迅速、灵活，较好的提高了维护海上安全的战斗能力；二是积极组织各种训练，积极参加护渔护航、近海巡逻等维护海权等任务；三是大力推进海军现代化建设，80 年代末，韩国海军开始设计国产第一种具有远洋作战能力的新型导弹驱逐舰，也就是“KDX”系列驱逐舰，并于 1987 年引进了第一艘“U－209”级潜艇，1990 年开始建造 3 800 吨级的“KDX－2000”型导弹驱逐舰，同年，仿意大利猎雷舰自制了 5 艘“燕子”型猎雷舰，1993 年仿德国引进的型潜艇自制了 4 艘该型潜艇，随着韩国自主建造海军装备力量的增强，国产化舰艇占海军舰艇总数的比例也越来越高。通过上述努力，韩国海军的指挥体制变得更紧凑，有效，反应更加迅速、灵活，战斗能力日益增强，较好的提高了维护海上安全的战斗能力。

总之，从 20 世纪 60 年代初到 90 年代末，随着韩国国际、国内环境的变化，韩国逐渐自觉不自觉地向着“自主防卫”的海上安全思想过渡，虽然这一思想并没有被明确地提出，但韩国一直在实践着“向自主防卫过渡”的海上安全思想，而且，在这一过渡性的海上安全思想的牵引下，韩国海军通过积极的海上实践，较为有效地维护了其海上安全，为韩国外向型的经济发展提供了有力的保障，也为韩国最终形成自己的海上安全理论打下了基础。

三、冷战结束后走向自主化、大洋化的韩国海上安全理论与实践

（一）韩国海上安全理论的提出

冷战结束后，国际形势发生了巨大变化：随着苏联的解体，东西方冷战格局消失，美国成为世界上唯一的超级大国，逐渐形成了“一超多强”的世界战略格局；以经济科技为主的综合国力的竞争取代了冷战时期以军事力量为主的竞争，构筑以经济利益为基础的地区经济合作体或经济共同体的地区化成为不可阻挡的趋势；世界总体形势缓和，但局部动荡，因宗教、民族、边境等问题引发的地区争端日益增多。

在冷战后的东北亚，韩国的安全形势也发生了一些变化，韩国认为对其有利的主要是：俄罗斯正在实行议会民主、发展市场经济体制，中国正致力于实行改革开放，在各自的努力下，韩俄、韩中之间原有的“隔阂”正逐渐“消失”，韩国同中、俄两国均建立了友好合作关系；冷战虽然结束，但美国仍然需要韩国这块阵地，韩美之间保持着军事同盟、友好合作关系和联合防御体制。不利的方面主要是：朝鲜仍在固守其体制，对韩采取敌对政策，南北双方仍处于敌对状态；中国虽然不支持朝鲜的统一韩国政策，但仍与朝鲜保持着同盟关系，给予朝鲜经济和外交支持，这使韩国感到一种莫名的紧张；中、日两国继续增强军备朝着军事大国迈进，某种程度上给韩国构成了压力；朝核问题严重考验着美韩关系，再加上朝鲜政局的又可能动荡，这将成为成为20世纪90年代初期东北亚和平的一大威胁。①

从韩国国内来看，经济上，20世纪90年代中期，韩国人均国民生产总值已经超过一万美元，其世界排名高居第11位。经济的强大使韩国有了不依赖美国的物质基础。政治上，韩国政局自从1988年恢复民主选举后，便结束了以往的“军人独裁政治”，进而能够通过国民的直接参与确保了政权的正统性，从而实现了前所未有的稳定。外交上，卢泰愚政府通过韩苏与韩中建交，使韩国外交由偏重美日一方扩大到多边外交，并使东北亚地区的对立格局开始出现缓和趋势；金大中政府通过“阳光政策”，进一步促进了南北对抗的缓和，并在巩固韩美同盟关系的同时，继续推行多边外交，参与多边安全合作，促进地区多边安全合作机制的建立。

基于上述考量，对于冷战后国家安全，1994年韩国防部通过了《国防目标修正案》，正式提出“全方位防御战略概念”，强调针对周边国家军事力量的发展，在继续以北朝鲜为主要作战对象的同时，准备应付“多元威胁”，把日本、中国、俄罗斯列为未来潜在的防范对象，同时强调，国防防御要逐步走向“自主”。

在国家的海洋战略上，韩国于1999年12月制定了韩国的海洋开发战略《韩国海洋21世纪》，欲在21世纪“通过蓝色革命增强国家海洋权利”。该文件制定了三个基础目标，一是提高韩国领海水域的活力；二是开发以知识为基础的海洋产业；三是坚

---

① 阎学通主编：《中国与亚太安全－冷战后亚太国家的安全战略走向》，时事出版社，1999年1月版，第218－220页。

持海洋资源的可持续开发。其中特别提出：要“考虑到新的国际海洋新区域，将使用海军和航空防卫能力来维护海洋主权”；“要创造更干净和更安全的海洋环境”。[①] 在国家海洋战略中，对海上安全基于更大的重视。

在国家安全政策和海洋战略的指导下，韩国提出新的海上安全理论——在逐步向“自主独立”过渡的同时，走向“大洋化”。在防御范围上强调从“沿海防御”向“远洋作战”过渡；在防御手段上更加注重进行全方位、多层次的海上安全合作；在建设目标上强调要建立一支强大的现代化的适应高技术发展的远洋海军；在防御任务上认为其任务主要是：在战时，主要是保护海上交通线，确保海上活动安全、控制海洋，防止海上的敌对行动，并对敌人的翼侧和后方地区实施两栖作战；在平时，保障实施战备、担任侦察、巡逻和海上戒备等任务，维护沿海海域的安全。

（二）韩国海上安全实践的内容

为达成以上目的，韩国海上安全实践进行了以下四个方面的落实和调整：

1. 适应国家海洋战略的要求，积极调整海军的任务、部署、防御重点，拓展韩国海上防御的范围

1994—1995 年韩《国防白皮书》提出，海军的任务要从反北方的海上渗透转向“发挥地区作用”。由此海军要实现由防御性向攻击型、近海型向远洋型的转变。在海上部署方面，韩国要求继续加强在军事分界线附近的海上力量，以提高对海上突发事件的快速反应和紧急出动能力。在防御重点上，韩国要求逐步将海上防御重点由东海（日本海）转向西海（黄海），不断加强西海海域及沿岸地区的军事部署。此外，为加强对朝鲜海峡的控制，计划投巨资在济州岛修建海军基地，并部署数十艘驱逐舰和护卫舰，以及美制“P－3C”型反潜巡逻机，以此作为未来将要成立的海军战略司令部的主要作战力量。

2. 积极加强战备值班，重视海军的日常训练和军事演习、韩美协同作战

海军平时积极组织战备值班、护渔护航、反间谍作战、海上和空中巡逻、海上远航实习、登陆训练、海上基本科目训练、三军联合演习等日常作战活动、训练演习，努力提高独立组织日常训练、战备活动和三军演习的能力，有效地提高了反应速度和战斗力。与此同时，韩国海军近年来积极参加美海军的各种演习，重视韩美协同作战，努力提高海军的独立作战能力和协同作战能力，韩国认为，尽管冷战结束，韩美矛盾越来越多，但在当前及今后相当长的一段时间内，韩美联盟对于韩国国防来说都处于首要地位，因此，韩国高度重视韩美联盟，积极参加美军举办的各种演习，提高和美军协同作战的能力。

---

① http：//www. comra. org/dyzl/1261A31. htm，2003 年 6 月 13 日。

3. 加快、加强主要海上安全保障力量（主要是海军和海洋警察队）的建设，逐步增强韩国军队的自主权

为加强海空军的力量，韩国采取了三项措施：一是在军费上逐步向海、空军倾斜。1992年以前，海空军军费只占整个国防预算的50%。自1993年起这一比例提高到了60%，并呈现出逐年递增的趋势。二是调整三军兵力结构，扩充海、空军实力，韩国计划到1997年之前，将陆军由54万人减至53万人，海军由6万人增至6.5多万人，空军由5.5万人增至5.9万人；总兵力保持65.4万人。三是优先发展海、空军武器装备，加速海军武备的现代化建设，合理配置水面、水下和空中作战力量，形成立体战斗结构。从1993年起，韩国开始为海、空军更新和改进武器装备，并计划进一步增加投入，争取到21世纪初把海、空建设成为现代化的高技术军种，使其战斗力提高到一个新的水平。可以说，经过90年代以来一系列令世人瞩目的建设发展计划，韩国海军形成了空中、水下、水面三位一体的作战能力，现已成为东亚地区不可小觑的一支海上力量。① 此外，韩国在海洋警察队力量的建设上也投入了巨大的人力物力。截至2000年，海警厅拥有警用快艇152艘，7个雷达站及部分飞机，总兵力约3 000人，而且其装备仍在不断更新和完善中。海洋警察厅在维护海上治安，保障船舶的安全，保护渔业资源，监视进入韩国海区捕鱼的外国渔船，缉查海上走私和营救遇难船只等方面发挥了巨大作用。在“自主权”方面，1990年开始，韩军逐步从美军手里接过了前沿警戒任务，1994年12月，韩军又从驻韩美军联合司令部接掌了对韩军的平时作战指挥权。至此，韩国防部和参联会开始直接统率其武装部队，跨出了“自主国防”的第一步。

4. 积极参与全方位、多层次的海上安全合作，努力就海上安全相关问题达成与周边国家的相互理解和支持

通过这些海上安全合作，不仅有效地预防了海上危机的发生，而且为海上安全提供了较为可靠的保障。近年来韩国进行的海上安全合作主要包括以下三个层次的内容：一是积极参加与海上安全有关的、地区层次的论坛、研讨会，有效地交流、研讨海上安全理念和战略思想、海上安全合作的方法等相关内容，如东盟地区论坛、世界海军首脑论坛国际海上力量研讨会（ISS）、西太平洋海军论坛（WPNS）、亚太安全合作理事会（CSCAP）等；二是积极派遣高层军事领导人访问，派遣军舰访问，派遣军事人员参加交流和培训、参加海上联合军事演习，如近年来的韩日、韩俄、韩中军事互访与交流等；三是积极参加具体务实的海上安全活动，如海上搜寻救助、抢险救灾、人道主义救援、反海盗、反走私、反恐怖主义合作、防止海上事故磋商以及签订海洋科技和渔业协定等。

---

① 中国军事科学院世界军事年鉴编辑部：《世界军事年鉴2002》，解放军出版社，2002年12月版，第150－151页。

总之，冷战结束后，韩国的国际国内环境都发生了很大的变化，韩国提出了新的国家安全政策，并适时提出了21世纪海洋战略，在国家安全战略和海洋战略的基础上，在向“自主防卫”过渡的同时，提出了自主化、大洋化、全方位化的海上安全理论，并通过调整海军的战略方向以及部署重点；加强训练和韩美合作、海上保障力量的建设和努力促进海上安全合作等海上安全实践，在新时期有效地保障了韩国的海上安全。

四、韩国海上安全理论与实践未来发展趋势

当前，韩国面临的最大安全问题是朝核问题。朝核问题的和平解决比较符合各方利益，以朝核问题的和平解决为基础，东北亚将改变目前没有安全机制的状况，建立朝鲜半岛的和平机制，实现朝鲜半岛的永久和平。在国际周边环境得到稳定背景下，朝韩两国方有可能探讨结束对抗达成统一的过程。

由于韩国所处的特殊的地缘战略环境，作为“鲸鱼群中的一只虾米”，韩国认为其最好的策略就是大国平衡策略。在外交政策上，对周边大国，韩国将继续实行“全方位”外交，以求达成双边甚至多边的互信机制，为朝核问题的解决、朝鲜半岛的和平统一和韩国经济发展创造良好的国际环境；对“北朝鲜”，韩国将会继续扩大接触，增进交流，以求达成双方的安全互信，为半岛和平机制的建立甚至是和平统一持续努力。在国家安全战略上，韩国仍将在韩美同盟这一最可靠的保护伞下，奉行“全方位防御”的安全战略，同时，出于对朝鲜半岛统一后的共同防御的远景考虑，韩国将继续逐步向“自主防卫”迈进。

在可预见的将来，在国家海洋战略上，韩国开发利用海洋的力度将会更大、领域将更全面、范围将会更宽广，海洋利益在国家总体利益中的比重将会更大。因此，海上安全将逐渐成为韩国未来的国家安全中最重要的组成部分，保障海上安全将逐渐成为国家经济长期稳定发展的一个重要前提条件。

所以，韩国未来海上安全的战略目标将会是：通过有效地“存在和威慑”，防止海上的敌对行动，抵御来自海上的侵略，特别是来自近海的侵略；保障实施战备、担任侦察、巡逻和海上戒备等任务，有效维护沿海海域的安全；继续筹建“战略机动舰队”，使韩国海军具备远洋作战能力，确保国家开发利用海洋的自由和安全，保卫其日益拓展的海洋利益。

其未来保障海上安全的手段如下。

（一）继续逐步提高韩国海军“独立自主”执行防御任务的能力

这将主要通过逐步争取“自主”指挥权、争取海上防务的主导权、锻炼部队的独自作战能力、逐步加大国产海军装备的在总体装备中的比重等途径来实现。与此同时，在韩美合作中，将继续通过军事交流与联合演习等方式不断提高海军实战能力特别是远洋机动作战能力；在美海军的协助下扩大军事行动范围，应付和处置海上威胁，包

括保护海上交通线和海洋权益等。但在继续加强与美海军合作的同时，逐步减少对美军的依赖，其合作方式和方法将会逐步加以改进，更多地以韩国海军为主导，而不是一味单纯的作一个小伙伴。

（二）从力度上和海域范围上加强和扩大对海上交通线、海洋资源和有争议岛屿的保护

韩国贸易量的99%要依赖海上运输，海上运输线就是韩国的海上生命线，韩海军已经提出未来其战时的首要目标是保卫“海上四大交通线”（从韩国东海横穿日本津轻海峡东出太平洋的北方航线，从釜山来往于日本之间的韩日航线，从韩国西海抵中国的韩中航线，以及最远的一条从韩国南海经中国南海和马六甲海峡抵东南亚的南方航线），即确保海上资源的安全和海上运输线的畅通。[①] 随着经济的发展，韩国的海外利益将不断扩展，海上相关民用船舶的活动范围将会越来越广，扩大海军的活动范围、加强海军的保护能力是未来韩国海上利益所必需的。中韩、朝韩之间都有海洋权益的争端，有效保护海洋权益，加强对海洋资源的控制是韩国顺利实现海洋战略的前提。

（三）继续构造多层次、全方位的海上安全环境

主要将通过三个途径来实现：首先，独立自主的构建全方位、多极化的大国外交关系，处理好韩朝关系，巧妙利用四大国的力量，在各方的“合力”下，争取实现朝鲜半岛的永久和平。创造“最大的海上安全”；其次，积极参加地区合作和多边、双边海上安全合作；构建一个良好的地区层次的多边的双边的海上安全环境；最后，积极参与、构建各种“技术层级”的海上合作机制，如海洋技术交流机制、信息通报机制、海洋信息共享系统等等，从而推进海上安全合作从“务虚”逐步走向“务实”。

（四）以建设大洋海军为目标，加强海上安全保障力量的建设

在海军装备上，韩国制定了海军发展10年规划，大力研制和建造具有中远海作战能力的大型化、导弹化和高速化舰艇，尽快提升早期预警和海上监视能力。目前，韩国海军正以建设“大洋海军”为目标，积极筹建“战略机动舰队”，其核心力量将是“KDX－Ⅲ”型宙斯盾驱逐舰、新一代“AIP”潜艇、1万吨级的直升机运输舰和“P－3C”反潜巡逻机等。在人才队伍的建设上，开始为建立“大洋海军”积极准备人才、锻炼部队。每年一次的海军士官学校毕业生远洋训练，已由过去的仅限于太平洋海域扩展到大西洋、印度洋、地中海等全球范围。[②] 在海军体制上，全面深化改革，力求建立一支精干、高效、顶用的海上力量。在海战场体系的建设上，发展集海面、水下及对空监视系统，指挥控制通信系统，建立济州岛海军战略机动舰队基地等。总之，韩国海军计划到21世纪初建设一支具备远洋机动作战能力的“蓝水”海军，以具备同周边大国海军相抗衡的能力，届时，韩国海军必然将成为一支不可小觑的海上力量。

---

① 顾同祥：《世界海军精锐》，海潮出版社，2004年1月版，第167页。
② 顾同祥：《世界海军精锐》，海潮出版社，2004年1月版，第167页。

澳大利亚“融入亚洲”战略论析[*]

王光厚[**]　袁　野[***]

[摘要] 2012 年 10 月 28 日，澳大利亚政府的《亚洲世纪中的澳大利亚》白皮书正式发布，标志着“融入亚洲”已经成为澳大利亚的国家发展战略。澳大利亚之所以选择“融入亚洲”，是亚洲经济崛起和亚太“权力转移”两方面因素共同作用的结果。为了能赢在亚洲世纪，澳大利亚进行了全方位的规划并采取了一系列具体行动。但是，澳大利亚的“融入亚洲”战略也将面临自身缺乏充分准备、内部政治变化、与亚洲主要国家间互信不足、地区安全环境存在不确定性等多个因素的影响和挑战。尽管如此，只要地区环境不发生根本性变化，澳“融入亚洲”的战略方向不会改变。

[关键词] 澳大利亚；融入；亚洲

2012 年 10 月 28 日，澳大利亚政府正式发布《亚洲世纪中的澳大利亚》白皮书，明确了澳“融入亚洲”① 的国家发展方向并为之规划设计了宏伟的蓝图。2013 年 1 月 23 日，澳大利亚公开了其第一份国家安全战略报告《强大与安全：澳大利亚国家安全战略》，明确地将“提高参与度以支持地区的安全和亚洲世纪的繁荣”② 列为澳未来国家安全工作的重点之一。2013 年 4 月 4 日，澳大利亚公布了“亚洲世纪”政策行动计划。这几个文件的发布表明“融入亚洲”已经不再是澳大利亚的政治理念，而是上升到澳国家战略层面。澳大利亚系典型的“中等强国”，澳“融入亚洲”的战略选择将对亚洲特别是东亚国际关系的发展产生重要影响。本文拟从背景与动因、部署与举措、挑战与前景几个方面来诠释澳“融入亚洲”战略的基本内涵。

一、“融入亚洲”战略形成的背景与动因

澳大利亚“作为地处东方的西方国家，外交政策一直有偏东还是偏西的选择。”③

---

* 来源：该文原刊于《太平洋学报》，2013 年第 9 期，第 97 - 103 页。系中国海洋发展研究中心 2012 年青年项目“澳大利亚的南海政策研究”（AOCQN201205）的研究成果。

** 王光厚，男，黑龙江齐齐哈尔人，东北师范大学政法学院副教授，法学博士，主要研究方向：中国外交。

*** 袁野，男，吉林通化人，东北师范大学政法学院硕士研究生，主要研究方向：澳大利亚外交。

① 从澳大利亚政府发布的《亚洲世纪中的澳大利亚》白皮书来看，澳大利亚所言的亚洲包括东北亚、东南亚和南亚三部分，并不包括中亚和西亚。

② See Australia Government, Strong and Security: A Strategy for Australia' s National Security, http://www.dpmc.gov.au/national.national - security - strategy.cfm.

③ 沈世顺：《澳大利亚外交新走向》，《国际问题研究》，2006 年第 2 期。

冷战时期，澳大利亚的对外战略重心完全位于西方。冷战结束之初，基廷政府大力推行“面向亚洲”的政策，澳大利亚与亚洲国家的互动日渐频繁。然而，1996—2007年霍华德执政时期，澳大利亚与亚洲国家虽然在经济上更加靠近，但是在政治互信和安全合作方面却多有波折。2007年12月，陆克文就任总理后，将加强与亚洲国家之间的关系确定为澳大利亚外交政策的新理念。但是，这一时期中澳关系的曲折发展使得澳大利亚的亚洲政策缺乏整体性内涵。2010年6月，吉拉德政府执政后对亚洲的未来发展以及澳大利亚与亚洲关系进行了全新评估，明确了澳“融入亚洲”的战略方向。

“融入亚洲”是澳大利亚为应对2008年全球金融危机以来亚太区域形势变化而做出的战略性选择。一方面，这次危机提升了亚洲新兴经济体在全球经济格局中的地位和影响力。始自2008年的全球金融危机对各国所造成的影响不尽相同。美国、日本和欧洲主要国家至今依然没有走出危机的“泥淖”，而中国、印度和东盟等亚洲新兴市场国家却较快摆脱危机并重新驶入经济发展的“快车道”。据统计，2010年至2012年中国的经济增长率分别为10. 4% 、9. 3%和7. 8%；印度的经济增长率分别为9.3%、6. 2%和5. 0%；东盟的经济增长率为7.9%、4. 7%和5. 5% 。[①] 由于这些国家内需潜力巨大且普遍享有“人口红利”，因而就未来看，亚洲新兴市场国家的经济增长势头将会延续。根据亚洲开发银行的预测，包括中国、印度在内的“发展中亚洲”2013年、2014年将分别保持6. 6%和6. 7%的高增长率。[②] 高速的经济发展使得亚洲成为带动世界经济增长的最大“引擎”。如何从亚洲经济发展中受益已经成为包括澳大利亚在内的世界各国普遍关注的议题。另一方面，这次危机加速了全球，特别是亚太地区“权力转移”的进程。“权力转移是一个较长的历史过程，在国际体系演变的不同历史阶段，权力转移的形态也会表现出不同的特征。”[③] 当前，亚太地区的“权力转移”出现了经济和安全主导权分离的迹象，“崛起国”中国与既有“主导国”美国在经济和安全领域各领风骚的权力架构呼之欲出。[④]“权力转移”是影响国际关系发展的结构性因素，它所形塑的国际环境是一国对外战略与政策赖以制定的基础条件之一。澳大利亚系亚太一员，准确把握并有效应对亚太区域环境所发生的这种结构性变化有利于其国家利益的维护和拓展。

从经济层面看，亚洲经济的持续高速增长无疑给澳大利亚带来更多的发展机遇。澳大利亚铁矿石、煤炭等自然资源储量丰厚，与亚洲主要经济体之间存在很强的互补性，这有力地推动了它们之间经贸关系的发展。据统计，2011年澳大利亚前十大贸易伙伴中有七个位于亚洲，它们分别是中国、日本、韩国、新加坡、印度、泰国和马来

---

① Asian Devwlopment Bank, Asian Development Outlook 2013: Asia's Energy Challenge, http: //www. adb. org/publications/asian – development – outlook – 2013 – aisas – energy – challenge? ref = data/publications.

② Ibid.

③ James F. Hoge Jr, A Global Power Shift in the Making: Is the United States Ready, Foreign Affairs, Vol. 83, No. 4, 2004.

④ 赵全胜：《中美关系和亚太地区的“双领导体制”》，《美国研究》，2012年第1期。

西亚。其中，中国和日本分别位列澳大利亚第一和第二大贸易伙伴。2011 年中、日与澳大利亚的贸易额分别达到了 1 277. 82 亿澳元、756. 74 亿澳元，占澳对外贸易总额的比重分别为 20. 4% 和 12. 1 %，且澳对两国的贸易处于明显的出超地位。① 近年来以中国和印度为代表的亚洲新兴经济体实现高速发展，这为澳的经济发展注入了强劲的动力。事实上，2008 年全球金融危机爆发以来澳大利亚之所以能够成为发达国家经济表现上的“优等生”，在很大程度上正是亚洲国家，特别是中国，牵引的结果。与亚洲国家密切的经济联系业已使澳大利亚充分分享了亚洲发展的“红利”，而“亚洲世纪”的来临无疑将为澳大利亚提供历史性的经济发展机遇。澳大利亚政府研判“亚洲地区转变为世界经济龙头的进程不仅势不可挡，而且加快了步伐。在这一世纪中，我们所在的地区将成为世界上大多数的中产阶级所生活的家园，并将成为世界上最大的商品和服务的制造者、提供者及其最大的消费者。”② 对澳大利亚而言，亚洲中产阶级的崛起所带来的不仅仅是矿产和能源业的繁荣，而且会带来旅游、金融、教育、健康、食品等多领域的机会。在亚洲经济对全球经济的引领作用日益突出的情况下，澳大利亚能否实现其成为世界经济强国——2025 年人均国民生产总值进入世界前 10 名的发展目标③，关键取决于它对“亚洲世纪”的认知和相应的“融入亚洲”战略与策略的选择。

从安全层面看，亚太地区进行中的“权力转移”给澳大利亚安全利益的维护带来一定的不确定性。2013 年 5 月澳大利亚政府发布的 2013 年《国防白皮书》系统阐明了当前澳大利亚四项逐层推进的“关键性战略利益”。该《白皮书》认为，澳大利亚“最根本的战略利益是保卫澳大利亚防范直接的武装进攻”，“其次的重要战略利益是包括巴布亚新几内亚、东帝汶和南太平洋国家在内的我们紧邻地区的安全、稳定和团结”；再次“在我们直接邻近地区之外，澳大利亚在印度—太平洋特别是东南亚和海洋环境稳定方面具有持久的战略利益”；最后是维护“稳定的、基于规则基础上的世界秩序”。④ 由于澳大利亚系亚太一员且并不具备主导国际事务的能力，因而澳上述几项安全利益的实现与整个亚太地区的安全架构和安全环境息息相关。当前亚太地区正处于“权力转移”之中，美国虽以“辐揍”模式（hub – and – spokes）掌控着亚太地区的安全结构，⑤ 但是伴随着经济力量的上升，中国正在改变着本地区的既有权力架构。澳大利亚在经济上与中国联系密切，因而从总体上看对中国的崛起持“欢迎”态度。⑥ 然

① Australia Government Department of Foreign Affairs and Trades, Australia's Trade in goods and service by top partners, 2011 – 12 (a), http://www.daft.gov.au/publications/tgs/FY2012_ goods_ service_ top_ 10_ partners.pdf.

② Australia Government, Australia in the Asian Century, http://asiancengtury.dpmc.gov.au/white – paper.

③ 即从目前的6.2 万澳元（6.38 万美元）增加到7.3 万澳元（7.5 万美元）。参见 Austalian Government, Australia in Asian Century, http://asiancengtury.dpmc.gov.au/white – paper.

④ Australia Government, Department of Defence, Defence White Paper 2013, http://www.defence.gov.au/whitepaper2013/, pp. 24 – 28.

⑤ 这种模式以美国为主导，以美国与日本、韩国和澳大利亚等国的双边军事同盟为其主要支柱。See Dennis C Blair and John T. Hanley Jr, From Wheels to Webs: Reconstructing Asia – Pacific Security Arrangemrnts, the Washington Quarterly, Vol. 24, No. 1, 2001.

⑥ Australia Government, Department of Defence, Defence White Paper 2013, p. 11.

而，澳大利亚并没有因此而忽视“权力转移”本身给国际关系发展所带来的不确定性。澳大利亚2009年发布的《国防白皮书》认为“如果中国不能对其军事计划进行详细解释，同时也不能为建立信任而与其他国家就军事计划进行沟通，那么中国军事现代化的步伐、规模和结构将有可能使其邻国有理由产生疑虑”。[①] 2013年版的澳《国防白皮书》虽然明确表示“澳大利亚政府并不视中国为对手”，并认定中国防务力量的加强是其经济增长的“自然和合理”的结果，但是，亦认为中国的军事现代化将“不可避免地会影响地区国家的战略规划与行动，并正在改变西太平洋的军力平衡”。[②] 这实际上是在暗示中国崛起会给亚太安全带来“不确定性”。安全利益是一国参与国际互动的最基本诉求，因而如何应对中国崛起所带来的安全上的不确定性是澳大利亚“融入亚洲”时必须考量的关键性因素。

从总体上看，澳大利亚将“亚洲世纪”视为自身发展的“机遇”。澳大利亚认为自己在“亚洲世纪”可谓“巧占天时地利——地处亚洲之域、时逢亚洲之纪”。[③] 然而，澳能否“赢在亚洲世纪”，关键在于其战略和策略的“选择”，而不是“机遇”本身。[④]

二、“融入亚洲”战略的部署与途径

为了能赢在“亚洲世纪”，2012年底以来澳大利亚政府先后出台《亚洲世纪的澳大利亚》、《强大与安全：澳大利亚国家安全战略》，2013年《国防白皮书》等配套文件，对澳“融入亚洲”战略进行了全面的部署并提出了一系列具体的政策举措。在《亚洲世纪的澳大利亚》白皮书中，澳大利亚政府开宗明义地提出了澳“融入亚洲”战略的核心目标——“保证澳大利亚成为一个更加繁荣、抗风险能力更强、充分融入本地区并对世界开放的国家”。[⑤]围绕这一目标，澳大利亚规划设计了五个战略性、前瞻性的行动领域。

（一）第一和第二个行动领域分别为拓展澳大利亚的比较优势和提升澳大利亚的生产力绩效

这两个领域的行动虽然侧重点不同，但却是相辅相成的。它们都力求强化澳大利亚的自身发展，其目的是要夯实澳“融入亚洲”的国内基础。澳大利亚清醒地意识到“无论亚洲世纪如何推进，澳大利亚的繁荣都将来自于其自身力量的建设以及加强自身的社会基础和繁荣、开放且富有弹性的本国经济。”[⑥]为保持自己的比较优势，澳大利亚业已在技能与教育、创新、基础设施、税制改革、监管改革等“五大生产力支柱”方面进行了坚实的革新与投资。此外，澳大利亚政府还就实现澳环境的可持续发展以及

① Ibid.

② Australia Government, Australia in the Asian Century, http://asiancengtury.dpmc.gov.au/white－paper.

③ Australia Government, Australia in the Asian Century, http://asiancengtury.dpmc.gov.au/white－paper.

④⑤⑥ Ibid.

建立强有力的宏观经济政策和金融框架问题进行了部署。在进行宏观规划的基础上，澳大利亚政府对如何提升澳大利亚的生产力绩效问题予以特别关注。澳大利亚政府认为“澳未来繁荣的关键在于通过对我们最重要的资源（我们的人民）的投资来提升我们的生产力和参与度。”① 为使澳大利亚在阅读、科学和数学方面的教育水平能够位居世界前五名，澳大利亚政府现已加大了对教育的投入并进行了一系列教育改革。② 同时，为给“亚洲世纪”做准备，澳大利亚政府计划使每名澳大利亚学生都能够进行与亚洲研究相关课程的学习，鼓励澳大利亚学生学习一门亚洲语言并鼓励澳大利亚大学生到亚洲大学攻读学位课程，等等。此外，澳大利亚政府还就完善职业教育与培训体系、提升澳各地区和社区“融入亚洲”的适应性、稳固澳“融入亚洲”的社会基础等进行了战略规划和部署。

（二）第三个行动领域是与亚洲市场接轨

澳大利亚力求到2025年将澳与亚洲间的贸易额从2011年的占澳国内生产总值的四分之一提升到占三分之一。在澳大利亚政府看来，这一目标的实现有赖于澳大利亚经济的更加开放和对亚洲的融入。即，要使澳大利亚与亚洲国家之间“商品、服务、资本、观念和人才的流动变得更容易”。③ 基于这种考量，澳大利亚进行了两方面的努力。一方面是在国内层面加深澳大利亚企业与亚洲企业在相互加强了解对方法律制度、商业管理和企业管理标准的基础上的合作关系。其具体途径包括继续降低澳大利亚的关税、参照亚洲国家的相关法规以求减少澳在外贸等方面的法律障碍、增强货物跨澳大利亚边界的流动率、支持民众的跨境交流、通过多种办法来吸引外国投资等。另一方面是在国际层面寻求加入综合性区域协议框架，以降低澳在亚洲市场的经营成本。就双边来看，澳大利亚计划完成与中国、印度、印度尼西亚、日本和韩国等国的“高质量协议”；就区域来看，澳力图通过推进“跨太平洋伙伴协议”和“区域全面经济伙伴关系”等各种途径来建设“亚太自由贸易区”；就全球来看，澳积极推动多哈回合下贸易便利化协议和涵盖世界贸易组织46个经济体的服务协议的早日实现。

（三）第四个行动领域是推动亚洲实现稳定而持续的安全

澳大利亚政府认为“澳未来的繁荣与安全与其所在地区发生的事情有着千丝万缕的联系。”④ 在澳大利亚看来，地区经济的增长、大国权力的变迁和非国家行为体的活动正在重塑其所在地区的安全环境。面对这种地区安全新形势，澳大利亚确立了推动亚洲实现可持续安全的政策目标。澳大利亚意识到实现这一目标的关键在于使“合作

---

① Ibid.

② See Prime Minister of Australia, “Better Schools: A National Plan for School Improvement”, http: //www. pm. gov. au/press - office/better - schools - national - plan - school - improvement

③ Australia Government, Australia in the Asian Century, http: //asiancengtury. dpmc. gov. au/white - paper.

④ Ibid.

的习惯成为（区域内国家的）常态。”[①] 为此，澳大利亚政府明确表示将继续大力推动各个层面安全框架与规范的建设。在全球层面，澳大利亚力求通过举办 2014 年 G20 峰会和担任联合国安理会非常任理事国的身份来加强与区域内国家的合作；在地区层面，澳大利亚致力于将东亚峰会打造成促进各国战略对话和政治、经济与安全合作的重要机制；在双边层面，澳大利亚力求加强与中国、日本、印度尼西亚、印度和美国等地区强国之间的合作。由于中美关系将决定地区的未来，所以澳大利亚特别重视与中美两国的合作。澳大利亚将澳美同盟视为澳国家安全的支柱之一，认为美国在亚太地区的存在有利于塑造澳对周边战略安全环境的信心。澳在《强大与安全：澳大利亚国家安全战略》中明确表示未来将进一步深化与美国的防务、信息及安全合作。[②] 从安全层面看，澳大利亚的对华政策目标是“鼓励中国和平地崛起并确保其在本地区的战略竞争不会导致冲突”。[③] 澳大利亚认为与中国建立包括政治、安全和人民之间的联系在内的“全面的、建设性的合作关系”是实现这一目标的主要路径。[④] 为此，澳大利亚不但将中澳关系提升为“战略伙伴关系”，而且还通过人道主义救援演习、军舰互访等“适当的实践活动”来“发展与中国坚实的正面防务合作关系”。[⑤]

（四）第五个行动领域是提升澳大利亚与亚洲各方面关系的广度和深度

尽管澳大利亚与亚洲国家之间业已建立起密切的联系，但是“亚洲世纪”的来临不但提升了亚洲的重要性而且正改变着澳与亚洲国家交流的内涵，这促使澳大利亚政府加大了与亚洲联系的力度。澳大利亚认为“应当通过信任、相互尊重和理解基础上的沟通与合作来同亚洲国家建立起更加有力、更加全面的关系”。[⑥] 为此，澳大利亚进行了两个方面的规划。从政府层面看，澳大利亚力求将其外交网络拓展至亚洲各地，特别是要与中国、印度、印度尼西亚、日本和韩国等亚洲主要国家建立起“更强大和更全面的关系”。其具体途径包括同各类机构协作来促进澳在亚洲的利益、在亚洲更多地区建立领事馆、任命驻东盟大使、优先处理各级政府部门与其亚洲同行的工作关系、与亚洲主要国家建立包括领导人定期会晤在内的双边架构等。与此同时，为重塑澳在亚洲的形象，澳大利亚政府还力求通过强化第二轨道外交等方式来开展对亚洲国家的公共外交。从民间层面来看，澳大利亚力求与亚洲国家建立更为深入和广泛的人际联系和文化联系。其具体路径包括五年内向亚洲国家颁发 12 000 个澳大利亚奖（“亚洲世纪”）、陆续与亚洲国家签署工作假期计划协议等。

总的来看，这“五个行动”领域明确了在“亚洲世纪”来临之际澳大利亚的国家目标和具体路径。这“五个领域”打通了澳国内、区域与全球三个空间，涵盖了经济、

---

① Ibid.

② See Australia Government, Strong and Security: A Strategy for Australia' s National Security.

③ Australia Government, Department of Defence, Defence White Paper 2013, p. 11.

④ Australia Government, Australia in the Asian Century, http: //asiancengtury. dpmc. gov. au/white - paper.

⑤ See Australia Government, Strong and Security: A Strategy for Australia' s National Security, p. 62.

⑥ See Australia Government, Strong and Security: A Strategy for Australia' s National Security.

安全、外交、文化等多个方面，协同了澳各级政府、各类机构、普通民众等各方的力量。它们相互支撑共同构成了澳大利亚为“亚洲世纪”导航的路线图。

三、“融入亚洲”战略面临的挑战及其走势

在全球战略重心日益向亚太倾斜的背景下，澳大利亚做出“融入亚洲”的战略选择，无疑是十分明智的。然而，澳大利亚能否成为“亚洲世纪”的真正赢家还存在诸多变数，关键在于能否有效应对国内外诸多因素的影响和挑战。

（一）澳大利亚社会各界尚未做好“融入亚洲”的准备

澳大利亚是西方世界的一员，在历史、文化和意识形态上与亚洲国家间有着很大差异，这使得澳大利亚与亚洲国家的传统联系十分有限。尽管20世纪90年代初期以来澳大利亚与亚洲的经济联系日益加强，但是迄今为止身为西方一员的澳大利亚“与亚洲关系的质量和深度都还只停留在表面”。① 以企业界的情况为例，澳大利亚的公司大多将亚洲视为其客户而不是合作伙伴，这致使它们对亚洲文化的了解相当有限。根据澳大利亚产业集团所做的调查，在亚洲经营的一半以上的澳大利亚企业高层并没有在亚洲工作过的经验，而且他们也不会亚洲的语言。② 再以教育情况为例，2011年“澳大利亚50%的学校很少讲授关于亚洲的知识、只有6%的12年级学生学习一种亚洲语言，而在大学里只有3%的学生学习亚洲语言”。③ 这种状况表明澳大利亚并没有做好迎接“亚洲世纪”的准备。目前，澳大利亚政府已经认识到这一问题的严重性并采取了一系列增强澳大利亚人对亚洲认知的举措。但是，客观地讲，由于基础较差，澳大利亚力求在“西方基因”之上增加“东方元素”的努力无疑会面临诸多挑战。从更深层面来看，澳大利亚欲“融入亚洲”必然还要面临如何平衡自身与欧美、亚洲关系的问题。总之，澳大利亚在经济上选择“融入亚洲”相对而言是容易的，但如何在文化上与亚洲接轨则是澳大利亚政府面临的更大挑战。

（二）澳大利亚国内政党政治的变化将会对澳“融入亚洲”战略的成败产生直接影响

在西方国家，政党的政治倾向是影响该国对外战略走向的重要因素之一。澳大利亚是较为典型的两党制国家，工党和自由党是目前澳的两个主要政党。从传统上看，澳大利亚工党政府比较倾向于自由主义和国际主义，注重加强与亚洲国家的关系并力求通过各种多边机制来推动澳大利亚的发展；澳大利亚自由党政府则倾向于现实主义，

---

① John Menadue, Greg Dodds, Deja Vu as Australia' rerurns from smoko from Asian Century, the Sydney Morning Herald, April. 5, 2012, http: wwwsmh. com. au/opinion/politics. deja – vu – as – australia – returns – from – smoko – for – asian – centuery – 20120404 – 1wd1x. html

② Australian Industry Group and Asialink Suevey, Engaging Asia: Getting it right for Astralian Business, March 11, 2011, p. 20.

③ Business Allianc for Asia Literature, Towards an Asia Reasdy Workforce, http: //www. asiaeducation. edu. au/asia _ literacy_ alliance/business_ alliance_ for_ asia_ literacy/business_ alliance_ for_ asia_ literacy. html.

力主加强与西方世界特别是美国的关系。[①] 20 世纪 90 年代初期以来，自基廷工党政府“面向亚洲”政策的提出，到霍华德自由党政府“倾向欧美”政策的选择，再到陆克文与吉拉德工党政府的“融入亚洲”或“拥抱亚洲”，无不反映出澳政党政治属性对澳亚洲政策的影响。2010 年的澳大利亚联邦大选，工党和自由党均未胜出。最后，依靠独立议员和绿党议员的支持吉拉德才得以连任。这种状况的出现表明工党政府的民意基础并不稳固。澳大利亚联邦大选每三年举行一次，2013 年的选举转瞬即至，选举究竟“鹿死谁手”尚属“未定之天”。如果澳大利亚自由党重新掌权，工党政府所推出的“融入亚洲”战略是否能继续下去还存在一定的变数。

（三）亚洲一些国家尚不能充分认同或接纳澳大利亚“融入亚洲”

国际关系的发展变化是各行为体相互作用的产物。澳大利亚能否实现其既定的亚洲政策目标，不仅仅有赖于其自身的努力，而且还取决于亚洲国家的态度和政策《亚洲世纪中的澳大利亚》白皮书表明澳大利亚欲将中国、印度、印度尼西亚、日本和韩国作为其“融入亚洲”的重点攻关对象。然而，其中的中国、印度、印度尼西亚三国与澳大利亚之间时有“龃龉”。2009 年澳《国防白皮书》有关“中国威胁论”的暗喻、2009 年秋“疆独”分子热比娅“窜访”澳大利亚、2011 澳大利亚允许美国海军陆战队进驻澳北部港口达尔文市等无不凸显出中澳两国之间所存在的结构性矛盾；印度与澳大利亚的关系则因澳大利亚对印度尼西亚实施铀禁运、双方在印度洋地区影响力的博弈以及印度学生在澳遇袭事件而缺乏必要的战略互信；[②] 近年来，接连发生的东帝汉独立、澳大利亚参加美国主导的反恐战争、印度尼西亚发生的针对澳大利亚的恐怖袭击、非法移民从印度尼西亚偷渡到澳大利亚等事件则给印度尼西亚与澳大利亚关系的平稳发展增添了涟漪。这些问题的存在无疑影响到三国对澳大利亚的认知及其接纳澳大利亚“融入亚洲”的态度。中国、印度和印度尼西亚同为亚洲大国，如果不能处理好与这三个国家之间的关系，澳大利亚“融入亚洲”战略的效能无疑将大打折扣。

（四）亚太地区“权力转移”的动向亦将左右澳大利亚“融入亚洲”战略的走势

面对亚太地区现已形成的经济和安全主导权分离的“权力转移”态势，澳大利亚选择了经济上向中国靠拢、安全上依靠美国的“双重依赖”战略。这使得澳大利亚得以充分分享地区发展所带来的“红利”，实现了经济与安全上的“双赢”。澳“双重依赖”战略的推行是奠基于“中美两国在经济、政治、战略与军事等各个层面正面而持久的双边关系”之上的。这意味着中美关系稳定则包括澳大利亚在内的亚太各国将普遍受益，而中美关系如果出现波折则整个亚太都会受到冲击。尽管从总体上看亚太地区进行中的“权力转移”将以和平方式进行，但是这并不排除中美两国因“战略误判”而产生矛盾和摩擦的可能性。作为“决定地区前景的最重要因素”的中美关系如

① See Derek Mcdougall, Austalia Foreign Relations: Contemporary Perspectives, Addison Wleley Longman, 1998, pp. 28 – 29.

② 刘思伟：《后冷战时期印度澳大利亚关系新发展》，《南亚研究》，2011 年第 4 期。

果出现问题，那么澳大利亚将不得不面临在中美两国之间“选边站”的困局。在这种情况下，澳大利亚不但在美国和中国之间同时获益的局面将被彻底打破，而且其自身的正常发展亦会受到严重冲击。届时“澳大利亚有关地区和平与繁荣的希望就将破灭”，澳“无论选择什么样的道路”，都将“处于一个完全不同的陌生世界中而别无选择”，而澳大利亚的“融入亚洲”战略亦根本无法推行。

上述几项挑战中的国内因素是澳大利亚本身能够管控的，而国际因素则是澳大利亚无法左右的。然而，在强大经济利益的驱动下，力求成为“富有创造力的中等强国”的澳大利亚选择的是主动出击而不是被动应对。2012 年 10 月以来澳大利亚总理对印度、中国和印度尼西亚等亚洲国家的系列正式访问，就充分展现了澳“融入亚洲”的战略决心，折射了澳“融入亚洲”的积极态度。就此研判，尽管受上述几个因素的影响澳大利亚在“融入亚洲”的过程中可能会出现波折，但是只要亚太地区的区域环境能够保持总体稳定，澳大利亚“融入亚洲”的进程将会继续下去。

论印度的海洋战略传统与现代海洋安全思想*

宋德星** 白 俊***

【内容摘要】作为陆海复合型国家，印度的海洋战略传统深受南亚次大陆内部政治生态、所处的地缘安全环境和海洋实践活动的影响，并呈现出明显的阶段性历史变化，即印度的印度洋时代或曰经典时代、西方的印度洋霸权时代或曰达·伽马时代和现当代三个时期。在海洋实践过程中产生的印度海洋战略传统和海洋安全思想，已经深深嵌入印度的战略文化之中，并对每一时期印度的海洋安全战略的制定与实施发挥着根本性的影响。

【关键词】印度；印度洋；海洋传统；海洋安全

作为一个典型的陆海复合型国家，历史政治大一统的缺失，导致了印度政治地理上的分裂，结果是印度没有真正意义上的统一的、完整的海洋传统，其海洋战略文化也因此经历了一个构建—消失—再构建的过程，而这恰恰构成了印度海洋战略传统最大的特点——多样性。可以说，印度的海洋战略传统本身便是一个充满着矛盾的命题，它掺杂在海权与陆权的争论中，是自由航行与海洋控制、历史渊源与殖民遗产相结合的产物。但不可否认的是，在千百年海洋实践过程中产生的印度多样性的海洋战略传统，已经深深嵌入印度的战略文化之中，并对每一时期印度海洋安全战略的制定发挥着根本性的影响。正是在这一传统之上，在现代西方海权观念和海洋殖民遗产的引领下，印度现代海洋安全战略思想逐渐发展了起来，并一直影响着印度的海洋战略决策与实践。

一、经典时代印度的海洋战略传统——航行自由与海洋控制并存

海洋传统，就是一个国家或民族在长期开发利用海洋和争夺海洋控制权的过程中，所形成的对于海洋的一贯认识和既定原则。这种传统也可以理解为一种对于海洋秩序

* 来源：原发文期刊2013年1月《世界经济与政治论坛》第1期．本文是国家社科基金重大项目《海上通道安全与国家利益拓展研究》（课题编号 12&ZD065）和中国海洋发展研究中心2011年度重点项目《海洋大国发展历史经验教训及其现代海洋观研究》（项目编号 AOCZD201101—1）的阶段性研究成果。

** 宋德星，南京国际关系学院国际战略研究中心主任、教授、博士生导师。

*** 白俊，南京南京国际关系学院国际战略研究中心副研究员（邮编：210039）。

的理解和实践。[①] 印度历史上，在欧洲人到来之前，无论就印度洋上的权力分布态势而言，还是就海洋利益关切而言，印度始终维持着一种基于海上实践之上的海洋秩序观，并将之作为一种约定俗成的海洋传统融会贯通到印度的各种海洋活动之中。但应当看到，在经典时代即前达·伽马时代，由于印度次大陆在地理上将印度洋北部分割为东西两个部分——阿拉伯海和孟加拉湾，上述两个海区不同的地缘特征导致了印度分别在阿拉伯海和孟加拉湾形成了两种截然不同的海洋战略传统，维持着天壤之别的海洋秩序。就像一位研究者所说，印度的海上历史由一个持续的主题所主导，那就是在海上行使国家权力与自由使用海洋原则之间的竞争。[②]

经典时代印度的海洋战略传统首先表现为在阿拉伯海对航海自由原则的运用。至少是在13世纪之前，印度海洋的控制权主要掌握在印度手里。其中，就阿拉伯海而言，这种控制权仅意味着基于贸易目的的航行自由，而不是后达·伽马时代贯见的排他性的帝国殖民扩张活动。[③] 所以，在分析印度洋地区的历史和印度在该地区的战略思想传统时，有学者发现，在前达·伽马时代里，印度洋的西部海区即阿拉伯海享有现代意义上的公海航行、贸易和商业自由，其结果不仅仅带来了大量的区域内贸易（几乎扩张到从东非的沿岸的蒙巴萨岛到阿拉伯海和孟加拉湾所有的沿岸和腹地国家），也使得印度洋成为连接太平洋和地中海的重要水路。[④] 究其原因，地缘因素和沿岸国家内化的安全需求导致了这种航行自由原则的产生。

由南亚次大陆的西海岸、伊朗高原和阿拉伯半岛环绕而形成的阿拉伯海，自古以来就是海洋贸易集中的区域。特别是印度洋北部季节性规律变化的季风，足以保障一艘船径直越过印度洋，从而极大地便利了货物的运输和印度洋海上贸易的繁荣。更为重要的是，无论是在印度西海岸还是在阿拉伯半岛与海湾地区，在经典时代，受限于航海技术与自然条件，阿拉伯海东西两岸的沿海国家，均没有能力将自己的影响力持续投送到阿拉伯海的对岸。特别是由于阿拉伯海上不具备具有整体战略意义的岛屿，所以对于该海区的控制只能来自于陆地。但是，无论是来自东方的南亚次大陆国家还是来自西方的阿拉伯国家，在当时的技术条件下，都不可能从陆地上完全控制阿拉伯海。结果是没有一个国家在阿拉伯海地区享有绝对的海上霸权地位，从而使得该海区海洋权势分布总体上保持着一种均势状态，而航海自由正是这种海上均势的副产品。

---

① 所谓海洋秩序，指的是人类历史上不同的政治单元，在争夺海权或维护自身海洋权益的互动中而形成的一种相对稳定的海洋权势分布状态和海洋利益关切，并得到了国际社会普遍接受或认可的海上国际惯例与实践、海洋法、海洋制度以及保证相关法律和海洋制度有效运作的运行机制的有力保障。见宋德星，程芬："世界领导者与海洋秩序——基于长周期理论的分析"，《世界经济与政治论坛》，2007年第5期，第104页。

② K. K. Nayyar, *Maritime India* (New Delhi: National Maritime Foundation, 2005), p. xv.

③ K·M·潘尼迦 著，德隆 望蜀 译：《印度和印度洋：略论海权对印度历史的影响》，世界知识出版社，1965年版，第24页。

④ K. R. Singh, "Indian and the Indian Ocean", *South Asia Survey* 4: 1 (1997), p. 145.

换言之，在印度人眼中，阿拉伯海对于任何行驶于其上的人来说都是开放的交通要道。[①]

另一方面，在经典时代，对于阿拉伯海沿岸国家，特别是印度次大陆国家而言，主要的安全威胁无不是来自于陆上邻国和国内宗教、民族问题，所以内化的安全关切导致这些国家"领土意识和关于保卫所居住领土的战略知觉的缺失"。[②] 相应地，在海洋方向，这些国家也缺少一种海洋安全视角。包括次大陆早期的海洋国家，统治者关心的更多的是通过贸易得到的财富而不是贸易本身，所以他们的海洋安全只是"近海安全"，统治者从来不认为远洋航行事关国家战略和安全，认为这只是商人和海员们应该考虑的问题。所以，经典时代阿拉伯海上的无政府状态，便成为了航行自由原则的根本保证。

当然，这一时期的航行自由与现代海洋秩序中强调的在世界领导者护持下自由贸易和"门户开放"有很大不同。尽管如此，印度洋的阿拉伯海区上的印度时代是贸易和航行自由的时代。像阿拉伯人自己的记载所证明的，他们在海洋上自由航行，跟印度海港通商，甚至运输他们的货物远到东方的中国。垄断或不许别人在海上自由航行的问题，显然是不存在的。[③] 对此，阿卜杜尔·拉沙克曾说，在卡利卡特，每一只船，不论它从哪里来，到哪里去，一进驻这个港口，就会受到一视同仁的待遇，绝不会受到一点留难。而且，在阿拉伯人取代印度人的印度洋霸主地位以后，也没有打算以强大的海军控制海上交往，而是将阿拉伯的造船与航海技术与印度的阿拉伯海航行自由的海洋传统结合在一起，在更广阔的空间推动海洋贸易的发展。[④]

如果说阿拉伯海主要是被利用来进行贸易的，那么，孟加拉湾的情况就截然不同了。首先也最根本的是，在这个海湾产生的是海上霸权，一种军事和政治性质的霸权统治，它以各岛屿的广泛殖民地化为基础，且这种霸权只是随着13世纪朱罗政权的崩溃才告中断。[⑤] 也就是说，与阿拉伯海航行自由的海洋秩序与海洋传统不同，在孟加拉湾，次大陆国家遵循着一种基于实力的海洋控制传统，也就是建立在实力基础上的海洋霸权秩序。当然，与近代西方海洋霸权不同的是，印度的这种海洋霸权秩序的建立主要通过实力上的征服和文化上的同化联合进行，一种印度特色的殖民主义。正如纽约大学的约尔·拉鲁斯教授（Joel Larus）在《前现代时期印度人的文化和政治军事行

① M. P. Awati, "Maritime India, Traditions and Travails", in *Maritime India*, ed. by K. K. Nayyar (New Delhi: National Maritime Foundation, 2005), p. 9.

② 关于这方面内容，详见 Jaswant Singh, *Defending India* (London: Macmillan Press Ltd, 1999) 有关印度战略文化的部分。

③ K·M·潘尼迦 著，德隆 望蜀 译：《印度和印度洋：略论海权对印度历史的影响》，世界知识出版社，1965年版，第31－32页。

④ A. R. Tandon, "India and the Indian Ocean", in *Maritime India*, ed. by K. K. Nayyar (New Delhi: National Maritime Foundation, 2005), p. 28.

⑤ K·M·潘尼迦 著，德隆 望蜀 译：《印度和印度洋：略论海权对印度历史的影响》，世界知识出版社，1965年版，第24页。

为方式》一书中指出的："殖民主义不是当代民族国家的发明创造，也不仅仅局限于强大的西方国家。印度人是最早的东南亚殖民者之一。在将近 1500 年的时间里，印度人扮演着被称为'殖民主义者'的角色。"①

在孟加拉湾，地缘因素的作用同样不可小视。对于印度这样一个历史上长期处于分裂状态的国家而言，与阿拉伯海地区不同的地缘环境和权势等级分布是孟加拉湾产生另一种海洋传统的根本原因。虽然同阿拉伯海相似，孟加拉湾也是由印度次大陆的东部、马来半岛和印尼群岛环绕形成的海湾，但是从地图上不难看出，整个阿拉伯海呈现出喇叭口的形状，使得阿拉伯海成为一个北部封闭、南部开放的海区；但是对于面积相对较小的孟加拉湾来说，锡兰（斯里兰卡）和苏门答腊岛基本控制了该海湾的最南端，形成了一个相对封闭的海区，这就使得从陆地控制该海区成为可能。所以，从公元前 5 世纪到公元 10 世纪的时间里，孟加拉湾的海上控制权取决于位于南亚次大陆的陆上强国。②

在地缘因素的基础上，孟加拉湾地区的权势等级结构最终催生了海洋控制的海洋传统。与在和平条件下贸易欣欣向荣的印度西海岸不同，东印度的历史就是一部争夺地区霸权的斗争史。③ 而在争夺过程中，东印度总会涌现出一些实力超群的地区中心国家，这些国家在一定时期内成为地区霸权国，控制孟加拉湾的局势。在控制与反控制的斗争中，东印度国家形成了海洋控制的传统——一方面为了护持自身的霸权，防止其他国家崛起为海洋秩序的挑战者；另一方面不断扩大影响力，谋求更广泛的控制。而该地区，特别是马来半岛和印尼群岛，缺少制衡霸权的力量，结果使得次大陆地区霸权国家能够相对迅速并轻易建立起对于孟加拉湾的控制地位。在此过程中，长期的殖民和文化同化也为东印度建立孟加拉湾霸权打下了相对较为坚实的基础。例如朱罗王朝称霸孟加拉湾的时候，努力通过控制具有战略重要性的沿海航线来提高他们的海上实力。他们占领了几乎整个印度东部海岸，以此为基础进一步攫取了马尔代夫、斯里兰卡的控制，甚至还可能控制了安达曼群岛。之后在与室利佛逝的争夺中，朱罗王朝又吞并了孟加拉湾和马来半岛，形成了绝对的海上优势。

当然，关于印度在孟加拉湾的海上霸权的性质，存在着一定的争议。当代的印度学者不同意潘尼迦关于印度的孟加拉湾霸权是军事性和政治性的观点。他们认为，印度在该地区取得的霸权是一种"温和式的"，不同于之后的西方殖民国家，印度的扩张活动主要是文化传播，而非军事行动，目的也不是政治压迫和经济掠夺，印度同东南

① 参见 Joel Larus, *Cultural and Political – Military Behaviour of the Hindus in Pre – modern India* (Calcutta: Minerva, 1979)，转引自 M. P. Awati, "Maritime India, Traditions and Travails", in *Maritime India*, ed. by K. K. Nayyar (New Delhi: National Maritime Foundation, 2005) .

② A. R. Tandon, "India and the Indian Ocean", in *Maritime India*, ed. by K. K. Nayyar (New Delhi: National Maritime Foundation, 2005), p. 26.

③ 至少在争夺海权的方面，先有帕拉瓦、朱罗和潘迪亚三个王朝间的斗争，后有朱罗王朝和室利佛逝在该地区的海上博弈，参见赫尔曼·库尔克，迪特玛尔·罗特蒙特 著，王立新等 译，《印度史》，中国青年出版社，2008 年版。

亚国家的贸易往来也是在一种高度平等的条件下进行的。[①] 但是，不管这些印度国家采取何种手段，都是服务于控制孟加拉湾这一战略目的。可以说，在印度洋的印度时代里，孟加拉湾一直处于印度的海权国家控制之下，这种持续的控制逐渐演化成孟加拉湾海区的海洋秩序，成为印度海洋传统不可或缺的一部分，而出现在孟加拉湾海区的平等贸易可以理解为印度两种海洋传统的交汇。

二、达·伽马时代印度海洋战略意识的湮灭与再建构

在印度洋的印度时代之后，是人们所熟知的达·伽马时代，即西方列强殖民时代。其中，葡萄牙人首开这方面的先河。葡萄牙人带给印度洋地区最大的变化，就是将欧洲“领海”的概念引入这一区域。如上所述，在欧洲人到来之前，印度洋处于一种人员和贸易自由往来的状态，对于印度洋沿岸的各个民族而言，海洋是他们共有的财产。至少是在印度洋的阿拉伯海区，存在着典型的自由和宽容的传统。[②] 但是葡萄牙人的到来打破了印度洋上的平静，欧洲人对于贸易和航行的垄断，使得原先自由的海上航线突然变得封闭起来，印度洋成为葡萄牙人的私有财产。只有持有欧洲人颁发的“通行证”（cartazas），才能够在印度洋上畅通无阻地航行。正如一位葡萄牙历史学家所说：“对于所有航海的人，确有一项共同的权利，在欧洲，我们承认别人要求我们的那些权利；但是这种权利不适用于欧洲以外的地方，所以作为海上霸主的葡萄牙人，对于一切未经许可就在海上航行的人，有权没收他们的货物。”[③] 葡萄牙人正是通过强大的海军力量，将一个崭新而且令人困扰的概念——“领海”（*Mare Clausum*）[④] 带到印度洋和波斯湾的航海界中。[⑤] 这时距离达·伽马在卡利卡特登陆仅仅 6~7 年之隔，在这短暂的时间里，印度洋的海洋秩序被葡萄牙人彻底地改变，印度洋上的霸权时代逐渐拉开帷幕。

在印度洋上争夺霸权的时代，印度人作为一支力量也发挥了关键作用，也涌现出诸如昆甲利三世、康荷吉·安格里等印度海军英雄。但是无论是马拉塔海权还是萨摩林海权，在取得短暂的辉煌之后，印度的海洋传统最终被欧洲的坚船利炮所摧毁。[⑥] 究

---

① M. P. Awati, “Maritime India, Traditions and Travails”, in *Maritime India*, ed. by K. K. Nayyar (New Delhi: National Maritime Foundation, 2005), p. 15.

② M. P. Awati, “Maritime India, Traditions and Travails”, in *Maritime India*, ed. by K. K. Nayyar (New Delhi: National Maritime Foundation, 2005), p. 15.

③ 转引自K·M·潘尼迦 著，德隆 望蜀 译:《印度和印度洋：略论海权对印度历史的影响》，世界知识出版社，1965 年版，第 36 页。

④ 领海 (*Mare Clausum*)，拉丁文意为“closed sea”，即“封闭的海洋”。

⑤ M. P. Awati, “Maritime India, Traditions and Travails”, in *Maritime India*, ed. by K. K. Nayyar (New Delhi: National Maritime Foundation, 2005), pp. 16 - 17.

⑥ 关于印度抵抗西方国家海上入侵，参见K·M·潘尼迦 著，德隆 望蜀 译:《印度和印度洋：略论海权对印度历史的影响》，世界知识出版社，1965 年版，第 36 - 48，55 - 60 页。M. P. Awati, “Maritime India, Traditions and Travails”, in *Maritime India*, ed. by K. K. Nayyar (New Delhi: National Maritime Foundation, 2005), pp. 16 - 18. 关于西方国家对于印度海权国家的观点和其应对手段，参见 G. A. Ballard, *Rulers of the Indian Ocean* (London: Duckworth, 1927), pp. 39 - 58, 80 - 145, 224 - 244.

其原因，主要有以下几个方面：

首先，印度海洋传统的湮灭，根本上是印度长期忽视海洋这一战略失误的结果。当葡萄牙从海上逐渐向印度洋渗透时，印度次大陆上莫卧儿人建立了亚洲陆上强国，但是在它们最辉煌的时候，却没有觉察到海洋的重要性，遗忘了对于海洋的依赖。[①] 莫卧儿人坚守在陆地上的结果之一，就是从未考虑过建立一支海军以显示他们伟大的力量，从而为欧洲人通过海洋统治印度铺平了道路。[②] 正如印度前外长贾斯旺特·辛格在《印度的防务》一书中所阐述的那样，17 世纪和 18 世纪战略计划过程中的一个主要失误，就是没有能够正确评价印度洋及通往印度海上航线的重要地位。这个失误导致了西方国家到达印度海岸，最初是进行贸易，后来就开始侵略。[③]

其次，印度分裂的政治局势也是其海洋传统终结的重要原因，无论是马拉塔海军还是之前的萨摩林海军，都不是被西方人击败的，而是输在自己人手中。因为缺乏统一的国家和民族意识，印度统治者总是将欧洲殖民者作为依靠的对象，用以对付其在大陆上的敌手，由此加速了印度海权的丧失。印度前外长贾斯万特·辛格曾强调指出，如果不是马拉塔海军被邻国阴谋所摧毁，那么欧洲的贸易国家将永远不会在印度取得立足之地。[④] 战术层面上，缺乏广阔的海军视角困扰着早期印度国家的海军建设。无论是马拉塔海军还是萨摩林海军，其弱点在于他们的势力一向只限于所谓的领海范围之内。他们没有海洋政策，他们的舰艇无力在公海上同敌人周旋。由于实力关系，无论是当年的安格里还是昆甲利，都没有能力同英荷角逐海上霸权。[⑤]

最后，印度海洋战略传统的湮灭很大程度上也是殖民统治者刻意为之的结果。在霸权时代开始以前，印度洋贸易由次大陆诸多小的邦国共同控制，以快速帆船、印度商船等小型船只为基础。但是欧洲的坚船利炮打破了这个脆弱的基础，区域外大国势力介入印度洋彻底摧毁了印度的海洋传统和海洋意识。[⑥] 特别是在英国获取了印度洋霸权地位以后，为了防止印度海权重新崛起威胁英国治下的印度洋海洋秩序，英国人开始刻意弱化印度的海洋意识和海洋战略传统。加之英国统治时期英属印度的威胁主要来自西北方向的陆地边境，所以在印度培养了一种限于陆地的战略视角。有印度学者之处："在表现印度历史时，殖民政府总是忽视印度的海洋传统，仅仅将目光聚焦在印度的陆地历史上。英国政府甚至在将印度收归王权之下后，解散了原先由东印度公司

---

① 转引自 A. R. Tandon, "India and the Indian Ocean", in *Maritime India*, ed. by K. K. Nayyar (New Delhi: National Maritime Foundation, 2005), p. 32.

② 赫尔曼·库尔克，迪特玛尔·罗特蒙特 著，王新立等 译，《印度史》，中国青年出版社，2008 年版，第 253 页；A. R. Tandon, "India and the Indian Ocean", in *Maritime India*, ed. by K. K. Nayyar (New Delhi: National Maritime Foundation, 2005), p. 32.

③ Jaswant Singh, *Defending India* (London: Macmillan Press Ltd, 1999), p. 265.

④ Jaswant Singh, *Defending India* (London: Macmillan Press Ltd, 1999), p. 266.

⑤ K·M·潘尼迦 著，德隆 望蜀 译：《印度和印度洋：略论海权对印度历史的影响》，世界知识出版社，1965 年版，第 60－61 页。

⑥ G. A. Ballard, *Rulers of the Indian Ocean* (London: Duckworth, 1927), p. 244.

建立的当地海军，转而把印度的海上防务委托给皇家海军来负责。"[①]它们总是扭曲或拒绝承认印度开发利用海洋的历史和战略传统，声称虽然印度拥有优越的海洋战略地位，但是印度人作为大陆民族，却有着对海洋的天生恐惧。[②]

但第一次世界大战前夕印度洋上涌动的战略暗流，促进了印度海洋意识的重新觉醒。20 世纪 30 年代战争的威胁波及印度沿岸已经成为不争的战略现实，英国统治者再也不能忽视印度需要一支海军这一安全关切了。[③] 这样，英国人极不情愿地让印度人回归了海洋，不仅在印度建立起一支独立的海军，也开始从英国的角度出发，重新构建、催生印度的海洋意识。这种在英国影响下重新建构起来的海洋意识，像一柄双刃剑，既促进了印度的海洋安全战略的制定和海军发展，也约束了印度走向强大海权国家的道路。

第一，英国人带给了印度统一的海洋意识，克服了印度原先海洋传统中两个最大的缺陷——分裂性和地区性。印度拥有悠久的海洋传统，但是不可否认的是，因为缺乏统一的地理概念和国家意识，印度的海洋传统终归是分裂的、地区性的。不同的地区，不同的邦国对于海洋有着独特的认识。英国的殖民统治摧毁了印度政治分裂的状态，带给印度确定的领土范围和统一的国家军队，把整个南亚次大陆整合在共同的战略框架之下。而在此基础上构建起来的印度海洋意识无疑是统一形态的，作用于整个印度洋。

第二，因为不列颠日不落帝国是英国海上贸易的产物，所以印度洋和海洋航线第一次进入印度的战略思想之中。[④] 在殖民统治开始之前，印度洋上自由航行的状态更多的是因为印度洋沿岸，特别是印度国家缺少更广阔的海洋视角，没有兴趣也没有能力控制印度洋上的航行。英国构筑的海洋帝国终结了印度洋上无政府状态。另一方面，英国对于海洋的垄断也破坏了印度洋上自给自足的经济模式，印度洋地区成为资本主义统治下的全球经济体系中的一部分。[⑤] 在被卷入这个经济体系的过程中，印度同印度洋更加密不可分，印度的经济很大程度上也越来越依赖着印度洋海上航运。结果，在目睹英国的海上霸权和反思自身海洋战略传统的过程中，印度的精英阶层产生了一种更广阔的海洋意识。

但是，英国培养的印度海洋传统是整个大英帝国海洋政策的一个部分，是为英国的利益服务的。正如蒙巴顿勋爵在一封信中所说："当我还在印度的时候，我一直尽自

① K. R. Singh, "The Changing Paradigm of India's Maritime Security", *International Studies*, 3, 2003, Vol. 40, p. 230.

② M. P. Awati, "Maritime India, Traditions and Travails", in *Maritime India*, ed. by K. K. Nayyar (New Delhi: National Maritime Foundation, 2005), p. 2.

③ K. R. Singh, "The Changing Paradigm of India's Maritime Security", *International Studies*, 3, 2003, Vol. 40, p. 230.

④ Jaswant Singh, *Defending India* (London: Macmillan Press Ltd, 1999), p. 19.

⑤ A. R. Tandon, "India and the Indian Ocean", in *Maritime India*, ed. by K. K. Nayyar (New Delhi: National Maritime Foundation, 2005), pp. 33 - 34.

己最大的努力尝试建立一支海军，如果印度洋地区或世界范围内爆发战争的话，这支海军力量就可以供西方联盟驱使。”① 可见，英国重新构建起来的印度海洋战略意识，是为了在一个复杂的战略环境内保卫英国在印度洋和印度的利益。英国将这种“为帝国利益服务”的思想灌输到印度的海洋战略意识之中，使得印度在独立后花费了30年的时间才得以最终摆脱这个殖民遗产，重新界定印度自身在印度洋地区扮演重要角色的海洋战略。②

三、现当代印度对海权的思考

独立后印度始终追求地区强国和世界大国地位，而控制印度洋正是实现其战略目标的重要内容。印度首任总理尼赫鲁在《印度的发现》一书中表示，“印度以它现在所处的地位，是不能在世界上扮演二等角色的，要么做一个有声有色的大国，要么就销声匿迹。”③ 在一次著名的全国广播讲话中，尼赫鲁曾提出：“印度命中注定要成为世界上第三位或第四位最强大的国家。印度认为自己的国际地位不是与巴基斯坦等南亚国家相比，而应与美国、苏联和中国相提并论。”④ 尼赫鲁的这一思想奠定了以后历届政府追求大国地位的战略取向。独立以后，印度开始认识到，要重振印度民族的雄威，必须依靠其所濒临的印度洋这一得天独厚的有利条件，认为印度的安危系于印度洋，民族的利益在于印度洋，来日的伟大也靠印度洋。

这方面，印度现代海权理论家潘尼迦可谓是印度优先发展海权的坚定鼓吹者。在1946年出版的《印英条约的基础》一书中，他运用了麦金德的地缘政治概念，进一步阐述了有关独立后印度防御的想法。潘尼迦指出，印度在地理上占据着半岛和大陆的双重地位。如果她想成长为一个主要的亚洲大陆国家，印度是没有前途的，因为以陆地而论，她对控制着心脏地带的苏联来说不过是个无足轻重的附属品。印度不可避免地必然要与海洋世界结盟。所以，“基本的事实是，印度是个主要兴趣在于海洋的海洋国家。她的确属于边缘地带国家，与大陆的联系相对来说无足轻重。从欧亚大陆观点看，她只是个毗连的地区，为不可逾越的高山所隔开；另一方面，从海空观点看，她则是具有主要战略意义的中心之一。从海洋角度看，她控制着印度洋。从航空角度看，她被称作‘航空岛屿’。她是海洋各地区的天然航空转运中心。印度对于海洋国家体系来说是非常宝贵的；而对于大陆国家体系来说，她却并不重要。”⑤

潘尼迦特别着重批判了印度防卫政策中存在的忽视海洋的倾向。他强调：“考察一

---

① Letter from Lord Mountbatten to L. J. Callaghan, the Parliament Secretary dated 31 August 1951 (MBI/24, HMSO Copyright Office, Norwich). 转引自 Jaswant Singh, *Defending India* (London: Macmillan Press Ltd, 1999), p. 116.

② K. R. Singh, "The Changing Paradigm of India's Maritime Security", *International Studies*, 3, 2003, Vol. 40, p. 230.

③ ［印度］贾瓦哈拉尔·尼赫鲁著，齐文译：《印度的发现》，世界知识出版社，1956年版，第57页。

④ V. M. Hewitt, *The International Politics of South Asia*, Manchester University Press, 1991, p195.

⑤ K. M. Panikkar, *The Basis of an Indo – British Treaty*, Indian Council of World Affairs, 1946, p5.

下印度防务的各种因素，我们就会知道，从16世纪起，印度洋就成为争夺制海权的战场，印度的前途不取决于陆地的边境，而取决于从三面环绕印度的广阔海洋。”① “尽管从海上征服一个有基础的陆上强国不大可能，可是，印度的经济生活将要完全听命于控制海洋的国家，这个事实是不能忽视的。还有，印度的安全也要长期受到威胁。因为如果陆上防地被一个掌握海权的强国占据并处在它的海军炮火掩护之下，不是轻易就可以从陆上攻下的。莫卧儿帝国费尽了力气，也没有消灭掉几个小小的受到海军保护的居留地。印度有两千英里以上开阔的海岸线，如果印度洋不再是一个受保护的海洋，那么，印度的安全显然极为可虑。”②

尽管在潘尼迦眼中印度洋如此重要，不过独立后的印度依然继承了英国过去所面临的防务问题，而且主要采取了和英属印度同样的防务战略，即印度的注意力集中在陆上，而不在海洋。印度独立初期，尼赫鲁总理等印度政治家们虽意识到了印度洋的重要性，但由于受到印度传统的安全战略思维、英国在印度殖民统治的战略遗产、印度面临的安全威胁以及国力相对虚弱等因素的影响，并没有把安全防务的侧重点放在海洋方面，而是仍将次大陆内部的防务作为首要任务。结果是，一方面，印度领袖们把英国人从次大陆上赶走，最终在本国土地上获得了政治自由；另一方面，印度洋当时还在英国人的控制之下，而印度还不具备关注海上安全问题的能力，因而尚未完全摆脱英国的控制与影响。特别是1962年中印边境战争，加强了印度大陆安全倾向，海洋安全也就进一步边缘化了。可以说，尼赫鲁执政时期，印度对印度洋的关注处于一种“稀奇的漠视”状态，印度的海洋安全战略处于一种“从忽视到关注”的过渡阶段之中。印度在这一时期的海洋安全战略从整体上讲是国力虚弱的无奈之举，是“优先发展经济”、“先经济后国防”国家战略指导下，深受印度传统的“重陆轻海”、非暴力等战略文化影响的必然产物。

到20世纪60年代中后期，随着国力的衰落，英国宣布在1971年以前撤出苏伊士运河以东地区的所有军事力量，英国的势力逐渐从印度洋地区收缩已不可避免。随后，印度通过1971年的第三次印巴战争肢解了巴基斯坦，从而奠定了自己在南亚次大陆的霸主地位。另外，经过20余年的发展，印度的综合国力也得到大幅提升，印度有能力在次大陆巩固支配地位的同时，将目光投向广阔的印度洋，梦想继承大英帝国在印度洋留下的“权力真空”。事实上，印度洋地区的战略安全形势并非单纯出现“权力真空”那么简单。英国从印度洋地区的撤出与美国、苏联两个超级大国的进入是同步发生的。超级大国在印度洋地区的角逐对印度的安全造成极大的威胁，结果使得印度的海洋安全战略不得不依照当时的国际战略安全环境进行相应的调整。

据此，印度国内防务专家一方面宣扬印度洋对印度安全的重要性，同时又对大国在印度洋上的争夺表示不满，认为超级大国在印度洋的角逐，以及集中于印度洋周边

① ［印度］潘尼迦著，德隆、望蜀译：《印度和印度洋——略论海权对印度历史的影响》，第1－2页。

② ［印度］潘尼迦著，德隆、望蜀译：《印度和印度洋——略论海权对印度历史的影响》，第9页。

地区的尖锐的冷战和角斗，对印度的安全构成了重大威胁。将印度洋打造成“和平之洋”的战略，便成为印度海洋安全战略的权宜之计。诺曼·帕尔默就此指出：“它们（印度）希望印度洋成为和平区，摆脱大国之间的争夺和紧张状态。如果不能做到这点，它们希望大国在印度洋中维持一个‘低姿态’。假若它变成大国之间争夺的地区，它们希望这样至少可使印度洋不致受到一个大国的统治或几个大国的联合统治。”① 毕竟印度当时的海洋实力还不能与美国、苏联等区域外大国抗衡，因此印度在打造“印度洋和平区”的幌子下，制定了分阶段控制印度洋的海洋安全战略，以便逐步发展印度海军的近海防御能力、区域控制能力和远洋进攻能力。

冷战结束后，世界战略格局和地区安全形势都发生了重大变化，印度在南亚和印度洋地区的安全形势也进入了一个新的发展阶段。可以说，冷战后印度的海洋安全战略，直接反映了新时期印度的国家利益追求和谋求成为世界头等强国的大国抱负，因而具有重要影响。在制定和实施一套独立自主的海洋安全战略的过程中，印度的目标是：一是保卫印度的安全和海洋利益；二是控制邻近海域，特别是确保对巴基斯坦形成绝对的海上优势；三是继续加强能力建设，力图控制印度洋上的战略要点和关键水路；四是建立远洋海军对印度洋之外的地区施加影响。为此，印度更加重视海洋在印度国防和经济建设中的地位与作用，加紧制定并推行印度洋控制战略。2007 年《自由使用海洋：印度海洋军事战略》这份印度政府关于海洋安全问题的最为权威的官方文件指出：“葡萄牙总督阿布奎基早在 16 世纪初就提出，控制从非洲之角延伸到好望角和马六甲海峡的咽喉要塞是防止敌对强国进入印度洋所必需的。即便在今天，发生在印度洋周边的一切仍会影响我们的国家安全，与我们利益有关。由于我们的任务区非常广大，必需要对主要利益区域和次要利益区域进行区分，以便聚精会神于前者。”②

基于印度洋地区战略态势、自身战略利益追求以及海上实力的显著增长，新世纪以来，印度提出了“控海”和“拒海”两大关键战略信条，即以印度次大陆为中心，依据不同的威胁类型，将印度洋分为：完全控制区——海岸向外延伸 500 千米内的海域；中等控制区——500 ~ 1 000 千米范围内的海域；软控制区——包括印度洋剩余的所有部分。自然地，印度最关注的地区是完全控制区，特别是领海及 200 海里的专属经济区。为了确保这个海域的安全，印度强调必须确保对这一海区实施完全的控制，也就是必须拥有可以控制空中、水面和水下空间的能力。

出于保护印度核心经济设施的目的，印度认为不能使敌对的海上力量接近完全控制区。换言之，同敌对的海上力量的战斗应该在离岸 500 ~ 1 000 千米的地区进行。这就要求在中等控制区内不让侵入该地区的敌对势力看到获得好处的机会，为此发展拒海能力被认为是有效的防卫手段，而航母战斗群则能扮演关键角色。

---

① ［美］A. J. 科特雷尔、R. M. 伯勒尔编，上海外国语学院英语系等译：《印度洋在政治、经济、军事上的重要性》，第 321 – 322 页。

② *Freedom to Use the Seas: Indiâ s Maritime Military Strategy*, p59.

1 000 千米之外的印度洋海域构成了印度的软控制区。任何地区外大国大规模地向该地区渗透都被视为是印度的安全隐患而备受关切。这是因为如果该地区安全不保，那么印度就面临遭受强制外交的可能性。为此，印度不仅需要在外围海域监视区外大国海军的活动，而且还应具有一定的威慑能力。这样，获取核动力潜艇就成为印度的一项关键需求。

鉴于印度海军的行动区域非常之广，2004 年印度颁布的《印度海洋学说》明确区分了印度的海上核心利益区和次要利益区，并为印度的“蓝水海军”战略勾勒出了三个发展层次，即海面、水下和空中力量建设，对新时期印度海军角色和任务进行了明确的规定。具体地讲，就是军事角色、外交角色、维稳角色和人道主义角色。在 2007 年出台的《自由使用海洋：印度海上军事战略》中，印度提出了要以强大、平衡的海军为基础，通过积极的政治、外交、军事手段，主动塑造印度洋地区事态。据此，印度在加强海上军事力量建设的同时，正积极地与印度洋沿岸国家和区域外大国构筑一种伙伴关系网，以增强印度的影响力和拓展海洋战略空间。印度于 2004 年签署了亚洲打击海盗和海上抢劫的地区性协议，2008 年主动发起了印度洋海军论坛，并于同年筹组了南亚地区港口安全合作组织等。毫无疑问，非军事力量建设作为海军力量的有力补充，将为和平时期印度的海洋战略利益追求提供有力的保障。

俄罗斯海洋战略基本问题刍议*

高　云**

内容提要：俄罗斯海洋战略的基本问题是：大陆性国家如何发展和利用海权实现国家战略的问题。从沙俄到苏联，再到当代俄罗斯，俄罗斯海洋战略的矛盾焦点始终集中于这一基本问题，具体体现为克服大陆地缘局限、调和东西方冲突、统一海权的军事方面和经济方面，以及发挥自身特色优势四方面内容。从俄罗斯历史实践来看，其海洋战略基本问题的实现程度直接决定了俄罗斯海洋事业的命运，并进而影响到整个国家战略的发展。经过历史实践的扬弃和发展，当代俄罗斯已确立了解决以上问题的基本立场，海洋战略正在成为其打破现有发展困境，实现俄罗斯国家全面复兴的重要推手。

关键词：俄罗斯；海洋战略；基本问题

纵览俄罗斯海洋战略三百年历程，无论是沙俄的出海口战略，还是苏联前期的近海防卫、后期的远洋进攻战略，一直都在探索“大陆性国家如何发展运用海权实现国家战略”这一基本问题。经过历史实践的扬弃和发展，这一基本问题已在当代俄罗斯海洋战略中得到较为圆满地解决。现按照俄罗斯海洋战略基本问题的内在逻辑，将其分解为四个方面，即俄罗斯如何克服其大陆属性局限发展海权，如何防止陆海冲突实现平衡，如何实现海权军事方面与经济方面的统一，如何发挥自身地缘优势体现俄罗斯特色，以此对俄罗斯海洋战略的历史实践及内在思辨过程进行梳理。

一、如何克服大陆地缘局限发展海权

对俄罗斯而言，始终存在着向陆与向海的争论。当代俄罗斯海洋战略基础性文件——《2020年前俄联邦海洋学说》在其“总则”中指出：“从俄国的空间和地理特点、在全球和地区国际关系中的地位和作用来看，俄罗斯历史上就是一个主要的海洋强国”。① 但也有不少俄罗斯学者认为，从地缘政治角度看俄罗斯是大陆强国，从历史

* 来源：原发文期刊2014年1月《太平洋学报》第22卷 第1期。基金项目：中国海洋发展研究中心“海洋大国发展经验教训及其现代海洋观研究”（AOCZD20[illegible]101－2）。

** 高云（1980－），男，武汉大学国家领土主权与海洋权益协同创新中心博士，军事科学院外国军事研究部助理研究员，主要研究方向：俄罗斯军事和国际战略。
通信地址：北京市海淀区厢红旗军事科学院外国军事研究部，100091 电话：13911670776（010）66767482 E－mail：sabergy@126. com

① *Морская доктрина Российской Федерации на период до* 2020 *года*, http：//www. scrf. gov. ru/documents/34. html

角度看俄罗斯的命运不是由海洋决定，从经济角度看俄罗斯很难陆海复合发展，因此，大陆强国俄罗斯不应向海洋强国迈进。[①] 这种分歧的出现反映的是对俄罗斯国家属性的两种对立认识，而这为俄罗斯发展矢量带来摇摆性。从历史纵向来看，自彼得大帝确立向海发展的国策开始，俄罗斯实际上一直处于该不该向海发展的不断摇摆与反思之中，而这也成为俄罗斯海洋战略要解决但一直未能彻底解决的问题。争论持续了300年，正反双方各执一词，始终未能定论。

根据地缘政治学的观点，国家发展的海陆矢量取决于其海洋经济活动在国家整体经济生活中的地位作用，而海洋经济活动又在很大程度上取决于其相对于世界大洋的位置。毕竟，世界大洋不是一个政治概念，而是实实在在的地理环境，国家和政治集团可以提出发展目标，但必须立足于所处的环境。可以看到，虽然俄罗斯濒临“三洋十二海”[②]，海洋国界长度占整个国界的70%，海岸线长度是美国的两倍，但俄罗斯大部分海岸线处于北冰洋沿岸，常年冰冻，在这一海域发展航运和其他海上经济活动存在较大的技术困难和经济消耗。如北方海航线直至20世纪初才开通——1914年俄“泰梅尔”号和“瓦伊加奇”号破冰船首次从太平洋驶抵阿尔汉格尔斯克。实际上，俄罗斯大部分港口都面临严寒气候的困扰，如西部彼得堡的港口每年有4～5个月的冰封期，即便是南部的亚速海和阿斯特拉罕也有几个月的结冰期。此外，俄罗斯濒临的海基本上都是封闭内海，如波罗的海、黑海、亚速海和里海，战时极易被封锁，海上贸易也容易被瘫痪；俄罗斯西北的白海和巴伦支海距国家经济中心过于遥远；太平洋海洋通向大洋的出口被日本列岛、萨哈林岛和千岛群岛阻碍；只有堪察加半岛能接触到大洋的波浪，但深受冰冻所限。这些因素使俄罗斯发展海上活动有诸多限制，海洋的经济价值有限，故沿海地区对俄罗斯发展而言，从来都是核心区外的边沿地带。这就决定了俄罗斯的海洋经济并不发达，俄罗斯经济活动中心远离海岸线。同西欧国家相比，西欧国家的人口大多居住地不超过海岸600千米，非洲和美洲也不过600～1 700千米，而俄罗斯这一指标在2 400千米。而且，俄亚洲大陆北方海域沿海地带人烟稀少，同世界其他海域相比，实际上没有大型港口等基础设施，发展海洋事业极度困难。再加上各海区相互隔绝，丧失整体之利，如黑海和波罗的海完全处于孤立状态，北方海区同太平洋海区要经不易通行的北方海航线连通。对俄罗斯而言，为克服上述障碍，发展海洋事业要投入比世界上其他沿海国家更多的资源。正如俄罗斯欧亚主义地缘政治思想家萨维茨基（П. Н. Савицкий）指出的：“研究世界各区域相对于大洋的位置可

---

① Егор Холмогоров，“Зачем России нужен флот：геополитический аспект”，http：//www. specnaz. ru/articles/131/17/623. htm

② “三洋”指北冰洋、太平洋和大西洋；“十二海”指北面临北冰洋的巴伦支海、白海、喀拉海、拉普捷夫海、东西伯利亚海和楚科奇海，东面濒太平洋的白令海、鄂霍茨克海和日本海，西面接大西洋的波罗的海、黑海和亚速海。

以得出结论，俄罗斯是在海洋最没有一席之地的国家”。[①] 因此，俄罗斯地缘政治的基本特点并不是海洋性，而是大陆性。俄罗斯大陆性国家的特点，使俄罗斯的发展具有独特性，促使俄形成不同于东西方的独特文化，使俄罗斯最终走上欧亚主义的发展道路。

世界近现代史已表明，海权是一国发展成为强国的必要条件。在地理大发现之前，世界处于封闭状态下，大陆性、海洋性并无所谓优劣。历史上文明和人民不依赖或很少依赖海洋活动的例子很多，如古代的拉美文明、两河文明、中华文明、波斯文明和蒙古帝国等。在这些历史辉煌中，骆驼驼队成功替代了帆船船队，丝绸之路在世界历史中的作用完全可媲美地理大发现时期的海上交通线，马其顿亚历山大大帝、成吉思汗和拿破仑所进行军事征服都不涉及到海洋因素。但世界历史已经动态地证明，一个民族如果丧失了对海洋的控制和利用，必然会导致孤立封闭，而处于孤立状态的任何民族都无法取得长足发展，最终导致衰落和挨打。对此，例证多多，海洋是世界资源的宝库，是世界贸易不可缺少的内容，更是世界强国进行竞争的主要地理空间。对俄罗斯而言，其虽然在特定的历史时期主要依靠陆权的支持取得了成功，但海洋因素的作用仍起到了重要的作用，而且这种模式毕竟是特例，在当前国际竞争条件下，已不具有普遍性。因此，俄罗斯海洋战略的核心任务就是在大陆属性下发展海洋属性，为国家发展和繁荣创造条件。

而大陆性国家要发展海权总是面临诸多困难。一般来说，海洋国家的经济自然而然地会同海上经济活动紧密联系在一起，为获取直接利益，海上力量就具有比陆上力量更大的发展空间，而大陆国家则不大容易具备这种发展海洋事业的有利条件。除了上述所讲的地理气候方面的困难外，主要还存在经济方面的困难。表现为与海洋国家相比，大陆性国家经济发达程度较低。马克萨科夫（В. П. Максаков）在《世界地理情况》一书中专门就俄罗斯写到：“通常国土越广阔，其自然资源就越多样，国家的国土机动范围、开发新土地和空间移动能力就越大。但广阔的国土面积又带来一系列问题。如如何克服距离的问题，货物转运遥远的问题，经济地区化的问题和建设必要基础设施的问题。也可以说，俄国领土的广阔性还表现为经济一直停留在粗放经营模式中。”美国学者索尔·科恩（S. B. Cohen）专门从海洋环境和大陆环境差别的角度对此进行研究论证。他认为，海洋环境下，海上贸易与移民持续兴旺，这使得海洋民族在种族、文化、语言等方面具有多样性特征，从而加快了经济专业化进程，使经济充满活力；而大陆环境受予外界缺乏密切联系之苦，较之海洋地区更富自给自足性质，少受新观念和新思想影响。因此，城市化和工业化到达大陆环境要比到达海洋环境的时间晚得多。[②] 由于俄罗斯国土远离世界贸易中心和主要贸易路线，接受先进科技、文化的速度

① П. Н. Савицкий，“Континент — Океан（Россия и мировой рынок）”，http：//www. nevmenandr. net/eurasia/1921 – isxod – PNS – ocean. php

② 【美】索尔·科恩：《地缘政治学》（第二版），严春松译，上海：上海社会科学院出版社 2011 年版，第 34 – 35 页。

和程度都较低，这使得俄罗斯始终处于后发追赶状态。这表明，俄罗斯虽然拥有广阔的陆上领土和丰富的自然资源，足以支撑俄罗斯的国家追求，可以奉行不依赖外部世界的独立自主政策，但也正是由于外部势力基本无法对其核心区域施加过多的影响，使其游离于发达程度的边缘，经济总体效能较低，完全无法实现海洋经济那种集约化发展模式，体现在历史上就是俄罗斯总是强大但很落后，工业基础薄弱使得俄罗斯难以依托自身科技实力满足海洋事业发展需求。这点在沙俄时期表现最为明显，19 世纪末俄、美同时扩充海军，但俄海军新建舰艇大多质次、速慢、价高，根本无法同美国相比。苏联时期虽然有所改观，但这完全是国民经济军事化的原因，其产品也主要集中于军用舰艇领域，民用舰船仍不能满足海洋事业发展需求。即便是当代俄罗斯，仍然存在这一矛盾，在能源资源型经济的虹吸作用下，俄罗斯难以建立创新型经济，直接导致其工业技术落后，设备陈旧，产品缺乏竞争力，无法满足海洋事业的发展需求，也无法将现实的地缘优势和资源优势转化为战略优势和能力优势，从而妨碍了海洋战略的深化推进。

二、如何实现海权军事方面与经济方面的统一

依据马汉（A. T. Mahan）的海权理论，海权发展的“六大条件”：地理位置；自然结构；领土范围；人口；民族特点和政府性质中，前五点是客观自然条件，虽然有优劣之分，但并不具有绝对性，具有决定性意义的是政府性质的问题。① 这里的关键是，国家能否正确推行以发展海权为指向的海洋战略，充分利用其有利的自然条件，抓住历史时机，推动海权发展。总体上看，受发展海权不利因素影响，俄罗斯历来奉行“战略驱动型”海洋战略，以国家力量推动海洋事业发展。出于实现“向水域扩张”这一目标需要强大武力作为后盾这一需求，俄罗斯海洋战略表现出重“力”轻“利”的思维特点，侧重海权军事方面争夺，而忽视海权经济方面的培育。

沙俄时期主要表现为推行以出海口为核心的侵略扩张政策。从伊凡四世起，沙俄就开始了向波罗的海和黑海等暖水出海口的冲刺。到彼得大帝时期，俄罗斯确立了完整的出海口战略，通过强制性改革吸收西欧先进军事制度和军事成果，建立起现代意义上的正规陆海军，运用这“两只手”，与北方强国瑞典进行 21 年的北方战争，夺取了波罗的海出海口，并将首都由内陆迁至边区彼得堡，使之成为“外偏的中心”，从而确立了俄罗斯帝国由地域蚕食体制向世界性侵略体制的转变。② 叶卡捷琳娜二世继承了彼得大帝未竟的事业，从衰落的奥斯曼帝国手中夺取了黑海出海口，并强化了俄罗斯波罗的海强国的位置。之后沙俄又通过不断向东扩张获得了太平洋出海口，并谋求对黑海锁钥君士坦丁堡（伊斯坦布尔）的控制。通过一系列扩张，沙俄极大改善了自身发展海权的条件，特别是波罗的海霸权的确立，使沙俄得以密切同发达的西欧国家的

① 【美】马汉：《海权对历史的影响：1660—1783》，北京：解放军出版社 1997 年版，第 29 页。

② 马克思：《十八世纪外交史内幕》，北京：人民出版社 1979 年版，第 80 页。

联系，获取了西欧先进的军事技术和文化，确立起对东方诸民族的相对优势，直接促进了俄国的崛起，成为能与海权帝国英国一较高下的世界强国。但沙俄出海口战略始终无法克服其发展瓶颈：俄国野蛮落后的封建农奴制，无法提供海权发展的经济支撑，在陆权的过度扩张中，本应成为国家发展契机的海权逐步退化为战略包袱。

苏联时期的海洋战略直接指向保卫国家政权生存。在强敌环伺的恶劣生存环境中，苏联从帝国主义国家与苏维埃社会主义政权之间矛盾不可调和这一基本逻辑出发，将海洋战略从属于军事战略。面对国内战争时期敌人从海上来的现实威胁和向世界输出革命的现实需求，苏联海洋战略将发展海权的军事方面作为其海洋战略的全部。这突出地表现为，在苏联建立的国家海上威力体系中，商船队、捕鱼船队和科考船队都是出于为海军服务的目的建立的，从根本上说都是海军的延伸。在海上力量构成上，苏联没有像美国那样建立以航母编队为核心的海上力量夺取制海权，通过控制海洋控制世界贸易，进而攫取世界财富，而是放弃了对海洋的常态控制权，片面发展海上进攻能力，建立起以战略导弹核潜艇为核心的远洋海军作战力量。这种重“力”轻“利”的思维方式根源在于苏联的计划经济体制，在这种体制下，贸易被变成排除商业性的政策行为，而商业行为的萎缩导致经济体造血功能的低下，最终使苏联国家海上威力体系丧失了发展经济海权的应有价值，成为纯粹意义上的消费者。

总结沙俄和苏联海洋战略可以看到，苏联和沙俄的海权军事方面与经济方面出现了背离，这使得国家发展背上了沉重的包袱，无力顾及国内民生，最终成为压垮国家经济的诸多原罪之一。

冷战结束后，俄罗斯放弃了帝国追求，这标志着俄罗斯海洋战略进入了一个新的时代。当前，地缘政治大师麦金德（H. J. Mackinder）所言的欧亚大陆“心脏地带”已不再完全由俄罗斯掌控，俄罗斯也已经从一个有着世界性影响力的大国退缩成了一个区域性的陆权国家。在经历了转轨期的国家放弃对海洋事业支持导致海洋事业零落凋敝的时期后，俄罗斯重新调整了海洋战略，将海洋事业作为俄罗斯强国战略的重要组成部分，加强了国家对海洋事业发展的政策扶持、直接支持和全面掌控，并通过打造国家大型工业集团来增强其竞争力，使之能够克服俄罗斯海权发展诸多不利因素的困扰。

当前的俄罗斯海洋战略作为俄罗斯国家现代化战略的一个重要组成部分，完全不同于历史上彼得大帝和斯大林以军事工业为主体进行的现代化，无论是深度还是广度，此次现代化都是空前的，不但包括军事和经济领域，而且包括政治和社会领域，而后者的现代化对一国发展而言更为关键。在这一过程中，俄罗斯不再充当国际格局中大国对抗的主角，而是更多地以合作的姿态来加速自身融入现有国际体制并改造这一体制。而且，当前国际竞争已更多地体现在以经济为核心的综合国力竞争上，俄罗斯也相应确立了建设海洋强国、促进国家经济发展的目标，改变了苏联时期以海军为海洋事业核心的做法，不再聚焦于海权军事方面的争夺，而着眼于海权经济方面的收益，确立了当前海洋事业以开发利用北极海域为核心的发展方向，并不再按对抗性思维谋取力量均势，竭力避免海权军事方面的过度扩张和追求不切实际的远洋目标，以海权的经济方面为基点来划定海权军事方面的边界，确保力量与资源的平衡有序配置，实现海洋战略权益维度的不断拓展和体系架构的合理稳定。而且，虽然俄罗斯仍然强调军事力量的基础性地位作用，但其更为重视运用国际对话机制和国际法来解决海洋争端，总体上看，和平发展国家海权将是俄罗斯当前及未来海洋战略的重要内容。

三、如何调和东西方冲突保持战略平衡

彼得大帝力图使俄罗斯变成一个海洋国家。为对抗强大的保守势力，彼得大帝“不惜用野蛮的斗争手段对付野蛮，以促使野蛮的俄罗斯加紧仿效西欧文化”，[①] 掀起了俄国近代史上规模空前的现代化运动。为实现向水域扩张的目标，彼得大帝举全国之力建立起强大的海军，又将首都从大陆势力强大的莫斯科迁到了海洋气息浓郁的圣彼得堡，从而为俄国打开了面向西方的窗口，使俄国完成了从“地域性蚕食体制”向“世界性侵略体制”的转变，改变了俄国贫穷落后的面貌。但彼得大帝的努力同时也把俄国思想家分为相互对抗的西欧派和斯拉夫派。俄罗斯思想家别尔嘉耶夫（Н. А. Бердяев）就指出，彼得改革使俄罗斯社会分裂成两大阵营，这两大阵营就俄罗斯发展道路问题处于尖锐对立状态，是应该仿效西欧，走人类文明和社会发展的共同道路，还是保持俄罗斯本身特色，延续俄罗斯文明的特殊性。[②] 西欧派以彼得大帝为榜样，认为人类文明具有统一性，为赶上西方俄国应当全盘西化；而斯拉夫派认为，彼得大帝改革之前的俄国村社是俄国社会的理想状态，不应以发展为代价割断俄罗斯的民族传统和历史。就发展矢量而言，西欧派代表俄罗斯向海发展寻求新属性的开拓倾向，而斯拉夫派则代表保持原有大陆属性的保守倾向。应当说，无论是西欧派还是斯拉夫派都过于片面，使俄罗斯海洋战略发展呈现出较强的阶段性，海洋事业也摇摆于存废之间。在斯拉夫派占上风时，忽视推行海洋战略，导致来自海上的惨痛失败，如克里米亚战争和俄日战争的惨败；而在西欧派占上风时，盲目效法西方海权强国，又使孱弱的国家经济不堪重负，如沙皇尼古拉二世的宏大造舰计划和苏联追求同美国均势的海上竞争。

基于在这两者之间“非此即彼”的思维方式导致一系列冲突和矛盾，处于折中位势的“欧亚主义”逐步完成其思辨历程。在经过“古典欧亚主义”、“古米廖夫欧亚主义”的积淀和20世纪80年代后的碰撞反思，介于斯拉夫派民族主义和西欧派欧洲–大西洋主义之间的“新欧亚主义”逐步成为俄罗斯主流意识形态。新欧亚主义的核心理念是平衡，认为俄罗斯应从自身历史和文化特点出发，保持自身独特性，东西方并重，在关注东方的同时不放弃西方，谋取全面发展。俄罗斯新欧亚主义代表人物、地缘政治学家亚历山大·杜金（А. Г. Дугин）就提出，大陆性的“欧亚俄罗斯”不能排

① 《列宁全集》第34卷，北京：人民出版社1985年版，第280页。

② Н. А. Бердяев, *Русская идея*, –М: Руссая Правда, 2001, с. 56.

斥向海发展的矢量，不能满足于地区性大国而要成为世界性大国，而这需要俄罗斯构筑独立自主的大陆地缘政治力量，恢复自己在欧亚大陆失去的战略、政治、经济影响，特别要恢复南部和西部的暖洋出海口，以适应经济全球化和区域化的发展趋势，为国家复兴提供更广阔的空间。①

受新欧亚主义思潮的影响，同时也是基于国家转轨期忽视海洋而导致海洋事业凋敝、国家权益受损的教训，叶利钦后期即开始重启海洋战略。至普京时期，明确将建设海洋强国纳入其强国战略体系，并提出“俄罗斯只有成为海洋强国，才能成为世界大国”的论断，使俄海洋战略成为国家战略的重要支撑。针对陆强海弱的现实，为确保海洋这一发展矢量能够在国家层面得到相应的重视与加强，俄罗斯建立起凌驾于联邦政府各部委之上的海洋委员会，同军事、安全、法律、经济和外贸这五大政府委员会并列，专门负责国家海洋政策与规划制定和实施，协调各方共同贯彻国家海洋政策和意志。以此为依托，俄罗斯形成了以海洋学说和联邦目标纲要体系为基本架构的海洋战略体系，拓展了海洋战略主体和海洋权益，并构建起一系列组织和行政架构。利用既定的政策和组织的便利条件，俄罗斯运用行政手段组建了一系列大型国有集团公司，并通过给予相关产业国家优惠政策扶持、设置贸易保护壁垒等举措，提高了海洋事业的市场竞争力，初步复兴了远洋船队和船舶工业，建立起大陆架油气资源和公海海底矿藏资源勘探开发的新格局，海洋事业呈现出较好的发展势头。当前，鉴于世界经济、军事力量重心正从欧洲——大西洋区域向亚太地区倾斜，特别是中国从 21 世纪第二个十年伊始变成世界第一出口国、美国推行亚太再平衡战略以来，俄罗斯国家战略更为重视向东借力的问题，除形成十分清晰明确的“北极战略”体系、将北极建成 21 世纪俄最重要的能源基地外，俄罗斯还在积极制定其“太平洋战略”，以北方海航线的现代化改造来牵引西伯利亚和远东开发，实现“经济上融入亚太地区经济一体化进程、政治上参与亚太地区安全机制构建”② 的目标，最终通过亚太取向来平衡欧洲取向，“使俄罗斯获得重新成为世界强国——欧洲 - 大西洋和太平洋强国的机遇”③。

四、如何发挥自身特色优势谋取最大利益

俄罗斯有两大地缘优势：一是地缘经济方面可充当东西方贸易中间人的优势，另一是地缘政治方面位于欧亚大陆心脏地带的优势。充分发挥这两大优势是贯穿俄罗斯海洋战略的思想红线。利用地缘经济优势，俄罗斯可以坐收东西方贸易之利，改变自身远离世界主要贸易路线的弊端，加速俄罗斯加入世界贸易体系的进程，分享人类文明共同成果；借助地缘政治优势，俄罗斯可以保证其大国地位，始终处于世界权力中

---

① А. Г. Дугин, *Основы Геополитики*, - М., 1999, сс. 165 - 172.

② 李新：“试析俄罗斯亚太新战略”，《现代国际关系》2013 年第 2 期。

③ С. А. Караганов, *К Великому океану, или новая глобализация России*, Аналитический доклад Международного дискуссионного клуба《Валдай》, июль 2012, с. 10, http: // vid - 1. rian. ru〉 ig/valdai/Toward_ great_ ocean_ rus. pdf

心，防止被边缘化、区域化的可能。

首先来看东西方贸易中间人的地缘经济优势。俄罗斯国土横跨欧亚大陆，处于欧洲希腊罗马文明、中亚伊斯兰文明、南亚印度文明和东亚文明之间。这种居中的地缘区位是俄罗斯相对于其他文明、文化和世界贸易中心的独特地缘优势，使俄罗斯具有充当东西方贸易中间人的便利条件，可以进行对外经济政策的斡旋活动，为俄罗斯带来了巨大的经济利益，并使其得以利用一切最新科技和生产成果。在古罗斯的形成过程中，这一中间人角色发挥了巨大的作用。当时的欧洲有两条最重要的商路：地中海商路和波罗的海商路，而古罗斯凭借着“从瓦兰吉亚人到希腊人”商路，处于连接着波罗的海和地中海市场的战略性枢纽位置。也正是利用这一商路的繁盛，出现了一系列的古罗斯经济文化中心，最主要的就是积聚北方国家商品的诺夫哥罗德和堆满希腊商品的基辅。正是这一因素保证了基辅罗斯的繁荣和发展，在11—12世纪基辅罗斯实现了统一后，其成为同当时统一后的英国比肩的强国。而也正是由于古罗斯的贸易中间人地位，基辅罗斯被载入9~10世纪欧洲国家的政治发展编年史中。莫斯科公国虽然深处内陆，但出于对逝去辉煌的追思和希望成为拜占庭继承者的追求，其恢复东西方贸易中间人地位的需求十分强烈。为此，莫斯科公国开始向波罗的海和黑海方向扩张，与利沃尼亚和奥斯曼帝国进行战争，而恢复俄罗斯贸易中间人地位直到18世纪末都是沙俄国家政策的关键任务。在争取了波罗的海霸权之后，俄国又从俄土战争中获得了黑海出海口，但沙俄发现自己仍然远离世界主要贸易路线，于是其目标指向距俄国最近的世界商路中心——君士坦丁堡。为此，叶卡捷琳娜二世严肃地提出了在土耳其欧洲领土上建立以君士坦丁堡为首都的新国家这一思想，希望能够作为拜占庭的继承者，掌控欧洲和近东的所有贸易。这引起了欧洲的极大恐慌，克里米亚战争彻底粉碎了俄国的拜占庭迷梦，而苏伊士运河的开通更是无可挽回地剥夺了黑海地区和巴尔干的战略意义。19世纪下半叶，沙俄还进军中亚，希望能够从这一方向恢复通向欧洲的古丝绸之路，但遭遇英国的强烈反对，双方一度处于战争边缘。19世纪末，沙俄又建立了旅顺港和横贯西伯利亚的铁路干线，但俄日战争的失败打破了俄国建立跨洲运输干线的计划。苏联的成立使俄罗斯被排除于世界贸易体系之外，其东西方贸易中间人的思想沉寂下来。

在经历苏联解体和转轨期的大陆性地缘政治危机后，东西方贸易中间人的思想在当代俄罗斯重新得到宣扬，有以下主要集中于以下三个主要方向：欧洲——太平洋地区；印度洋——北欧；中亚——欧洲。其中，经印度洋连接太平洋和欧洲的传统商路是俄罗斯当代海洋战略经营的重点，其核心为跨西伯利亚铁路和北方海航线。第一条路线受政治因素干扰较大，其西端严重依赖于波罗的海国家，但这些国家已成为欧洲国家的一员并加入北约，同时东端受飞速发展的中国港口的强力竞争。第二条路线北方海航线虽无外交因素制约，但受北极通航条件严酷和海岸基础设施薄弱的制约。当前，俄罗斯正积极改善同周边国家的关系，并利用全球变暖、北方海航线通航潜力日益增大等有利因素，加紧相关建设，使俄罗斯具备大宗洲际贸易的中转运输能力，为恢复东西方贸易中间人地位做准备。同时，这也是俄罗斯重新融入世界经济，加入当今最有活力的亚太经济空间的重要举措。

其次是俄罗斯处于亚欧大陆心脏地带的优势。普京指出："俄罗斯是连接亚洲、欧洲和美洲的独特的一体化枢纽。"① 在地缘政治学中，这一地理区位被麦金德（H. J. Mackinder）称为地理枢纽，也即所谓的大陆心脏地带，按麦金德的理论，一旦俄国这样的枢纽国家实现了向欧亚大陆边缘的扩张，就会使力量对比有利于陆权，而这使其能够利用巨大的大陆资源来建立舰队，那时这个世界帝国就在望了。② 进而，麦金德将之发展为大陆心脏说，即所谓的三段式"世界岛"推论。后来苏联虽然一度占据了心脏地带、控制了东欧，却最终也没能在对美的争夺中占上风，这一实例证明，麦金德的陆权理论言过其实。进而，斯皮克曼（N. J. Spykman）发展出边缘地带理论，与麦金德唯一的不同在于心脏地带换成了边缘地带，但斯皮克曼并不否认心脏地带的固有优势。这一地缘优势使俄罗斯能够始终处于世界权力的中心地位。当代俄罗斯地缘政治学家杜金（А. Г. Дугин）就说，"不是帝国的俄罗斯是不可思议的，这是俄罗斯的中心地理位置所决定的"，俄罗斯的土地"或许是足够的，也不想同谁打仗，可是地缘政治的规律是无情的。如果我们不是帝国，我们就将一文不值"。③

虽然马汉根据英国称雄的近代史提出"争霸世界的关键在于夺取制海权"的论断，并在其海权论中引用了英国沃尔特·雷利（Walter Raleigh）的名言："谁控制了海洋，谁就控制了世界贸易；谁控制了世界贸易，谁就可以控制世界财富，最后也就控制了世界本身"。但马汉并不排除陆权国家发展海权的可能性。美国军事战略家柯林斯（J. M. Collins）就认为，地缘战略并不是万应灵药。要重视地理因素的影响，但绝不能过分突出地理环境对国家权力和战略的决定性作用。陆权国家发展海权虽存在各种劣势，但与海权国家不同，陆权国家还存在国家整体优势。虽无"舟楫之便"，无法获得"渔盐之利"，但其胜在内部的整齐划一，可以形成一个共同的向外矢量。而这主要得益于西方学者最为诟病的大陆专制体制。不可否认，就行政效率而言，大陆国家的强力集中往往要优于海洋国家的民主争论。也正是基于此，苏联才能够在较短的时间内发展起国家海上威力体系，而当代俄罗斯是将海洋战略重新回归威权主义体制的关照扶持之下。实际上，作为达成目标的手段，集权与民主并不存在本质的对立关系，关键在于正确理解和善于运用，而这正是当前俄罗斯海洋战略的核心任务。

总之，当代俄罗斯已步入寻求合作的正常国家发展道路，放弃了世界追求，同时也放弃了军事手段的主体地位和对抗性思维，更多地关注国内民生，讲求社会经济综合发展。当代俄罗斯海洋战略也得以克服围绕其基本问题展开的一系列历史积弊，使海洋战略真正服从并服务于国家整体战略，实现了平衡有序整体推进，从而使海洋成为打破俄罗斯当前发展困境，实现国家全面复兴的重要推手。

---

① 《普京文集》，中国社会科学出版社 2002 年版，第 196 页。

② 【英】哈·麦金德：《历史的地理枢纽》，林尔蔚、陈江译，商务印书馆 2011 年版，第 69 页。

③ 董君甫：《俄罗斯的新欧亚主义》，《中华读书报》2002 年 7 月 3 日，http：//www. booker. com. cn/gb/paperl8/47/class001800009/hwz212739. him.

美国海洋发展的历史经验与启示*

孙 凯** 冯 梁

摘要：美国的海洋发展经历了从陆权大国到海权大国、海权强国以及综合性海洋强国的变迁，美国的海洋发展是全方位的。得天独厚的地理位置、综合国力的增长、强大的海军建设、海洋发展的顶层设计以及领先的海洋科技与教育是美国海洋发展的主要历史经验。美国海洋发展的历史经验可以为中国的海洋发展提供一些思路。中国在海洋发展过程中，必须立足本国的现实，以中国的长期发展战略为根本性的战略目标，借鉴世界上其他的海洋强国在海洋发展历程中的经验，走具有中国特色的海洋强国之路。

关键词：海洋战略；海洋强国；海洋软实力；美国

美国作为当今世界上的头号强国，三面环海的地缘优势决定了海洋在美国发展历程中必然拥有重要的地位。美国的海洋发展经历了从陆权大国到海权大国、海权强国以及综合性海洋强国的变迁。当今美国的海洋强国地位表明美国的海洋发展是全方位的，包括政治层面国家海洋发展战略和发展规划的颁布与实施以及各级政府的海洋管理体制的建立；经济层面海洋经济的发展以及海洋经济与海洋环境保护的协调；军事层面包括美国海军和海岸警卫队在内的海上力量建设；以及“海洋软实力”方面海洋科技、海洋教育、海洋文化和海洋意识等方面的注重与投入，这些都为美国作为世界上的海洋强国奠定了基础。对美国海洋发展的历史经验进行考察，对于我国建设海洋强国，实现和平崛起拥有重要的参考意义。

一、美国海洋发展的历史进程

美国作为一个移民国家，最早的欧洲移民也是通过海洋抵达美洲大陆，美国随后的独立、发展与崛起，也与美国的海洋管理以及美国海上力量的发展密不可分。美国的海洋发展历程大致经历了“三个阶段”。

---

* 来源：原发文期刊2013年1月《世界经济与政治论坛》第1期。本文为国家社科基金“和平崛起视阈下中国海洋软实力研究”项目批号（11BZZ063）、中国海洋发展研究中心重点项目“海洋大国发展历史经验教训及其现代海洋观研究”（AOCZD201101-1）和中央高校基本科研业务费专项“第二轨道外交与我国南中国海权益维护研究”（201362004）的阶段性成果。

** 孙凯，中国海洋大学法政学院副教授，中国海洋大学海洋发展研究院；冯梁，海军指挥学院教授、博士生导师。通讯作者及地址：孙凯，山东青岛崂山区松岭路238号中国海洋大学法政学院；邮编：266100；Email：ouc-sunkai@gmail.com。

（一）海上崛起的准备期：建国之初至第一次世界大战前

尽管美国在建国之后的相当长一段时期内，海洋在美国的未来发展中并未显示出其海上强国的特征，但利用海洋以及发展海军进行本土防卫的理念却在独立战争时期早已有之。最初美国对海洋的利用是基于“海防”的理念，基于当时外敌从海上对美国构成的威胁，美国在独立之后的主要任务就是加强美国本土的建设和增强国力，同时抵御来自海上的威胁。其中最为明显的体现就是美国首任总统华盛顿在卸任之际发表的国情咨文中明确提到“不要把美国的命运与欧洲纠缠在一起”，因此，海洋在美国建国初期的主要任务就是防止其他海上强国的入侵，保护美国的海上贸易等，其海洋战略就是守土保交和袭击商船。

为加强海防，在1794年，美国国会通过法案，成立了一个包括炮手和工程师在内的委员会，研究美国海岸的防卫体系。经过考察，选取了21个地点建立炮台，这一时期所建立的炮台即构成了美国海防的“第一代海防系统”（The First System）。由于资金和技术的匮乏，美国的第一代防御系统建造过程相当缓慢，至1812年第二次英美战争之际也未能完成。1802年，美国国会选派的炮手和工程师组成的委员会中的工程师们，指令他们在纽约州的西点地区创办军事学校，也即西点军校，以摆脱对欧洲工程师的依赖。1807—1808年，在杰弗逊总统的号召下，美国又开始建造第二代海防系统。尽管在第二次英美战争之际，这些海防系统还在建设之中，但它们在有效抵御英军入侵方面起到了很大的作用。[①]

在1812年进行的第二次英美战争之后，为打破英国海军对美国沿海的封锁，保卫美国的海疆，袭击英国海军及其海上贸易，美国建立了常备海军，并对美国的获胜做出了重要贡献。时任美国众议院议长的海恩认为：“加强海军不但是对美国最安全的防卫手段，而且是最便宜的防卫手段”。[②] 这样一种基于海洋防卫的战略在此后的美国总统政策中得以延续，1824年，门罗总统与海军部长就海军舰队的状况和学说向国会递交报告，提出了“战时的伟大目标是将敌人阻止于海岸上”的论断，从而将美国海上安全定格在“最好的防御就是进攻”。这标志着美国“守土保交”思想的诞生。[③] 甚至到1861－1865年的美国南北战争期间，美国还奉行“守土保交”的思想，即把海洋看成是美国的“护城河”，通过海洋将美国与海外列强隔开，从而实现美国的国家安全。

至19世纪末，随着美国经济实力的增长以及美国与世界其他海上强国力量对比优势的显现，美国逐渐放弃“孤立主义”的政策，开始海外扩张。在海外进行扩张和海外利益的保护，首先必须拥有强大的海军。在海军方面，19世纪90年代担任美国海军部长的本杰明·特雷西特别重视海洋对于美国未来发展的作用，他曾经这样说道：“海

① Mark A. Berhow, *American Seacoast Defense: A Reference Guide*, Coast Defense Study Group Press, 2004.
② 杨金森：《中国海洋战略研究文集》，北京：海洋出版社，2006年6月，第208页。
③ 张炜、冯梁 主编：《国家海上安全》，北京：海潮出版社，2008年，第174页。

洋将是未来霸主的宝座，像太阳必然要升起那样，我们一定要确确实实地统治海洋。"① 他在1889—1890年度报告中也详细阐述了关于"控制海洋的主动性"和"战列舰建造"的观点。他说："美国的防御绝对需要一支作战武装，我们必须有一支战列舰队伍，这样的话才能击退敌人舰队的攻击。"② 当时美国的参议员马西克也对美国的海军建设进行鼓吹，他反问道："世界上哪有作为一等强国而无海军之理"。参议员巴特勒主张美国应当放弃传统的贸易掠夺的海上战略，采取建立远洋舰队作战的现代海上战略。③ 1890年，美国国会也通过了《海军法》，授权建立一支具有远洋深海作战能力的海军。

几乎就在同一时代，美国著名的海军理论家和历史学家、美国海权之父阿尔弗雷德·马汉提出了海权论，这为美国加强海洋力量建设提供了理论基础。马汉通过对英国与欧洲其他列强海战历史的研究，认为海权是战争中的决定性因素，控制海洋、掌握海权是海岛国家强盛和经济繁荣的关键所在。他认为，海洋的机动性是国家权力的重要组成部分，由于海洋的自由通达特性，对海洋的控制就意味着国家在国际政治斗争中获得了重要的权力。海权的争夺突出地表现在海军的较量上，而对海上贸易航线的控制，则成为实现国家利益至关重要的因素。④ "合理地使用和控制海洋，只是用以积累财富的商品交换环节中的一环，但是它却是中心的环节，谁掌握了海权，就可以强迫其他国家向其缴纳特别税，并且历史似乎已经证明，它是使国家致富的最行之有效的办法。"⑤ 马汉曾经担任美国总统西奥多·罗斯福的海军顾问，马汉关于海权以及海军战略的思想深的罗斯福总统的赞赏。马汉的思想为美国建设海上强国、实施海洋战略打下了理论基础。

（二）海洋强国的崛起：第一次世界大战至20世纪40年代

第一次世界大战是美国海洋发展的重要契机。在第一次世界大战之前，美国已经确立了其经济领域的世界领先地位，而在这一时期，美国海上力量的发展也经过了初步的储备期，在理论上以及实践中都已经为美国建设海上强国、实施海洋发展战略提供了良好的基础。在马汉海权思想的影响下，1890年，美国国会通过了《海军法案》大规模发展海军，美国的海军实力很快由世界第12位上升到世界第3位，仅次于英、法两国。由于对海洋发展以及海军力量的重视，美国凭借第一次世界大战的契机，大力发展与扩充海军，实施海洋扩张战略。1916年，美国通过"大海军法案"，在这一时期美国各届包括工农业界、学术界、金融界等大都支持海军扩建和备战，美国的海

① 阿伦·米利特和彼得·马斯洛斯金：《美国军事史》，北京：军事科学出版社，1989年，第255-256页。

② 刘娟："从陆权大国向海权大国的转变——试论美国海权战略的确立与强国地位的初步形成"，《武汉大学学报》（人文科学版），2010年第1期，第70页。

③ 陈海宏：《美国军事史纲》，北京：长征出版社，1991年，第173页。

④ 曹云华、李昌新："美国崛起中的海权因素初探"，《当代亚太》，2006年第5期，第23-24页。

⑤ ［美］艾·塞·马汉：《海军战略》，北京：商务印书馆，2003年，第7页。

洋扩展战略得到了从政府到国会、从总统到民众上上下下的支持,[①] 这些都为美国建设海洋强国在军事上奠定了坚实的基础。

美国是第一次世界大战的“大赢家”,这不仅体现在美国与传统欧洲强国在经济方面的力量对比美国占绝对优势,单就海上力量增长方面,英国的海上力量在第一次世界大战受到重创并开始衰落,美国在第一次世界大战期间其海军的活动遍及世界各个大洋和重要水域,至第一次世界大战结束时,美国海军部长甚至宣布“美国海洋战略家们所期待的两洋舰队的梦想——即在大西洋和太平洋各拥有一支强大舰队——已经成为现实”。美国在第一次世界大战之后,已经拥有16艘“无畏”级一线战列舰,装备的都是当时最先进的设备和武器,并且服役年龄均不超过8年,当时的另一海洋强国英国的舰只尽管在数量上比美国多,但大都是老式的,缺少现代火炮控制系统等。美国依据1916年美国设定的造舰计划,美国的新型主力舰的数量将达到35艘。[②] 因此,依据舰队这一重要海上力量的指标考察,美国已经可以与英国平起平坐,并拉大了同其他国家海上力量的距离。

如果说第一次世界大战是美国追赶一流海上强国的机会,第二次世界大战则是美国超越其他海上强国的机会。第二次世界大战之际,美国利用太平洋战争的机会,将本国在海上的势力范围扩展到了西太平洋;通过与英国的租借法案,将力量深入到了大英帝国传统的势力范围之中;通过参与惨烈的欧洲战争,为掌握战后欧洲的命运打下了基础。[③] 至第二次世界大战结束之后,美国不仅在经济上成为世界的一流强国,其海上力量也远远超过了英国,成为了世界上最强大的海上强国。

(三)综合性海洋强国地位的确立:20世纪50年代至今

至20世纪50年代,美国海洋的发展不仅仅体现在海上军事力量建设方面,也体现在海洋管理、海洋经济、海洋科技、海洋文化、海洋教育等多个方面的立体化、全方位发展,因而更具有综合性。由于在这一时期美国对海洋的认识发生的变化,传统的认为海洋作为海上交通的公共通道、隐蔽战略武器的基地等作用,仅仅是海洋的间接性作用;而海洋作为可持续发展资源宝贵财富的作用,则更为重要。这体现在1969年美国海洋科学、能源和资源委员会发布并由总统签署的题为《我们的国家与海洋:国家行动计划》(Our Nation and the Sea: A Plan for National Action)的报告中。[④] 报告对海洋在国家安全中的作用、海洋资源对经济发展的贡献、保护海洋环境和资源的重要性等方面,都进行了深入的探讨,并提出了几个重要的主题:首先它号召要全面实现国家海洋和海岸带资源的效益,需要集中联邦政府的海洋工作,倡导建立民用海洋和

---

① 胡德坤、刘娟:“从海权大国向海权强国的转变——浅析第一次世界大战时期的美国海洋战略”,《武汉大学学报》(哲学社会科学版),2010年第4期,第496页。

② E. B. Potter, *Sea Power: A Naval History*, Englewood Cliffs, N. J. Prentice Hall, Inc. 1960, p. 479.

③ 冯梁 等著:《中国的和平发展与海上安全环境》,北京:世界知识出版社,2010年,第20页。

④ US Commission on Marine Science, Engineering and Resources: *Our Nation and the Sea: A Plan for National Action*, Washington D. C.: US Government Printing Office, 1969.

大气机构来承担实现海洋有效利用所需要的所有活动；其次，报告认为亟须协调一致地来计划和管理国家的沿海地区，建议加大研究力量，成立海岸带管理的联邦-州层面的项目；最后，报告进一步强调，在联邦和州级政府层面都需要扩展海洋科学、技术和工程的课程设置，以促进美国海洋教育的发展。①

基于这一认识的变化，美国加强了国内海洋制度的建设。随后美国在国内首先建立健全了全国性的海洋领导机构，以对美国的海洋发展进行顶层设计。这一时期建立的主要海洋领导机构包括海军研究署（1946 年）、国家科学基金会（1950 年）、隶属于美国科学院的海洋学委员会（1957 年）、国家航空航天局（1958 年）、机构间海洋学委员会和国家海洋资料中心（1960 年）、海军海洋局（1962 年）、环境科学服务局（1965 年）、海洋科学工程和资源专门委员会（1966 年）、交通运输部和海岸警卫队（1967 年）、国家海洋和大气管理局（1970 年）。这些机构的建立与有效运作，奠定了美国海洋管理机制的总体架构，并极大地推动了美国海洋事业的发展。

在 20 世纪 60 年代，美国也加强了海洋科技以及海洋教育的投入。作为 19 世纪一项创新性的、有效的学术研究项目——土地基金大学系统的对应物，1966 年由美国国家海洋与大气局与美国商务部联合发起了“国家海洋基金大学”项目（National Sea Grant College Program），建立了一批“海洋基金大学”，首批加入“海洋基金大学”的包括俄勒冈州立大学、华盛顿大学、加州大学圣迭戈分校、南加州大学等 33 所在海洋研究和教育方面比较突出的大学。② 通过这一项目的引导，进一步加强了这些科研机构对海洋的研究与海洋人才的培养，到 20 世纪 70 年代，这个以资源为导向的、集中的海洋研究项目已经初见成效，专注于海洋研究计划的第一步成果正在变得明显。

美国是世界上制定海洋规划最早也是最多的国家，其中大部分的海洋发展规划制定于 20 世纪 50 年代以来。早在 1959 年，美国就制定了世界上第一个军事海洋学规划《海军海洋学十年规划》。自 20 世纪 60 年代以来，美国政府制定了一系列海洋发展规划，如 1963 年美国联邦科学技术委员会海洋学协调委员会制定的《美国海洋学长期规划（1963—1972 年）》、1969 年的《我们的国家和海洋——国家行动计划》、1986 年的《全国海洋科技发展规划》、1989 年的《沿岸海洋规划》、1990 年的《90 年代海洋科技发展报告》、1995 年的“海洋行星意识计划”以及《海洋战略发展规划（1995—2005 年）》《海洋地质规划（1997—2002 年）》《沿岸海洋监测规划（1998—2007 年）》《美国 21 世纪海洋工作议程》（1998 年）和《制定扩大海洋勘探的国家战略》等，明确提出要保持和增强美国在海洋科技方面的领导地位。③ 美国还于 1999 年进一步完善了国家海洋战略，并成立了相关的国家咨询委员会，从法律上明确了海岸带经济和海洋经

---

① Biliana Cicin - Sain and Robert W. Knecht: *The Future of U. S. Ocean Policy: Choices for the New Century*, Island Press, 2000, p. 46 - 47.

② National Sea Grant College and Program Act of 1966, available at: http: //www. house. gov/legcoun/Comps/nsgpc. pdf, accessed on January 20, 2013.

③ 钭晓东：“美国海洋发展战略起步最早，领先全球”，《中国海洋报》，2011 年 9 月 9 日，第 4 版。

济的定义，确立了海洋经济的管理和评估制度。

进入21世纪以来，美国的海洋发展政策具有一定的连续性与变革性。新世纪美国海洋政策的主要变革就是在海洋发展战略方面加强了对海洋安全的重视，并且对战略性海洋资源的争夺、海上通道的维护方面的能力也采取了进一步加强的措施。2005年美国发布了《国家海上安全战略》白皮书，这是美国在国家安全层面上提出的第一个海上安全战略。[①] 该《白皮书》认为，美国海上安全战略的基本目标包括阻止恐怖主义袭击、犯罪和敌对行动；保护滨海人口中心和与海洋有关的重要基础设施；把海洋领域因袭击导致的损害减少到最低程度并迅速恢复；保护海洋及资源免遭非法开采和蓄意破坏。从该《白皮书》中，可以看出在新世纪美国海洋安全方面关注的重点在反对恐怖主义袭击，并且提出"21世纪海军力量转型图"，以强势的海军力量来维持美国的霸权。另外，在新世纪中，美国还相继提出包括海洋在内的"全球公域"理论。依照美国《国家安全战略报告》，全球公域是"不为任何一个国家所支配而所有国家的安全与繁荣所以来的领域或区域"，[②] 是美国国家安全战略的重要目标。海上安全也是美国"全球公域安全问题"的主要内容之一，其中巴拿马运河、苏伊士运河等6个海上通道是全球海上公域安全的核心。全球公域理论的提出，意在让新兴国家分担责任的同时，继续美国领导其所建立的国际制度和维护美国的全球领导者地位。[③]

二、美国海洋发展的历史经验

尽管美国具有得天独厚的海洋地理优势，但美国也并非从一开始就重视海洋。作为一个海洋后发国家，美国的海洋发展经验值得借鉴。

（一）得天独厚的地理位置是美国海洋发展的物理基础

美国不仅地处大西洋和太平洋之间，而且面临墨西哥湾和加勒比海。因此美国实际上是一个三面环海的国家。美国必须对自身独特的海洋地理位置有足够的认识，美国的独特位置与东方和西方的古老世界相望，美国的海岸与大洋相濒临。不管这些大洋与哪条海岸相邻，它们对美国有着同等重要的意义。

美国海权论的创始者马汉在其名著《海权对历史的影响1660—1783》一书中，对于自然地理环境对海权的影响有非常深入的描述。他认为影响一个国家海上实力的要素有六项，其中前三项：地理位置、形态构成和领土范围所涉及的都是一个国家所处的海洋自然地理环境。[④] 古代希腊哲学家亚里士多德认为，人类与其所处的环境密不可分，既要受到地理环境的影响，也要受到政治制度的影响。靠近海洋会激发商业活动，

---

① 冯梁 等著：《中国的和平发展与海上安全环境》，北京：世界知识出版社，2010年，第22页。

② The White House: *National Security Strategy of the United States* (2010), available at: http://www.whitehouse.gov/sites/default/files/rss_viewer/national_security_strategy.pdf. Accessed on January 10, 2013.

③ 王义桅："美国宣扬'全球公域'有何用心?"，《文汇报》，2011年12月27日，第5版。

④ 马汉：《海权论》，北京：中国言实出版社，1997年，第29-58页。

而希腊城邦国家的基础就是商业活动。温和的气候会对国民性格的形成、人的智力与活动精力的发展产生积极的影响。马汉认为，美国人关于自身与外部世界的关系的想法与政策正逐渐发生变化，尽管美国的丰富资源使其出口额能维持在一个较高的水平，但这种局面存在的原因更多地在于大自然对美国极为丰富的馈赠而不是其他国家对美国制造业的特别需求。美国与外部世界关系的态度变化中，有意义的特点是美国把目光撞向外部而不仅仅投向内部，以谋求国家的福利。美国所处的地理位置决定了美国必须承担起对于外部世界的使命。美国的海洋地理环境在此与海权论相融合，马汉对于美国海权发展步骤的思考虽然从一开始就超越了美国本土，从地缘战略出发要求美国在夏威夷群岛、中美洲地峡和加勒比海三个地区实行扩张，然而这都是基于美国所处的海洋地理环境。

（二）综合国力的增长是美国海洋发展的物质基础

美国综合国力的提升与发展，是影响美国海洋发展的另一个主要因素。尤其是经过两次世界大战之后，美国的国力与其他国家的对比更显优势。南北战争之后，美国的工业的发展就进入了迅猛发展的时期。在1859—1914年间，美国的加工业产值增长了18倍。在19世纪末20世纪初的时候，美国基本完成了资本主义工业化，由农业国变成了工业国。在这一时期，工业成为美国国民经济的主要产业，重工业在工业中占主导地位，基本上能够满足国民经济各部门技术装备的需要。至第一次世界大战前夕，美国工业生产的优势地位更为显著，在整个世界工业产值中占38%，超过了英国（14%）、德国（16%）、法国（6%）和日本（1%）四个国家工业产值之和。

在第一次世界大战期间，美国远离欧洲战场，通过战争期间与交战国的军火生意，获取了380亿美元的巨额利润，美国的经济实力进一步增强。第二次世界大战的爆发给美国带来了更大的发展契机。战后，欧洲大部分国家受到战争的蹂躏而精疲力竭，美国则一枝独秀。至1945年，美国控制了资本主义世界石油资源的46.3%，占据了铜矿资源的50%～60%。美国不仅从供应军火和战略物资中获取了1 500亿美元的利润，而且在全球建立了近500个军事基地。

美国经济的发展以及与其他国家之间的比较优势，使美国拥有了巨大的经济实力，从而为第二次世界大战之后美国跨越海洋，建立和推行全球性的经济和军事政策，打下了坚实的基础。

（三）具有远洋作战能力的强大海军是美国海洋发展的坚实后盾

美国海洋事业的发展，尤其是美国具有全球影响力的海洋力量的发展，与美国强大的海上力量的发展是密不可分的。在2007年美国海军和美国海岸警卫队联合发布的《21世纪海上力量合作战略》的报告中明确指出："美国武装力量无与匹敌的实力，在任何时候可以向世界上任何地方投送兵力的能力，维护着世界上最为重要战略要地的和平”。① 美国拥有目前世界上最为庞大的海军舰只，其海军舰只的吨位比排在其后的17国海军舰只吨位之和还要大。② 美国舰只不仅数量庞大，武器装备也是世界一流，这使美国的海上力量保持了较之其他国家的压倒性的优势。

从美国海洋发展历程中，可以了解，美国海军的大发展是在20世纪之后，尤其是第二次世界大战期间。在战时的欧洲战场以及太平洋战场，都可以见到美国的舰只，这对美国赢得第二次世界大战的胜利起到了决定性的作用。在随后的冷战中，美国海军也成为美国对抗苏联进行核威慑和全球对抗的重要力量。冷战结束之后，美国为维持其遍布全球的海外利益，继续加强海军力量的建设，并在2005年提出了未来30年海军造舰计划，据此计划，至2010年，每年建造一艘驱逐舰；至2020年，每年建造1.4艘驱逐舰；到2035年，总共建造260～325艘舰只。③

美国强大的海军以及遍布世界重要地区的海外军事基地，使美国有能力将力量投射到全球各大海域之中，参与和平维护和区域战争，这在美国外交和防御政策中起到了重要的作用。美国强大的海军也保障了美国拥有良好的海上安全环境，推动了美国国内商品的出口，保护了美国的海外经济利益，而且成为美国扩大政治影响力。④

（四）前瞻性、战略性的顶层设计布局是美国海洋发展的基石

具有前瞻性的、长远的战略性行动纲领，是美国在海洋发展领域中保持高速发展以及政策连续性的基石。美国早在1945年9月，杜鲁门总统就发布公告，宣布美国对邻接美国海岸的大陆架拥有管辖权，由此引发了世界性的“蓝色圈地”运动。1961年，肯尼迪总统宣布“海洋与宇宙同等重要”，“为了生存”，美国必须把海洋作为国家长期发展的战略目标。此后，美国一直把称霸海洋作为美国国家战略的重要组成部分。除上文提到的美国所颁布的系列海洋发展规划之外，对美国海洋发展进行规划的重要文件还有美国皮尤海洋委员会（Pew Ocean Commission）在2003年发布的题为《规划美国海洋事业的航程》的研究报告，报告对美国海洋政策的演化从不同的历史时期进行了详尽的考察，认为解决目前海洋危机的可定方案是存在的，但是要使这样的方案在现实中获得成功，必须对美国的海洋事业发展进行精细的创新性规划，并建议美国制定新的海洋政策。⑤

进入21世纪之后，美国更是随着对海洋认识的不断深化，加速了海洋发展规划的

---

① US Navy and US Coast Guard: *A Cooperative Strategy for the 21st Century Seapower*, October 2007, available at: http://www.navy.mil/maritime/maritimestrategy.pdf. accessed on January 2, 2013.

② Robert O. Work, *Winning the Race: A Naval Fleet Platform Architecture for Enduring Maritime Supremacy*, Center for Strategic and Budgetary Assessments, 2005.

③ Ronald O'Rourke, *Potential Navy Force Structure and Shipbuilding Plans: Background and Issues for Congress*, 2005, available at: http://www.ndu.edu/library/docs/crs/crs_ rl32665_ 25may05.pdf. accessed on January 8, 2013.

④ 曹云华、李昌新：“美国崛起中的海权因素初探”，《当代亚太》，2006年第5期，第23页。

⑤ Pew Ocean Commission: *America's Living Oceans: Charting a Course for a Sea Change*, 2003, available at: http://www.pewtrusts.org/uploadedFiles/wwwpewtrustsorg/Reports/Protecting_ ocean_ life/env_ pew_ oceans_ final_ report.pdf. Accessed on January 10, 2013.

顶层设计。2000 年 8 月，美国国会通过了《海洋法令》，规定总统每两年必须向国会提交一份相关内容的报告。2004 年，美国出台了新的海洋政策，即《21 世纪海洋蓝图》，对海洋管理政策进行了迄今为止最为彻底的评估，并对 21 世纪的美国海洋事业与发展描绘出了新的蓝图。[①] 随后，小布什总统发布了《美国海洋行动计划》，以实施《21 世纪海洋蓝图》。[②] 奥巴马上台以来，继续传承了对海洋发展事业的关注，在 2009 年 6 月 12 日发表的总统公告中说道："本届政府将继往开来，采取更加全面和综合的方法来制定国家海洋政策。"并于 2010 年 7 月 19 日，签署总统行政令，宣布出台管理海洋、海岸带和大湖区的国家政策。[③] 这一系列海洋战略和海洋政策的颁布和调整，有力的保障了海洋发展议题能够进入到决策层的议程之中，并成为他们关注的核心议题之一，进而保障了美国的海洋发展事业的进展。

（五）领先的海洋科技与教育是美国海洋发展的动力之源

"科学技术是第一生产力"，美国领先的海洋科技为美国的美国海洋发展提供了力量支撑与不竭的动力之源。美国拥有众多一流的海洋科学研究机构，如位于马萨诸塞州的伍兹霍尔海洋研究所，位于加利福尼亚州的斯克里普斯海洋研究所、特拉蒙 - 多哈蒂地质研究所以及国家海洋大气局所属的水下研究中心等。美国联邦政府除了对这些研究机构进行支持外，还在国家层面颁布推动海洋科技发展的各种规划，例如自 20 世纪 50 年代先后出台的《全球海洋科学规划》、《90 年代海洋学：确定科技界与联邦政府新型伙伴关系》、《1995—2005 年海洋战略发展规划》、《21 世纪海洋蓝图》等。[④] 在《21 世纪海洋蓝图》中特别指出，"海洋科学技术是美国整个科研事业的不可分割的部分，对社会做出巨大贡献。认识地球如何随时间而变化，改进气候预报，明智地管理海洋资源，开拓海洋资源有益的新利用，维护国家安全，揭示地球上生命的基本奥秘，海洋科技不可或缺。"[⑤] 这些规划方案的颁布，为美国的海洋科技迅猛发展提供了强力政策支撑，从而确保了美国在海洋科学基础研究和技术开发方面的显著优势和领先地位，为美国海洋事业的发展提供了保障。

三、美国海洋发展的历史经验对中国建设海洋强国的启示

美国海洋发展的历史经验，既有其独特性的一面，也存在一些其他国家实现海上力量崛起和建设海洋强国可以借鉴的共性特征。在被称为海洋世纪的 21 世纪，拥有

---

① 刘中民：《世界海洋政治与中国海洋发展战略》，北京：时事出版社，2009 年，第 303 页。

② US Ocean Action Plan: The Bush Administration's Response to the US Commission on Ocean Policy, available at: http://data.nodc.noaa.gov/coris/library/NOAA/other/us_ocean_action_plan_2004.pdf. Accessed on January 10, 2013.

③ 刘佳、李双建："新世纪以来美国海洋战略调整机器对中国的影响评述"，《国际展望》，2012 年第 4 期，第 63 页。

④ 倪国江、文艳："美国海洋科技发展的推进因素及对我国的启示"，《海洋开发与管理》，2009 年第 6 期，第 29 页。

⑤ 石莉 等著《美国海洋问题研究》，北京：海洋出版社，2011 年，第 69 页。

300万平方千米管辖海域的中国，也高度重视海洋事业的发展。胡锦涛总书记在中共十八大报告中也明确提出建设海洋强国的国家战略，"提高海洋资源开发能力，发展海洋经济，保护海洋生态环境，坚决维护国家海洋权益，建设海洋强国"。中国建设海洋强国可以从美国海洋发展的历史经验中借鉴适合中国国情和世界发展潮流的做法。

（一）加强对海洋发展规划的顶层设计

美国海洋发展的迅速进展，与其战略性、前瞻性的海洋发展规划是密不可分的。自美国提出国家海洋政策的概念将海洋建设上升到国家政策层面之后，世界上已有十几个沿海国家如法国、加拿大、澳大利亚等也开始在国家层面从整体上考虑海洋政策问题。中国建设海洋强国，建设什么样的海洋强国，通过什么样的途径建设海洋强国等，都要有全局性、总揽性的顶层设计。海洋强国建设顶层设计的颁布，不仅可以为海洋发展的未来进行谋划和布局，更为重要的是通过海洋发展顶层设计，可以整合多种力量资源，围绕海洋强国的建设形成合力，进而尽快实现海洋强国的战略目标。中国在近年来特别注重海洋发展规划的顶层设计。早在2008年国务院就批准了针对海洋工作的首部综合性规划《国家海洋事业发展规划纲要》，而至"十二五"建设期间，国务院又批准了《国家海洋事业发展"十二五"规划》（以下简称《规划》），由国家发改委、国土资源部、国家海洋局联合印发实施。[①]《规划》对"十二五"海洋事业发展提出了总体要求，确定了海洋发展的指导思想、基本原则和发展目标，对新时期海洋事业的发展进行全面部署，并且确定了在2020年，实现海洋强国战略阶段性目标。

另外，建设海洋事业的发展也离不开从法律层面对海洋强国建设提供保障。对于制定《中华人民共和国海洋基本法》的呼声近年来越来越高，要求在宪法中规定海洋的战略地位，以立法形式把建设海洋强国战略固定下来。[②] 同时要求在国务院层面设立专门管理海洋事务的职能部门。

（二）加强海洋科技能力，推动海洋经济的发展

当今时代的国际竞争，很大程度上就是科学技术水平的竞争。美国强大与先进的海洋科学技术的发展，为美国海洋事业的发展与国际领先地位提供了巨大的技术支撑与保障。中国建设海洋强国与促进海洋事业的发展，也离不开强大的海洋科技能力的支撑。中国自"十一五"期间就开始围绕国家重大战略和海洋高科技建设，加强了海洋科技自主创新与重点领域的建设，部署海洋研究的重大技术研究，推动国家海洋科技创新体系的建设，为建设海洋强国奠定基础。而在2011年，国家海洋局、科技部、教育部和国家自然科学基金委又联合发布了《国家"十二五"海洋科学和技术发展规划纲要》，对我国2011年至2015年海洋科技发展进行总体规划，并确立了海洋科技将从"十一五"时期支撑海洋经济和海洋事业发展为主，转向引领和支撑海洋经济和海

---

① 孙安然.《国家海洋事业发展"十二五"规划》出台，《中国海洋报》，2013年1月25日，第1版。

② "专家建议尽快制定海洋基本法 建立海洋警备队伍"，《法制日报》，2012年12月31日。见 http://news.xinhuanet.com/mil/2012-12/31/c_124168759.htm，访问时间：2013年1月10日。

洋事业科学发展的战略目标。① 在海洋科技的发展与海洋科技成果的产业转化，将有力推动海洋经济的不断发展。另外，需要加强与积极参与国际大型、多学科交叉的海洋研究计划，并要从作为一个大国应有的海洋科技研究国际地位和国家重大需求的战略高度出发，积极谋划以我国为主的大型国际合作研究计划，从而及时了解和掌握海洋科技前沿的发展趋势，尽快缩短我国与世界发达国家在海洋科技的差距。②

（三）建设强大的海上力量，加强中国海洋执法能力与海洋权益的维护

尽管“前面是军舰，跟随而来的是商船”的时代已经成为过去，但强大的海军与海上执法力量的建设仍然是海洋发展必不可少的有力保障。在国家安全层面，相当一部分安全威胁仍然主要来自海上，建立一支强大的海防力量仍然是必不可少的。我与周边国家围绕海洋资源的纠纷和海洋主权归属等问题存在着较大争议，因此，必须尽快改变我国目前在海洋执法力量上存在的“九龙治海”现状，近期应建立执法协作机制，各海区多支执法队伍实行协作执法。从长远看，还应建立一支统一有效的执法力量，平时确保国家海洋权益不受侵犯，战时协同武装部队执行军事任务。从另一角度看，全球化时代的当今世界，中国的对外贸易需要通过海洋走向世界，以石油为主的中国的能源安全也有赖于海路的运输，大量的资源进口也需要海洋作为通道。在西方大国海上力量仍然占据主导地位的今天，只有维持一支足够有效的海上力量，才有可能保障中国的海上利益的安全。

（四）妥善处理与周边国家海洋争端问题

美国在海洋发展与海上崛起的过程中，妥善处理了与既有海洋霸权国家英国的关系，充分利用机遇进行了跳跃式的发展。③ 中国建设海洋强国的目标与美国的海上霸权或者通过海洋维护其全球霸权体系的目标是不同的。中国的海洋发展所面临的问题与美国不同，中国海洋发展所面临的问题并不是同海外强国之间对海上霸权的争夺，中国建设海洋强国的目标与美国的海上霸权建设也存在着本质的区别。④中国的海洋发展与海洋强国建设倡导并践行“和谐海洋”的理念，遵循《联合国宪章》、《联合国海洋法公约》等国际法准则，其目的是为了维护中国的国家安全与发展。基于此，针对中国在南海、黄海、东海等所面临的划界和岛屿争端等事件的处理，必须服从于中国和平、合作和发展的大战略，寻求和平解决海洋争端应该是战略首选。⑤ 建设海洋强国，并不意味着中国的追求目标是海上霸权。在当今时代不同于20世纪及以前的海上争霸

---

① “海洋局等联合发布‘十二五’海洋科技发展规划纲要”，见 http：//www. gov. cnjrzg2011 －09/17/content_ 1949648. htm，访问时间：2013年1月8日。

② 倪国江、文艳：“美国海洋科技发展的推进因素及对我国的启示”，《海洋开发与管理》，2009年第6期，第33－34页。

③ 刘中民：《世界海洋政治与中国海洋发展战略》，北京：时事出版社，2009年，第171页。

④ “国防部：中国建设海洋强国不是追求海上霸权”，见 http：//www. gov. cn/xwfb/2012 －11/29/content_ 2278535. htm，访问时间：2013年1月2日。

⑤ 曹文振：“和平解决海洋争端是首先战略”，《学习时报》，2012年4月9日，第2版。

时代，但对海洋权益维护的决心是坚定的。

（五）加强海洋智库建设，提升“海洋软实力”，增强国际海洋领域话语权

当今美国在世界上具有强大影响力的重要方面是美国参与和制定了世界上大部分的国际制度，在海洋领域也不例外。尽管美国并没有批准加入《联合国海洋法公约》，但美国是《联合国海洋法公约》的总设计师之一，美国总是选择性的遵守公约的一些规范和规定。中国在海洋发展的过程中，也不可避免的“受制于”国际海洋规则的约束，被动适应的做法绝对不应该是以海洋强国建设为目标国家的选择。中国应当积极参与到国际海洋制度的构建，使这些制度在国际社会更具有公平性，避免成为某些国家实现霸权的工具。

中国实施海洋强国战略，实现和平崛起，必须彻底摆脱以往单纯依靠强大的海洋军事力量以武力实现海洋强国的发展之路，转而采取通过发展海洋软实力、通过提升海洋综合实力实现海洋强国的新模式。[①]因此，提升国民的海洋意识，塑造和谐海洋的理念，完善国内海洋立法，公开有效地开展海洋执法，以及建设中国特色的海洋文化、推进海洋文化交流等途径之外，[②] 加强海洋社团的建设[③]以及涉海类智库的建设刻不容缓。在涉海类智库的建设方面，尤其注重与国外相关智库之间的沟通与交流，建设以中国主导的“第二轨道外交”平台，充分发挥“第二轨道外交”的独特作用，利用这一平台提升中国的国际话语权与影响力，从而促进中国海洋事业的发展与海洋强国的建设。

四、结语

世界上的主要强国无一不是通过海洋走上强国之路的。中国是一个陆海兼备的大国，具有巨大的海洋利益。中国提出海洋强国战略则是历史的必然。中国在不断实现海洋强国之梦的同时，也会不断向人类提供相应的海洋公共产品，以促进人类的共同发展。虽然中国的海洋发展和建设海洋强国道路不可照搬美国海洋发展的历史经验，但是“他山之石，可以攻玉”，美国海洋发展的历史经验可以为中国的海洋发展提供一些思路。中国在海洋发展过程中，必须立足本国的现实，以中国的长期发展战略为根本性的战略目标，借鉴世界上其他的海洋强国在海洋发展历程中的经验，走具有中国特色的海洋强国之路。

---

① 王琪、季晨雪：“海洋软实力的战略价值”，《中国海洋大学学报》，2012 年第 3 期。

② 王印红、王琪：“中国海洋软实力的提升路径研究”，《太平洋学报》，2012 年第 4 期，第 88－89 页。

③ 雷波：“海洋社团要为建设海洋强国提供科技支撑”，《中国海洋报》，2013 年 1 月 8 日，第 1 版。

第五篇　北极问题研究

北极航运与中国北极政策定位*

杨　剑**

摘要：气候变暖和海冰融化展示了北极航道开发的经济前景。中国参与航道利用等北极事务，有利于为保障中国经济安全和拓展海外能源供给，有利于为国家中长期发展进行知识储备和技术创新。北极脆弱的生态与环境使得北极航道利用必须与生态环境保护同步进行，必须接受法律制约和环境制约。中国的北极政策需要在国际机制与政策目标之间的进行统筹协调。中国参与北极事务要加强能力建设并体现大国责任，合理地运用外交手段，充分利用既有国际机制获取和保护中国在北极的合法权益和利益。

关键词：北极；航道；开发利用；外交政策

北极地区海冰的快速融化使北极航道开发前景日益明朗。包括俄罗斯北方海航道（NSR）在内的东北航道、穿越北极极点附近海域的穿极航道（TSR）以及通过加拿大群岛的西北航道（NWP）将对全球航运产生重要影响。北极航道不仅会改变全球贸易和航运格局，而且将促进环北极经济圈的整体增长。参与利用新的海上国际贸易通道蕴含着巨大的经济利益，是全球所有重要经济体都不愿意错过的机会。

改革开放之后，中国经过了30多年的发展，已经成为一个经济相对发达、对国际贸易高度依赖的重要经济体，中国的航运、造船、港口等产业已进入世界先进行列。2012年中国极地科考船“雪龙号”穿越东北航道进行北极科考。2013年5月中国与多个亚洲国家一起被批准成为北极理事会的正式观察员。2013年夏，中国远洋公司“永盛号”商船满载货物，从中国港口出发，经白令海峡，穿越北极东北航道，顺利到达荷兰鹿特丹港。世界对中国参与北极事务表达了高度的关注，中国面对北极资源利用和北极治理的双重任务也正在协调各领域的涉北极活动，形成统筹内外的综合性的北极政策。本文拟从北极经济活动最集中的表现——航运和航道利用角度来分析中国在北极事务中的机遇与限制，归纳中国北极政策应有的定位。

一、中国经济发展战略思考下的北极航道利用

（一）航道利用是北极经济活动的集中体现

在很多关于北极经济资源的分析文献中，航道资源是和油气利益、矿藏资源、渔

* 来源：原发文期刊《国际观察》2014年第1期

** 作者简介：杨剑，男，上海国际问题研究院副院长，中国海洋发展研究会理事。

业资源、旅游资源等相提并论的。① 然而仔细考虑不难发现，在北极无论是捕鱼、采矿、运输、旅游还是进行科学考察，几乎所有的活动都离不开海上航行。因此，航道利用是北极经济开发活动的集中体现。深入考察北极航运和航道利用中蕴含的机会和遇到的问题能帮助我们完整认识北极资源开发和环境保护的相互关系，以及如何在技术创新和有效治理的前提下，实现自然赋予的新的经济利益。

北极航运已经有很长的历史，但许多世纪以来北极的航运主要集中于与北大西洋相连接的北冰洋海域和巴伦支海海域。第二次世界大战期间，英、美等国为支援苏联在东线开展反法西斯战争开辟了北极航线。德国为了切断这条运输航线，与英美在挪威海到和巴伦支海一带进行了多次海战。第二次世界大战结束后，美苏冷战使北极地区高度军事化，军事舰只特别是潜艇在北极的活动构成了相互威慑的战略意义。北极航运的商业价值是到冷战结束后才开始显现出来。

北极航运包括了北极内部航运、北极域内港口到域外港口的航运、穿越北极的跨洋航运三类。随着北极海冰的融化，夏季航运周期的延长，这三类航运的业务量都有大幅增长。从目前状况看，北极相关航道主要承担的是夏季北极地区内部的运输，比如说格陵兰沿海航运，加拿大北极群岛航运以及在巴伦支海附近俄罗斯和北欧国家之间的航运等。穿越北极连接大西洋和太平洋的航运线路还在形成之中。2010 年之前，德国、挪威等国的船只先后利用了北方海航道进行商业试航，实现了欧洲与太平洋沿岸国之间的货物运输。2013 年中国远洋公司和韩国现代公司也进行了穿越北冰洋的商业试航。这些试航都证明了采用北极航道缩短了亚洲和欧洲之间的航程，缩短了运输时间，也节省了油料。② 每一年使用北极航道的船只数量呈快速上升趋势。2010 年共有 6 艘船只通过北方海航道穿越欧洲和太平洋地区，2013 年（截止到 9 月 30 日）就增到 42 艘。③

未来从北极港口到域外港口的航运，很大程度上是因为丰富的北极资源的开发和利用。北极地区蕴藏着丰富的油气资源和其他资源，气候变暖使得这些资源开采的条件大为改善。相关资源勘探表明，北极地区拥有世界未探明天然气的 30% 以及世界未

① 参见曲探宙等编：《北极问题研究》，海洋出版社 2011 年版。以及欧盟委员会文件 Commission of the European Communities, Communication from the Commission to the European Parliament and the Council: the European Union and the Arctic Region, Brussels, 20. 11. 2008, COM (2008) 763 final.

② 2009 年 8 月，德国 Beluga 航运公司派遣两艘船，从韩国港口出发，中途在俄罗斯的阿克汉格尔斯克加装钢管，然后前往阿尔及利亚。根据公司的计算，与走传统的苏伊士运河相比，每艘船节省航程 3000 海里，节省燃油 200 吨。加上别的成本计算，此一航程每艘船共节省 30 万美金。Willy Østreng, 'Shipping and Resources in the Arctic Ocean: A Hemispheric Perspective', in: Lassi Heininen, Heather Exner - Pirot, Joël Plouffe. (eds.), Arctic Yearbook 2012, 2012. P. 256. Available at: http://www.arcticyearbook.com/images/Articles_2012/Oestering.pdf.

③ Stanislav Golovinsky, The Navigation on the Northern Sea Route Today & in the Future, Presentation at the International Workshop on the Russia's Strategy for Developing the Arctic Region through 2020: Economics, Security, Environment, International Cooperation, Moscow, 30 September - 1 October 2013.

探明石油的13%。[①] 这些油气主要集中于北冰洋国家的沿岸和附近海域，特别是在俄罗斯北部沿海与巴伦支海地区。此外，北极地区还拥有丰富的稀有金属、石墨、稀土等矿藏。关于北极资源与北极航运之间的关系，德国航运协会国际和欧盟事务部部长丹迪·豪瑟（Dandiel Hosseus）指出，"气候变化使得欧亚之间的航行变得容易。但真正驱动北极航行的动力是自然资源的价格。价格瓶颈一旦打破，北极地区资源的开采就会启动，与资源开采相关的设备运输、资源运输和其他物品运输将日益频繁。"[②]北极资源开发后的资源产品的主要市场都在北极之外，特别是欧洲大陆和东亚地区。另外，反向贸易主要是域外国家向北极出口用于建设基础设施所需要的设备和材料。

（二）为拓展新的经济空间参与北极航道利用

要理解中国在北极航运问题上的政策选择，一定要从国家经济新一轮的发展和中国的国际责任两个层面来加以理解。中国的国际责任将在文章的最后一节进行讨论，这里先讨论中国的经济发展和需求。

从新一轮经济发展角度看，拓展新的经济空间和开展新领域中国际经济合作，对培育国际竞争的新优势非常重要。中国政府关于中长期经济发展及其国际环境做出如下判断：在国际环境总体上有利于我国和平发展的同时，"国际金融危机影响深远，世界经济增长速度减缓，全球需求结构出现明显变化，围绕市场、资源、人才、技术、标准等的竞争更加激烈，气候变化以及能源资源安全、粮食安全等全球性问题更加突出，各种形式的保护主义抬头，我国发展的外部环境更趋复杂。"[③] 我国的对外开放将由出口和吸收外资为主转向进口和出口、吸收外资和对外投资并重的新格局。中国将更加主动地拓展新的领域和空间，扩大和深化同各方利益的汇合点。也就是说，中国的开放战略发展成全方位的开放，中国的经济要素的配置和利益分布更加全球化。与此同时，中国开放经济发展所受到的外部制约将更加显著，如欲在经济高速运行中保障经济安全，就要通过拓展新的领域和新的渠道积极创造参与国际经济合作与竞争的新优势。未来十年，中国贸易大国的身份基本不变，中国经济对贸易和航运的依赖还会增加。

首先，从吸引外资角度看，跨国公司是否选择中国作为生产地，货物运输成本是关键因素。随着中国劳动力价格的提升，海上航运价格对维持外资在华投资和贸易的作用就会更加凸显。实体经济的规模以及与之相关的贸易量是检验一个国家经济健康的重要指标。中国人口众多，资源短缺，进出口贸易对增加就业岗位、保持经济增长、实现人民富裕起到关键性的作用。

---

① Donald L. Gautier et al., 'Assessment of undiscovered oil and gas in the Arctic', Science, Vol. 324, 2009, No. 5931, p. 1175.

② Dandiel Hosseus, "A global Approach", Parliament magazine, 4 April 2011. P. 64

③ 新华社北京2010年10月27日全文发表《中共中央关于制定国民经济和社会发展第十二个五年规划的建议》。

其次，新航道的开辟以及由此带来的运输成本下降将有助于中国企业保持现有出口竞争优势，有助于拓展外需市场的战略和投资“走出去”战略。

对北极航道利用的经济意义并不是简单地将北极航线与传统航线进行时间、成本、收益上的比较，更重要的是北极航道开发过程中形成环北极经济圈的重大机会。北极商业航道的开通以及油气资源的商业利用必将改变世界贸易格局，推动形成以俄罗斯、北美、欧洲为主体的环北极经济圈，从而影响整个世界的经济和地缘政治格局。为此相关国家正加紧制定发展战略，为开发北极做各种准备。中国作为全球重要的经济体，在全球化时代不应当缺席这样一个经济发展的机会。

（三）为保障中国经济安全积极拓展海外能源供给

2012 年中国的石油对外依存度已经超过了 58%。据 2011 年国务院发展中心世界形势报告称，在未来 20 年，随着城市化的进程，中国的生产性能源消费和生活性能源消费将同时增长。到 2030 年，我国所需石油的 70% 需要进口，40% 天然气需要进口。[①]无论中国经济结构如何优化，中国作为世界最主要的能源消耗国的身份在中短期内无法改变。中国必须保持一定水平的经济增长，以保障就业和改善福利，因此必须克服环境制约和保障能源供给。从这个意义上讲，参与北极航道的开发和利用，通过双边合作获得北极资源的供给，是在为中国的经济安全探索新的空间和选择。

经济安全是一个战略问题。在开放条件下，国家间经济上的相互依赖是一个普遍现象，减少依赖的脆弱性是保障经济安全的重要原则。由于地缘政治的原因，我国能源海外获取形势异常严峻。中国是后起大国，此前的国际能源合作对象国大多集中于政治动荡和社会冲突地区。我国原油进口的 70% 来源于中东和非洲地区，如伊拉克、伊朗、利比亚、苏丹等国。这些国家或者自身内部政局不稳，或者与西方大国存在矛盾和冲突。这种能源合作局面也致使我国在处理地区问题时，外交立场和手段的选择空间受到很大程度的压缩。2009 年至 2012 年，苏丹、利比亚的动荡，以及伊朗核危机的升级都说明，开拓新的能源获取地势在必行。北极是世界上最大的尚未有效开发的资源贮藏地。中国应从战略需要出发，通过国际技术和经济合作将北极建成保障我国社会经济发展的重要海外资源基地之一。

（四）为国家中长期发展进行知识储备和技术创新

目前正处于新技术革命的孕育期。资源和环境是制约当前经济进一步发展的重要因素，恰恰说明新的技术革命一定与解决能源和环境制约的技术突破有关。北极地区是资源和环境脆弱连接地区，也是资源的绿色开发技术最容易取得突破性进展的地区。北极应当成为我国在一些特定科技领域取得世界领先地位的重要试验场所。我国从 1999 年开始北极考察，后又建立了“黄河”科考站，在极地研究中已取得重大进步。

---

① 谢明干，“中国经济发展与十二五规划实施”，国务院发展研究中心编《世界发展状况 2011》，北京：时事出版社 2011 版，第 16 页。

如果说南极是科学考察的理想场所，那么北极重要的意义在于它是技术突破的试验场。未来我国北极科技重点应放在开发利用上，放在气候变化、资源、环境以及冰冻地区的应用技术等重大科技前沿问题上，力争创新性的成果，更好地服务于国民经济和社会发展。各种科学监测和探测技术、适合极地环境的工程技术、适合北极冰区的造船技术和航行技术，冻土地区勘探和开采技术设备的研发都应当是重点方向。关于脆弱环境下资源利用的技术创新和知识储备，是我国以科技领先者和知识产权拥有者的身份参与北极资源开发的重要基础。技术领先可以减少北极国家以环境壁垒和技术壁垒拒绝我参与北极事务的理由，可以为中国提升在极地国际事务的发言权提供技术支撑。另外，加强对北极气候和环境系统的科学调查，获取第一手科学论据，可以减少或避免欧美以其所谓的“科学数据”为筹码在全球气候谈判中对中国施压。

总之，中国有效参与北极事务的问题应当放在国家整体发展战略中来分析，来谋划，来实施。关于中国北极政策的研究应当为新一轮发展中所面临的经济安全问题提供解决方案，为中国科技发展占据世界领先地位创造条件，为中国成为世界强国进行战略运筹。参与北极事务是统筹国内国际两个大局的一次具有考验性的外交实践。

二、中国参与北极航道利用的机遇和制约

（一）中国参与北极事务的法理基础和历史经验

世界将中国视为北极事务的新来者，其实中国参与北极事务的时间可以追溯到1925年。当时的段祺瑞政府代表中国加入了《斯匹茨卑尔根群岛条约》（以下简称《斯约》）。根据该条约，中国的船舶和国民可以平等地享有在该条约所指地域及其领水内捕鱼和狩猎的权利，自由进出该条约所指范围的水域、峡湾和港口的权利，从事一切海洋、工业、矿业和商业活动并享有国民待遇等。此后，由于中国战乱和科学能力的限制，一直没有在北极地区开展实际活动。

改革开放后，中国在开始全面融入世界经济的同时，积极投入极地科学研究，在极地治理和海洋环境治理中承担起大国的责任。1982年中国作为签约国加入了《联合国海洋法公约》，我国的船舶和飞机享有在环北极国家的专属经济区内航行和飞越的自由，北冰洋公海海域的航海自由，享有公约所规定的船旗国的权益。上述两个条约保证了中国在北冰洋和斯匹茨卑尔根群岛（斯瓦尔巴群岛）地区从事相应活动，特别是航行的权益。中国参与北极科学考察的法律依据主要来自《联合国海洋法公约》对领海、专属经济区和大陆架上的海洋科学研究制度所做的权利认定和行为规范。[①]

① 根据《联合国海洋法公约》，沿海国有权针对其领海、专属经济区或大陆架上的科学考察活动制定法律和规章并实施管理。该《公约》第245条同时规定，任何其他国家和各主管国际组织，如果有意在一国领海内从事海洋科学研究，须经沿海国的明示同意，并在其规定的条件下进行。在专属经济区或大陆架进行海洋科学研究须经沿海国同意。正常情况下，沿海国对外国在其专属经济区和大陆架上进行的有益科学研究计划应给予同意。行使无害通过权的外国船舶，在无害通过一国领海时，不得从事任何研究和测量活动。

在南极科考取得经验的基础上，中国科考队于 1999 年开展首次北冰洋科学考察，进行综合性海洋调查。截至 2012 年底共进行 5 次北冰洋科学考察。主要在白令海和北冰洋东侧（楚克奇海、波弗特海、加拿大海盆等区域）开展北极气候系统与全球气候系统的相互作用科学调查与研究。2004 年，根据《斯匹茨卑尔根群岛条约》所赋予的权利，在挪威的帮助下，在斯瓦尔巴群岛地区建立了固定的科学考察站——“黄河”站，常年连续开展北极高层大气物理、海洋与气象学观测调查。2012 年第 5 次北极考察还进行了通过东北航道的试航。10 多年来，中国北极考察活动拓展了我国海洋活动空间，并获得了一定的冰区海洋活动能力、知识和经验。作为国际北极科学委员会的重要组成部分，中国极地科学家通过开展广泛的北极科技合作，积累极地知识，为北极治理提供智力和技术支撑，为我国积极参与北极事务起到了先导作用。

中国对北极的重要贡献还在于参与了涉北极活动国际规则的制订活动。在全球层面，中国积极参加与北极航行和环境生态保护相关的国际规则。我国参加的涉北极多边条约包括《联合国海洋法公约》、《联合国气候变化框架公约》、《京都议定书》、《国际捕鲸管制公约》、《濒危野生动植物物种国际贸易公约》、《保护臭氧层维也纳公约》、《1997 年消耗臭氧层物种蒙特利尔议定书》、《生物多样性公约》、《关于持久性有机污染物的斯德哥尔摩公约》、《斯匹茨卑尔根群岛条约》等。我国参与的涉北极国际组织或论坛包括北极理事会、北极研究之旅、国际海事组织、国际北极科学委员会、新奥尔松科学管理委员会、极地研究亚洲论坛、北方论坛等。

国际海事组织（IMO）近年来正在制订《国际极地水域营运船舶安全规则》（极地规则），该规则将于 2014 年正式出台，将成为规范北极航运行为、保障北极航行安全、保护航行海域环境和生态平衡的、最有约束力的法律文件和技术标准。“极地规则”的制定是一个系统工程，它的产生需要各国的合作。我国是该组织的领导成员之一。在“极地规则”的酝酿、草拟和制订过程中，我国专家组代表始终从维护航运安全和提高环境保护出发，平衡现有技术和未来发展的需要，平衡北极域内国家和域外国家的利益，客观、公正地提出了许多合理化建议，在技术上很好地支持和支撑了谈判，使得所制定的条款更加符合业界发展的需要。[①]

如果按照历史进程的时间坐标来看，中国参与北极事务的路径是，首先通过国际条约缔造和签署获得北极活动的权益，然后在全球和地区层面参与制定北极治理规则的活动，再然后是投身北极科学考察活动，直到现在才开始参与北极经济活动。

（二）部分北冰洋沿岸国致力于开发北极航道商业价值

北极航道的商业价值首先是由北极国家发现并推广的。部分北冰洋沿岸国出于自身利益，基于对海冰融化和世界经济的需求的判断，开展了一系列学术活动和社会活动，逐步引起了世界主要贸易国家的关注。从 2002 年起挪威开展了“北方海上走廊”

① 张俊杰，“极地航行安全之约”，《中国船检》2013 年第 7 期，第 16 页。

专项研究，探讨如何完善北极地区海陆运输系统，将北极航道打造成运输成本低廉的跨地区航道，同时实现北极航道输送能源的商业价值。2004 年北极域内国家联合英国、德国和日本等国组成了北极海运研究工作组。2005 年加拿大交通部开展了“加拿大北极航运评估”的研究，对于加拿大北极群岛的导航设施、海上通信、领航、搜救，以及港口状况、航运服务水平、环境保护和危机应对等进行了而全面分析。冰岛于 2007 年发起了“北极开发与海上交通”研究，讨论北极航运的条件及相关法律问题等。北极理事会也于 2009 年发布了“北极海运评估报告”。这一评估性研究从 2004 年开始由加拿大、芬兰、美国领衔开展，研究过程中进行了广泛调查，调查范围包括世界范围内主要的航运公司、造船业主、船级社、航运保险业、航运协会等。该报告对 2020 年的北极航运及其经济影响和环境影响进行了预测。[①] 2011 年 9 月，时任俄罗斯总理的普京在俄罗斯北方海港口城市阿尔汉格尔斯克宣布将把北方海航道打造成与苏伊士运河等传统航线一样重要的全球海上通道。[②] 北极国家开展一系列活动的目的之一就是吸引域外国家商船使用北极航道，体现其商业价值。另外北极地区人口相对稀少，基础设施落后，社会经济发展条件相对不足，要想真正实现北极航道的商业利用，必须完善基础设施和提高环境保护能力，这些在很大程度上有赖于域外国家的参与。

非北极行为体对此也有积极回应。2009 年欧盟委员会出台了《面向 2018 年的欧盟海运战略目标和建议》的报告，规划了欧盟参与北极航道利用和环境治理的长远战略。[③] 2010 年欧盟委员会就北极航运前景发布了研究报告，分析了北极航运的法律问题和北极各国航运战略和政策。[④] 历史已经证明，海上贸易通道的重大变化对世界经济格局的影响甚巨。围绕着北极资源与航道的利益预期，全球的投资者将开始大规模开发前的布局和抢位。西方国家石油公司和航运公司已经进入北极开展试探性的运营。

中国是一个贸易大国、航运大国，也是一个造船大国，如何在航道开通带来的新的经济机会中占据有利位置是中国的重要课题。中国在北极航道利用上应当重视双边的合作。通过双边合作可以获得双赢的利益，同时通过双边合作能够影响合作方的政策，进而促进双方在多边场合的合作。北欧国家、俄罗斯增加对中国的资源出口可改善其经济结构和提升发展水平。未来围绕着北极航道将形成新的经济带，俄罗斯、挪威、冰岛等航线沿岸国家的基础设施的建设也会给中国的投资者带来新的机会。北极航道的开通以及常态化，将缩短欧洲和东北亚的航程。节约成本将有助于稳固欧洲在中国的投资，维持贸易总量的稳定。

---

① The Arctic Council, Arctic Marine Shipping Assessment 2009 Report, P. 5.

② Gleb Bryanski, Russia's Putin says Arctic trade route to rival Suez, Reuters, September 22, 2011, http://www.reuters.com/article/2011/09/22/russia - arctic - idAFL5E7KM43C20110922.

③ European Commission, Strategic goals and recommendations for the EU's maritime transport policy until 2018, COM (209), 21 Feb. 2009.

④ European Commission, Legal aspects of Arctic shipping summary report: Legal and socio - economic studies in the field of the Integrated Maritime Policy for the European Union' (Project No. ZF0924 - S03), 23 February 2010.

中国造船业需要准确判断北极航道开通后国际海运业对船舶需求的变化。具有抗冰能力的大型船舶的市场需求有可能增加。国际北极航运的船舶标准正在制定之中，中国造船业应当通过其在国际海事组织和国际标准化组织船舶与海洋技术委员会的中国专家，掌握技术标准发展的动态，提前进行技术攻关或者开展国际合作，以保持我造船业的国际市场份额。中国的港口和航运服务业应当提前布局，开始在航线主要停靠港口城市建立据点，开展业务。新航道的开通会带来新的航运服务业，适应于冰区航行的航运服务和保险业务应当开始计划。中国上海要在2020年前后建立国际航运中心，更需要开展细致的研究和前瞻性布局。

（三）北极治理需要重要域外国家的参与

北极事务不仅仅是北极地区的事务，也不是仅限于北极国家参加的事务，它具有广泛的国际性。在全球化时代，北极地区的航道利用、资源开发所影响的范围远超出北极地区，而应对气候变化、保护北极环境更是国际社会共同的责任。因此，北极事务需要北极国家和非北极国家的共同参与，北极地区之外的国家在北极地区存在合理的利益，同时肩负共同治理北极的责任。为了遏制灾难性的气候和环境的变化，人类社会不仅要调整已经习惯的生产方式和生活方式，同时要投入技术、资金和人力去防止状况严重恶化。北极治理是一个需要大量公共产品的人类治理活动，仅靠北极国家不可能完成这一任务。它需要世界各种有能力的行为体为此做出贡献，一些域外大国和新兴经济体的作用应当得到重视。

北极集中了太多的全球挑战和全球关注。全球化促进了全球相互依赖和经济要素的国际流动，北极地区资源和航道的开发利用会使物资、资金、人员的跨越国界的流动成倍增加。这就需要所有利益攸关方围绕各种行为体在国际领域的各种活动去订立共同行为准则、协议、法律等。北极域外国家在航道利用方面具有航道使用者、资源产品购买者、环境影响者等多重身份，也是不可排除的参与者。

2013年5月在瑞典基律纳召开的部长会议上，北极理事会通过了接纳中国、韩国、日本、意大利、新加坡、印度等国成为正式观察员国的申请。这次会议最重要的突破就是北极治理进一步纳入了域内外国家的互动关系。会议通过的“基律纳宣言”对域外国家成为正式观察员表示了欢迎。[①] 值得注意的是，北极国家在域外国家参与北极事务问题上，是以有限制纳入和歧视性的权利安排的方式加以处理的。理事会发布的观察员手册明言：“北极理事会所有层级的决定权是北极八国的排他性权利和责任，永久参与者可以参与其中。所有决定均基于北极国家达成的共识。观察员的基本作用就是观察理事会的工作。同时，理事会鼓励观察员继续通过参与工作组层面的事务来做出

① The Eighth Ministerial Meeting of the Arctic Council, “Sweden Kiruna Declaration”, MM08 – 15, Kiruna, Sweden, May 2013.

相关贡献。”① 这种左右两分的提法明显是在限制域外国家参与领域治理的决策过程，同时鼓励域外国家对科学技术、信息和知识分享、环境保护和监测、基础设施和资金投入方面的贡献。

（四）北极航道利用的法律制约

国际法律制度是国际权力博弈所形成的国际间利益和责任的契约，是国际社会斗争与妥协的产物。国际法的形成反映出不同历史时期国际社会关切的变化，也反映出国际关系的发展轨迹。国际法在引导某一地区或某一领域国际关系实践的同时，也制约着国际关系中的行为。

北极的法律制度是一个多层级的法律复合体。1982 年《联合国海洋法公约》（以下简称《公约》）为北极航道的国际秩序提供了一般性的国际法框架，而更早的 1920 年《斯匹茨卑尔根群岛条约》适用于北极地区的斯瓦尔巴群岛及其附近海域，迄今依然具有法律效力。此外，北极地区国家之间签订了一些双边条约和协议，就本地区的资源开发、生态环境保护、船舶航行等问题作出规定，这些国际条约和协定相互之间及与《公约》有关规定之间在某些方面也存在矛盾。

部分北极国家对北极航道的主权和海洋权利伸张排斥了他国船只在部分海域自由航行和无害通过的权利。俄罗斯在 1991 年颁布的《北方海航道海上航行规则》中对该航道正式定义为位于俄罗斯内海、领海（领水）或者毗连俄罗斯北方沿海的专属经济区内的基本海运线。1996 年俄罗斯连续发布了《北方海航道航行指南》、《北方海航道破冰和领航指南规则》等文件。1998 年又颁布了《俄罗斯联邦内海、领海和所属海域法》。俄罗斯宣称北方海航道位于其内水，坚持相关的主权和主权权利。通过各种法规对该航道实行单方面控制，另外还收取高昂的破冰和领航服务费和通行费。西北航道从加拿大北方群岛中穿过，加拿大认为该航道的一部分为加拿大内水，并不适用“无害通过”原则。关于西北航道，加拿大政府是坚定的主权捍卫者。加拿大的北极战略文件声称，加政府“正在坚定维持在北方地区的存在，有效保护和监测北极领土主权范围内的陆地、海洋和天空”。② 加拿大制订的相关法规，要求所有船只进入加拿大北极水域时，须向加拿大海岸警卫队北方交通管理系统（NORD REG）报告。③

在北极航道问题上，美国、欧盟、中国、日本等贸易大国比较强调无害通过新开辟的航道和水域的权利。认为根据《联合国海洋法公约》东北航道和西北航道为“用于国际航行的海峡”，应适用过境通行制度，反对沿岸国单方面控制航道水域。俄、加两国都认为，两航道中属于沿海国领海基线内外一定范围的海域属于其内水或领海，

① Arctic Council, “Observer Manual For Subsidiary Bodies”, Document of Kiruna - ministerial - meeting, 2013. http: //www. arctic - council. org/index. php/en/document - archive/category/425 - main - documents - from - kiruna - ministerial - meeting#.

② Government of Canada, Canada’s Northern Strategy: Our North, Our Heritage, Our Future., 2009. p. 9.

③ 刘惠荣、董跃：《海洋法视角下的北极法律问题研究》，北京：中国政法大学出版社 2012 年版，第 131 - 145 页。

外国船舶在此航行要遵守沿岸国的国内相关法律。《公约》出于保护冰封地区环境的目的，赋予了“冰封区域”沿海国进行非歧视的环境立法权。沿岸国对这一条款的过度使用，也将成为北极航道使用的一个法律障碍。

签订于1920年的《斯匹茨卑尔根群岛条约》（以下简称《斯约》）确认了挪威对北极斯瓦尔巴群岛及其领海的领土主权，同时赋予其他缔约国以自由进出《斯约》地区进行科学考察、从事生产经营和商业活动等宽泛的权利。美国、英国、德国、俄罗斯等国都主张《斯约》赋予它们在该群岛专属经济区和大陆架的非歧视性经济权利，而挪威对此持异议。挪威还通过国内立法，片面强化本国的海洋权利，削弱其他《斯约》缔约国的合法权利。2012年8月“雪龙”号考察船在途经斯瓦尔巴群岛北侧附近海域时，挪威方面曾提出警示。

中国使用北极航道的法律障碍还没有消除，围绕北极航道权益的博弈会在相当长的一段时间存在，但北极航道的开放趋势也不可遏制。中国政府需要与国际社会合作进行具体事务的谈判，减少法律障碍，减少相关成本，实现共赢。

（五）开展北极经济活动的环境制约

对北极资源和航道开发将给世界经济带来巨大益处，但开发带来的环境和生态灾难会给人类后代带来巨大的社会成本。人类在北极商业活动的增加，已开始导致脆弱的北极自然生态环境恶化，并给该地区原住民的传统社会生态带来风险。北冰洋航道一旦发生油船泄漏等污染事件，对海洋生态环境将造成无以复加的破坏。海冰若被石油污染就永远无法清除，污染将威胁以大块浮冰为依托的海象、海豹和北极熊的生存。因此，环境保护成为北极航道利用一个人类自设的制约。

消融的海冰更需要强硬的法律。北极的法律制度越来越集中于环境和生态的保护，相关立法的指向不在于鼓励投资，而在于减少开发利用过程中对环境的破坏。近年来围绕着生物多样性保护、气候变化应对、污染控制、濒危动物保护、核污染治理等方面，国际社会从全球层面和区域层面制定了各种保护性的法律，一些北极国家也通过国内立法来强化环境保护。1991年6月北极地区国家签署了《保护北极环境宣言》，并通过了共同的《北极环境保护战略》。1996年北极国家又通过了《北极环境保护和可持续发展宣言》。北极理事会所罗列的重要工作包括协调相关国家在气候、环境、污染物处理、生态保护等领域行动。此外，《关于防止船舶污染的国际公约的1978年议定书》（MARPOL公约）、《关于对油污染的预防、应对和合作的国际公约》（OPRC条约）等重要的环保公约，也适用于北极地区。

《联合国海洋法公约》第十二部分制定了保护海洋环境、防治和减轻海洋环境污染等行为准则。该公约的第234条关于冰封区域特别做出了专门规定：“沿海国有权制定和执行非歧视的法律和规章，以防止、减少和控制船只在专属经济区范围内冰封区域队海洋的污染。这种法律和规章应当适当顾及航行和以现有最可靠的科学证据为基础对海洋环境的保护和保全。”“冰封区域”是极地环境保护的一个特定概念。这一个概念的确立是为了防止冰封地区海洋污染可能对生态平衡造成重大损失或无可挽救的扰乱，也防止冰封区与对航行造成危险。俄罗斯和加拿大等国以此为据，制定了关于北极海域船舶污染的国内法。这些法律既有符合整体环保的一方面，也有扩大自身权力和利益的考虑。

中国在参与北极航道利用过程中，环境保护的责任不可推卸。由于地域环境的差异以及技术的落后，中国不可能在短时间内完全获得既能参与极地航行的又能保护极地生态环境的技术和设备。在开发技术尚未成熟的条件下，中国可以通过技术合作的方式，克服与环境保护相关的技术壁垒和法律壁垒。但从长期来讲，发展脆弱环境下绿色开发技术才是中国经济的出路。

三、北极航运事务与中国的大国责任

（一）中国参与北极事务的国内协调

中国北极事业的发展是国家综合国力的体现。国内涉北极相关领域的发展积累着中国参与北极事务的能力。同时，发展必将带来各领域新的需求。这些需求既包括对国内其他部门的需求、政策和资源投入的需求，也包括对外交手段的需求。各领域需求之间总体是一致的，但也存在时序上的差异，存在着内外的差异，存在着与国家其他方面的利益之间的轻重缓急的差异。中国的北极政策需要机构间的协调，目标间的协调以及时序进度上的协调。进入 21 世纪以来，北极进入了大规模开发利用的准备期，北极事务的领域扩展迅速，从科学调查与研究扩展到能源、运输、经济贸易、政治、外交等领域，其复杂度开始超过南极事务，其管理事务大大超越某一单个职能部门。北极事务已经从科学和经贸领域的国际合作，上升到外交战略运筹的层面。2011 年，国务院决定成立跨部委的北极事务协调组，从国家层面来进行跨部门的协调，以新的决策机制适应变化了的北极形势和需要。

中国领导人李克强在 2011 年 6 月的一份批示中肯定了极地事业在我国海洋事业中占有重要地位，对促进可持续发展具有重大意义。他同时指出："十二五时期，我国极地考察事业正处于可以大有作为的战略机遇期。希望全体极地考察工作者紧紧围绕现代化建设，继续发扬'南极精神'，进一步加强能力建设，深入开展极地战略和科学研究，积极参与国际交流合作，有效维护国家权益，为我国极地事业发展、为人类和平利用极地做出新的贡献。"[①] 国务院领导的批示反映了极地事业在中国新一轮发展中的地位，反映了中国北极事业和北极政策的重点和方向。中国的极地事业有助于推动可持续发展、促进现代化建设并为人类和平做出贡献。中国极地事业相关部门在行动上应当积极作为，大有作为的领域包括：能力建设、科学研究、战略研究、维护权益、国际合作等诸多方面。

---

① 新华社北京 2011 年 6 月 21 日电 http://news.xinhuanet.com/politics/2011-06/21/c_121566059.htm.

中国北极政策的战略目标应当是：在北极快速变化之际，着眼于环境问题对全球发展的重要意义，着眼于中国长远的发展利益，依托现有科学技术基础和外交工作基础，整合国内各部门力量，以科学考察和环境技术为先导，以航道和资源利用为主线，以国际合作为平台，遵从和利用相关国际机制确立的责任和权益，加快实现由单纯科考向综合利用、局部合作向全面参与的转变，积累极地研究的知识和人才储备，实现技术领先，减少我参与北极事务的技术壁垒和环境壁垒，为保障未来我国经济安全，增强国际威望，为保障地球环境、人类和平和技术进步做出贡献。

中国的北极政策要与中国经济发展需求相适应，要与中国的大国地位相适应，要与中国的科技发展水平相适应。我国北极政策的选择源自对自身发展利益和能力的评估，源自对北极地区自然环境变化和政治经济秩序变化的评估，源自对国际规则和外交手段的有效运用。我国北极事业的发展与单纯的国内地区和领域发展有很大的不同，它需要将国内经济发展需求、科学技术能力准备、战略资源投入、外交策略运用与国际环境配合有机地结合在一起。

国际地位和国际合作能力是一国参与国际事务的重要筹码。在同样的国际法规定面前，有能力者可以合法地获取更多的权力和利益。中国能否有效参与北极资源利用和环境保护，与各个领域的能力和成就息息相关。一个部门能力建设方面的发展，不仅可以为所辖领域提供参与途径，也能为整个国家的北极事业发展铺就道路。在能力建设方面，中国应当通过加强北极国际交流与合作，积累北极的知识和经验，加紧引导和培养北极专门人才。在参与北极事务的循序渐进过程中，应当综合利用经济实力、科技能力、外交能力、文化影响力，探索在不同领域中的参与北极事务的有效途径，实现中国北极政策的战略目标。

（二）中国参与航道利用等北极事务的大国责任

北极航道的利用和开发会形成一个全球化的产业链和利益链，北极环保也会构成一个超越北极地区的责任链和贡献链。在北极开发和北极环境保护两个方面，中国都将不可回避地将扮演重要角色。作为占全球人口六分之一左右的新兴大国，中国是世界能源利用、产品生产和消费的所在地，以重要市场的身份与北极经济相联系。作为北半球的一个贸易大国，海上航道的法律制度与我航行利益直接相关。在中国根据相关国际法享有参与北极航道利用的权利、获取相关权益的同时，中国作为一个发展中的大国也必须承担起维护北极地区和平、保持环境友好、促进可持续发展的全球责任。

北极治理是由全球、区域以及国家间双边和国内治理多层面组成。中国的大国责任应当从多个层面加以落实。首先在全球层面，应当在联合国等全球组织中为北极环境治理、气候变化、生态保护做出自己的贡献。在全球层面，中国是全球大国，是联合国安理会常任理事国，是国际海洋法公约的缔约国，是环境保护国际制度的重要建设者，这些身份决定了中国可以在维护和平问题上、在合理处理国家主权与人类共同遗产之间矛盾问题上，在平衡北极国家与非北极国家利益上，在维护北极脆弱环境问题上扮演领导者和协调者的角色；其次，在北极区域组织中发挥正面作用，与北极理事会等组织加强沟通，在过程中体现域外国家参与的必要性。第三，在与北极国家开展的经济和科技合作中，注意体现合作者的在地社会责任，实现两国根本利益共赢的同时，在具体投资地和合作地体现应有的人文关切和环境关切。

作为未来航道的利用国，同时也是承担国际义务的北极理事会的正式观察员，中国尊重北极国家的主权和主权权利。中国注意到北极国家之间围绕航道利用的法律定位存在着分歧和矛盾。随着北极航道大规模商业化利用日期的临近，利益相关方有可能坐下来协商解决相关问题。中国应当关注并在不同的国际平台上参与解决如下问题：①加拿大在北极群岛的相关直线基线划法与国际法的不一致性，以及相关水域的法律地位问题，还应尽早明确外国船只通过西北航道的航行权利等问题；②北方海航道相关水域的法律地位问题；③《联合国海洋法公约》第234条（关于冰封区域）的适用空间范围问题；④厘清联合国海洋法公约第234条与海洋法公约中用于国际航行的海峡之过境通行制度之间的关系。⑤《斯约》缔约国之间，特别是其他缔约国与挪威之间关于专属经济区的划分、资源利益划分、科考具体规定的制定应当进行相关的谈判加以明确。

尽管中国在北极拥有正当的权益和适当的利益关切，国际社会特别是北极国家对中国在北极的活动充满了疑惑和不信任感。有关中国“攫取北极资源，破坏北极环境”的论调，对中国参与北极事务产生阻碍。中国的北极政策不是国内发展政策，不能完全从自身利益和能力出发，需要在国际机制与中国政策目标之间的进行协调和统筹，需要合理、有效地运用外交手段，充分利用既有国际机制获取和保护合法利益。中国各部门参与北极事务过程中存在着时序上的渐进性，内力外力的综合性，整体参与和局部参与的互助性关系。中国参与北极航道利用应当遵循“三符合原则”：符合国际法相关基本准则，符合经济全球化的趋势，符合中国与相关国家双边利益的需要。要考虑北极国家、北极原住民和其他涉北极行为体的关切。树立中国参与北极事务的正面形象，减少可能遇到的排斥力。

中国应当在国际明确表示：北极的可持续发展是人类共同的利益，北极的地区和平、有效治理、环境友好、绿色开发、科技进步符合包括中国在内的世界各国的利益。中国愿意为此做出自己的贡献。中国不谋求在北极拥有领土主权，尊重北极国家的主权和主权权利。中国鼓励北极国家承担起维护北极和平、生态环境的相应责任。中国将加强与北极国家、北极地区国际组织之间的合作，按照互利共赢的原则为人类和平、为经济发展携手共进。

中国参与维护北极海洋生态安全的重要意义及影响*

杨振姣** 崔 俊 郭培清

摘要：北极地区位于地球的最北端，大部分地区终年冰雪覆盖，是地球表面的冷源和全球气候变化的主要驱动器。伴随着气候变暖，北极海洋生态环境发生了巨大的变化，其资源价值和开发前景日趋突出。本文以北极海洋生态环境的巨大变化为出发点，综合分析了中国参与维护北极海洋生态安全的原因及影响，进一步探讨了中国参与维护北极海洋生态安全的重要意义。这对于我国应对北极环境政治，维护中国国家安全和塑造北极地区整体安全环境有着重要的现实意义和影响。

关键词：中国参与；北极；海洋生态安全；影响及意义

沃尔特·霄利曾说过："谁控制了海洋，谁就控制了世界"。

当今世界面临着不断增长的人口、资源和环境的压力，世界各国想方设法寻求新的发展道路①。沿海各国纷纷把目光投向了海洋，加紧制订海洋发展规划，大力发展海洋高新科技，强化海军建设和海洋管理，争夺海域，扩大海疆，不断加快海洋资源开发步伐。②

与此同时，一场"蓝色圈地运动"在北冰洋轰轰烈烈地展开了。北冰洋是地球的重要组成部分，是人类海洋文明的形成与发展的基础。北极地区连接了北美洲、欧洲和亚洲三块大陆，有着重要的军事战略意义。同时，其广阔的常年不化的冰层，成了

* 来源：原发文期刊《海洋信息》2013 年第 4 期　本文受到 2011 年度教育部人文社会科学研究青年基金项目（11YJC630258：中国海洋生态安全治理模式研究）、2013 年教育部人文社科重点研究基地中国海洋大学海洋发展研究院资助项目（2013JDZS03：我国增强在北极区域实质性存在的理论依据及实现路径）、2011 年中国海洋发展研究中心海大专项（AOCOUC201105：北极海洋生态安全与中国国家安全）的资助，系阶段性成果。

** 杨振姣（1975－），女，汉族，辽宁丹东人，博士，中国海洋大学法政学院副教授，研究方向：公共政策、海洋管理，邮政编码：266100，E－mail：yangzhenjiao@yahoo.com.cn。崔俊（1987－）女，汉族，山东青岛人，中国海洋大学法政学院行政管理专业硕士研究生。郭培清（1968－）男，汉族，山东诸城人，中国海洋大学法政学院教授，研究方向：国际政治，极地政治和法律。

① Warmer investment climate in Arctic Russia，http：//barentsobserver.custompublish.com/warmerclimate－in－arctic－russia.4928171.html.

② ［俄］伊·马·卡皮塔涅茨．"冷战"和未来战争中的世界海洋争夺战［M］，北京：东方出版社，2004，第 432 页。

各国部署核潜艇的天然屏障。基于北冰洋日益突出的重要地位，各国加紧了在北冰洋的开发占领活动，原本平静的北冰洋变得“炙手可热”，但这也给北极海洋生态带来了巨大的灾难。

北极海洋生态是全球海洋生态系统的一部分，它不仅影响着北极地区的生态状况，而且对整个地球生态系统影响巨大。2007 年北冰洋海冰达到有记录以来的最低点，北极资源的开发和利用，引发了一场关于领土要求的国际政治界交锋，也促使了国际社会对北冰洋的涉足。① 北冰洋丰富的自然资源和不断变化的气候以及由此带来的机遇和挑战正改变着人们对北极的看法，使其成为各国间进行积极的政治经济合作以及竞争的中心。而中国作为全球性和地区性组织的参与者，有义务也有权利参与到北极海洋生态安全的维护当中。

1　现阶段北极海洋生态安全的现状

北极地区是指北极圈以北，包括整个北冰洋及北美、亚欧北部边缘地区在内的广大区域。北冰洋表面常年被冰雪覆盖，是地球上唯一的白色海洋。但是现在北极地区生态环境正经历着地球上最迅速、最严重的气候变化，这主要体现在：

①由气候变暖带来的海冰融化、海平面上升成为了北极地区生态安全的首要问题；②气候的变化使得北极的植物群落发生迁移，物种的多样性、范围和分布发生改变；③由于气温的升高，冰盖的消融，北极边缘的海洋生态环境受到严重破坏，对原有生物圈产生深刻性影响②，鳕鱼、北极熊等物种正急速减少；④以前因为冰层覆盖、技术等原因无法开采的能源资源，随着全球气候变暖，冰覆盖的融化，现在可以永久或定期开发；⑤海平面上升使得许多沿海地区和设施面临更多风暴潮袭击，土著居民的经济和文化受到了严重的冲击；⑥北极气候变化使得北极冰盖范围进一步缩小，北极航道应运而生，大大降低了航运成本，增加了海洋运输和资源开发的机遇③。

其实北极海洋生态变化的成因并不在北极地区，而是由其他地区不合理的人类活动所造成的。但是北极地区的这种生态变化变化却会反过来通过各种形式影响全球生态环境。随着冰盖的不断融化、气候的不断变暖，北极海洋生态变化的强度和幅度不断加大，由它所引起的全球生态环境变化也随之变大。无论你在地球的哪个地方，北极海洋生态变化造成的影响都能涉及。中国与北极一衣带水，就更加无法忽视北极生态安全对我国造成的影响，参与到维护北极海洋生态安全的国际合作之中就显得尤为重要。

---

① ［美］马汉著，萧伟中、梅然译：《海权论》，北京：中国言实出版社，1997 年版，第 225 页，第 257 页。

② Zysk K. “Russia’s Arctic Strategy – Ambitions and Constraints,” JFQ：JointForceQuarterly，2010（57），pp103 – 110.

③ Daria Boklan，Russia：The Arctic Region Perception. QuarterlyYearVIIN. 2 – summer2009.

2 中国参与维护北极海洋生态安全的原因及影响

20 世纪 80 年代后，伴随着冷战的结束，北极地区从“冷战前沿”变成了“合作之地”[①]。近 30 年来，全球气候变暖导致北极冰川海冰持续融化，这极大地刺激了世界各国对开发利用北极海洋能源、航道、渔业资源的战略需求。特别进入 21 世纪之后，世界各国对北极事务的关注随着北极各种能源资源开采利用可行程度的提高，而在其各自国内的海洋政策中的重要地位日趋增长。环北极国家所发布的北极战略中，无不将北极地区作为国家中长期海洋战略的重要部分。极地权益争夺空前加剧，北极战略地位迅速提高，已成为国际政治、经济、科技和军事竞争的重要舞台[②]。北极海洋生态对全球生态安全尤其是中国生态的影响日益凸显。因此，中国参与维护北极海洋生态安全势在必行。

2.1 出于社会安全方面的考虑

从地理位置上看，中国虽然并不与北极直接相邻，但却是一个近北极国家，北极海洋的生态环境变化，会直接对中国生态产生直接影响。目前学术界在此方面的研究表明：北极气候变化与中国生态环境存在着联动作用。受北极气候影响，我国很大一部分的地区近年来频繁出现极端气候现象。冬季南方异常低温，北方连续干旱，农作物受灾情况严重，年均受灾人口达 3.7 亿，直接经济损失超过 1 000 亿元[③]。同时，北极海冰融化造成海平面上升，极易淹没我国沿海低地，威胁我国领土安全。不仅如此，由于我国沿海多为发达省份，人口密集，一旦被海水吞噬，会直接影响到沿海居民的正常生活，甚至会让他们无家可归。这将引起社会动荡，引发社会危机，直接影响到我国的社会经济发展和人民生活。这是促使我国参与维护北极生态安全的一个重要原因。

北极生态变化对中国、北半球乃至全球生态环境的影响都十分巨大。我国参与到维护北极海洋生态安全当中能够加强对北极海洋生态环境特点的了解，进而知晓其对我国能产生什么样的影响，并采取有效的措施进行防范。借此机会，我国能够进一步完善全球气候评估及预测系统，切实提高我国天气、气候和自然灾害的预报水平，加强应对极端气候变化的能力，这是关系到我国的防灾减灾、国计民生、国民经济和社会可持续发展的大事。

2.2 对北极能源战略意义的考量

进入 21 世纪，资源与环境问题已成为各国发展的瓶颈。与此同时，全球气候变暖，北极海洋生态的快速变化，特别是北极海冰的加速融化使得北极能源资源的开发

① 陆俊元，北极地缘政治与中国应对［M］，北京：时事出版社．2010，第 30 页。

② Young O R. Governing the Arctic: From Cold War Theater to Mosaic of Cooperation. Global Governance 2005, 11: 9 – 15.

③ 傅勇．非传统安全与中国［M］．上海：上海人民出版社，2007：6、24、179。

前景和利用价值日益突出，这就极大地刺激了世界各国对极地资源的争夺和开发利用，北极战略地位迅速提高。美、俄等大国已经在北极划分了势力范围，准备进行资源和国际战略通道的争夺。能源安全关系到中国经济发展、社会稳定和国家安全，成为左右我国国家战略的关键所在。① 根据国际能源机构 2008 年的统计，中国能源消耗增长率和在全球最终消耗总量中所占的份额都比世界其他地区要高得多。② 如果对北极的油气等能源资源进行长期的开采利用会大大缓解我国的战略能源紧张状态，促进社会经济发展。但目前，占据不到有利的地理位置，相对较低的科技发展和社会经济水平，及较低的北极事务参与程度等一系原因使我国很难分享到北极资源的开发利用权。这就把我国推到了一个相对被动的地位，使北极开发权落入环北极国家手中，我国能源利益便被相对削弱。因此，我国必须积极参与到北极海洋生态维护的国际合作中去，以此为出发点参与北极其他国际事务，确保我国的能源安全不受威胁。

在当前形势下，加强北极环境综合考察，积极参与维护北极海洋生态环境，优先掌握北极的生态环境和资源状况，能够显示和扩大我国在北极地区的实际性存在，有助于维护北极的共同发展和我国的极地国家利益，在关于的北极国际事务中增加我国的话语权③；积极参与维护北极海洋生态安全，为北极资源开发和权益维护铺路搭桥，匡实基础，是缓解我国未来油气资源紧张、受制于人的重要出路；抓住机会，参与到北极海洋生态环境的考察之中，是维护我国北极资源权益的基础和当务之急；不然，我国将会丧失在北极的权利和利益。

2.3 北极航道利益的博弈

北极航道的开通是近年来国内外学者关注的焦点，而北极航线利益的竞争更是北极问题的焦点。我国的国际贸易运输中的 90% 要靠海运。通过北极航线，我国将增加两条通往欧洲和北美的便捷海路。从我国沿海各港口，途径北极航道，到达北美东岸，会比传统航线节约大约 2 000 ~ 3 500 海里；中国到欧洲将会缩减 25% ~ 55% 的距离。这样既可以不必绕行马六甲海峡和苏伊士运河，也可以减少像巴拿马运河、索马里海域和苏伊士运河这样政治蜜柑地区带来的风险。不仅如此，中国沿海地区也将会随着与国际交流的增加而得到长足的发展，使各港口具备成为国际性航运中心的条件。

我国国家战略的实现严重依赖通过海洋运输的资源，有些海洋通道由于自然条件的限制，使大型船舶不能通过；大型船舶能够勉强通行的地区拥堵严重；还有一些地区海盗活动十分猖獗。北极航线途经地区政治环境较为安定，人民生活比较富足，海洋运输安全能够保证。随着北极航线的开辟，我国海洋运输的安全系数能够大幅度增加。另外，北极国家石油、天然气等战略资源储备丰富，如果将北极国家发展成为我国新的油气进口地，可以缩短油气资源运输的距离。因此，北极航线对我国极为重要，

---

① 张胜军．李形．中国能源安全与中国北极战略定位［J］．国际政治经济研究，2010（4）：65。

② 国际能源机构（2008）世界能源关键统计．第 30 页。

③ 王诗成，海洋强国论［M］，北京：海洋出版社．2004，68。

我国应积极参与维护北极海洋生态安全，加强北极航线权益问题研究，希望能够在北极的公土划分和航线权益争取得更多的利益[①]。

2.4 维护国际政治安全的需要

当前，一些国家面对本国资源的日益枯竭和北极资源潜在的巨大利益，已开始围绕开发利用北极资源进行前期准备。在军事上，利用北极航线，北极国家之间的距离更近了，相互间的通道更多了，美、俄等大国在北极汇集，使得北极地区成为敏感的军事区域；冰盖下也是战略核潜艇理想的藏身处；北极地区所蕴藏的战略资源能为战争提供有力的支持，所以控制了北极航线，就是控制了军事的主动权。在北极问题上，中国作为一个利益攸关方，必然要参与北极的地缘政治博弈。中国面临的最突出的困境就是由发展而带来的海洋权益问题，以及由海洋权益冲突而带来的安全压力。[②]北极一直以来就是世界政治和军事角逐的焦点地区，对我国的安全构成严重影响。这使得中国与其他国家关系日益紧张，严重影响了我国国家安全和国际关系。因此，在北极地区国际争端扩大化和多元化的趋势下，从争议较少的北极海洋生态安全维护角度去调整我国极地发展战略，就成了进一步参与北极事务的切入点。

近几年，一些激进分子试图搅乱北极的安全局势，以达到其不可告人的目的。中国作为发展中国家，和平稳定的发展环境至关重要，因此，北极的国际政治安全与中国利益攸关，是应该时刻关注的问题。中国参与北极事务，积极维护北极地区的和平与稳定，既符合中国的国家利益，也能展现中国作为一个负责任大国的形象，有力回击所谓的“中国威胁论”。不仅如此，从维护北极海洋生态环境出发参与到北极国际事务当中更是实现我国国防安全的重要保障，也是实现我国国防从近海防御战略向远洋防御和全球防御战略转变的重大推动力量。

上述几点说明，我国在北极地区有着巨大的国家利益和战略需求，这种需求随着综合国力的提升而增加，也将随着国际极地战略背景的重大改变作相应调整。因此，我国积极参与维护北极海洋生态安全有着重大的现实意义。

3 我国参与维护北极海洋生态安全的重要意义

北极海洋生态的变化，已经对我国生态环境产生了巨大影响，也一定程度上决定着我国的社会经济可持续发展。我国作为一个人口总数多，人均资源占有量小的国家，对北极公共资源提供的潜力和发展空间十分渴望。一个国家海上综合力量在特定历史条件下甚至可以成为决定国家兴衰的重要因素。因此，正值北极权益争夺方兴未艾和我国综合国力日益提升的重大历史机遇期，把握机会，积极参与维护北极海洋生态安全，把握北极权益争夺的发展现状，才能切实有效地维护我国在北极的长远利益和潜在权益，使我国在未来的北极事务中的影响力和决策力得到提高。

---

① 王郦久．北冰洋主权之争的趋势［J］．现代国际关系．2007（10）。

② 杨毅．中国国家安全战略构想［M］．时事出版社．2009 年版．P207。

3.1 参与维护北极海洋生态安全有助于维护我国北极权益

权益和资源始终是国际竞争的焦点。21 世纪以来，以北极海洋能源资源的重新分配和海洋权益的分享为焦点而展开的国际海洋斗争越来越突出，形势越来越复杂，我国的海洋权益将面临严峻挑战。北极地区的石油、天然气、矿物和渔业资源蕴藏十分丰富。人类尚未探明的油气资源数量至少为100 亿吨，占未探明总储量的1/4。北极航线开通后，将成为世界经济和国际战略的新走廊，欧洲、亚洲、北美之间的航线将缩短5 200 ~7 000 海里。北极地区尤其是北极上空的军事地位也十分重要，逐渐引起了各国的广泛关注。

积极参与北极事务，争取到更多的政治经济利益，可以为我国新一轮的经济快速发展提供支撑，也能有助于我国的经济社会可持续发展。尤其在当今，经济全球一体化、国际政治多极化的大环境下，北极地区的自然资源资源、交通条件以及军事价值都是我国应该关注的重点。因此对极地的环境与资源进行综合性评估，积极参与维护北极海洋生态环境，寻求国际合作，保护极地海洋生态环境的安全与稳定有助于维护我国在北极的利益。

3.2 参与维护北极海洋生态安全有助于提升我国国际地位

维护北极生态安全是一个国家综合国力、高科技水平在国际舞台上的展示和角逐①。当前，由世界主要国家掀起的争夺北极资源和权益的斗争方兴未艾，同时又共同面对全球金融危机的巨大影响。金融危机导致的全球经济衰退使发达国家蒙受较大冲击，这正是一个我国加紧参与北极事务、赢得未来北极国际事务话语权的重要战略机遇期。石油、矿产、天然气等资源在北极有着巨大的存储量，而这些公共资源理当属于全人类。作为人口最多、发展最快的发展中国家，我国有责任、有义务、有能力参与维护北极海洋生态安全，而不应袖手旁观；更有责任和义务在极地事务中站出来维护广大发展中国家的权益，反对强权政治国家对北极资源的霸占，主张共享北极资源，促进北极海洋生态环境保护，开创“和谐北极”的新局面②。

随着综合国力和经济实力的持续上升，我国在国际社会已逐渐树立起一个负责任的大国形象，亟待在北极事业上有所突破，赢取机会。积极参与维护北极海洋生态安全有助于我国在北极这个国际舞台上厚积薄发 ，取得更大的发言权，提升我国在国际极地事务中的地位和作用，为我国国家发展提供动力支持。不仅如此，积极参与维护北极海洋生态，制定实施北极海洋生态发展战略，还能进一步提高我国在世界性海洋事务中的政治地位，展示我国综合国力的快速发展，全面、快速的提升我国的国际地位。

---

① L. Nowlan, “Arctic Legal Regime for Environmental Protection”, IUCN Environmental Policy and LawPaper No. 44, Gland, Cambridge: International Union for the Conservation of Nature, 2001, p. x.

② Bouw er L. M. , Aert s J. C. J. H. Financing climate chang e ada ptation [J]. Disasters, 2006, 30 (1).

3.3 促进人类与北极和谐发展 维护世界和平

海洋生态与发展是北极海洋开发中的根本问题①。人类的北极开发活动和人们的生活应以人类与北极和谐共存为最高准则。虽然人们开发利用北极资源可获得丰富的物质利益，但获得物质利益必须遵循北极海洋自然生态规律，在开发、利用、保护和重新培植北极海洋资源与环境的动态过程中来实现，绝不能以牺牲北极海洋资源、破坏北极海洋生态环境为代价。我国是一个和谐发展的社会主义大国，我国参与维护北极海洋生态安全必定能够促进北极海洋生态的协调发展，实现北极海洋快速、健康发展。

同时，由于全球经济一体化加快和应对气候变化战略的发展，北极资源已纳入国际社会的视野，持续不断的全球性能源紧张，使北极资源开发潜力备受关注，也使得北极国际战略地位不断提升。因此，围绕北极复杂的环境和资源，国际社会的竞争与争夺呈现加剧的趋势。冷战结束后，“一超多强”的国际局势，使国际关系错综复杂，这在北极地区也得到体现。领土、领海、能源、航线的争夺越来越激烈，如果不及早妥善处理潜在的矛盾，则有可能给世界和平和国际安全带来重大威胁。我国是主张和平的国家，积极关注北极的发展态势，参与维护北极海洋生态安全，就能够对北极权益格局演变快速做出反应，为建立公平的北极政治经济秩序，维护世界的和平稳定，促进人类与海洋和谐发展做出贡献。

4 中国需要进一步参与维护北极海洋生态安全

中国参与维护北极海洋生态安全意义重大，因此进一步参与维护北极海洋生态安全是我国参与北极工作的重中之重。当今的国际化潮流中，人类所面临的共同挑战越来越多，世界各国“唇亡齿寒”，相互依存的关系日益加深。因此，只有不断的加强国际合作，维护并共享利益权益②，才能有力的解决在权益分享方面存在的争议，共同维护北极海洋生态安全。

4.1 加强科研以制定符合国家利益的北极政策

中国十分重视对北极生态环境的研究，制定符合国家利益的北极政策有其深刻的自然背景和社会背景。一方面，北极的生态环境变化已经影响到了我国国内的自然条件变化；另一方面，国际政治环境也随着北极生态环境的改变而改变。我国应该早作图谋，避免被动。

目前，虽然已经展开了对北极地区的相关研究，进行了多次科学考察，并取得了一定的成果。但是由于北极的自然条件很特殊，以我们目前掌握的研究数据来看，想要详细掌握北极状况还不太现实。北极科考，对于科学认识北极生态与我国生态系统的联动作用，提高我国灾害性天气预测的准确性，增强防灾能力具有重要的意义。我

① 王诗成，海洋强国论：关于实施海洋可持续发展战略的思考［M］，北京：海洋出版社．2004：303－304。
② 程保志，北极治理机制的构建与完善：法律与政策层面的思考［J］．国际观察，2011年第四期。

国开展针对北极地区更为广泛、细致和全面的调查，并且继续加大对北极的科研投入是非常有必要的，全面开展影响北极事务发展的北极地缘政治、法律、经济与社会的“软环境”研究[①]，为我国北极事务的决策提供依据，并在此基础上尽早制定出符合我国利益的北极政策。这样一来，我国就能够最大限度地规避因北极气候变化所带来的我国异常天气情况及其所导致的社会安全问题，加深对北极地区的了解，为我国进一步掌握北极地区事务的话语权提供有利的条件。

4.2 倡导引入北极地区全球治理

由于受到地理位置的限制，现在中国在北极的地缘政治中很难扮演重要角色。引入北极地区全球治理，就是将北极治理放到全球治理的框架中展开，不仅承认北极国家和非国家行为体通过区域性国际机制的合法性，如北极理事会在内的双边、多边治理；而且也提倡和促进非北极国家和非国家行为体积极参与北极事务，将北极地区的治理与全球治理有机地结合在一起，从而使北极地区能真正地得到有效治理，并且为全球治理作出贡献。正如奥兰·杨所言，当前的北极治理必须倾听来自域外国家的声音，并将其纳入到北极治理的有关机制之中。[②] 这种治理理念的开放性和模糊性，有助于减少北极国家对中国的排斥，实现在北极地区的国家间合作，更好地维护北极海洋生态安全。

目前中国、韩国、日本、印度、意大利、新加坡六国已经正式成为北极理事会的正式观察员国。新观察员国的权利有限，同时美俄等大国对非北极国家仍然加以排斥，因此目前的北极利益格局还未能有所变动。但此次北极理事会的扩容，打破了北极问题狭隘的地缘政治束缚，开启了北极核心国家、外围国家、相关利益组织共同治理北极事宜的大门，是北极地区全球治理的良好开端。

4.3 密切与北极国家的联系与交往

我国的北极地缘政治劣势注定了我国必须扩大与北极国家的交往、联系才能更好地参与到维护北极海洋生态安全中去。北极国家不应该、也不可能回避北极海洋生态的方方面面的问题的复杂性，例如资源、航道、环保等，这些方面的问题都是国际性的，北极国家不可能独自解决。同时，由于全球化的深入发展和北极海洋独特的自然条件，任何国家都难以独自解决其海洋生态问题。实际上，北极国家并非一味组织非北极国家参与北极事务。有些北极国家由于缺乏对抗北极大国的实力，甚至希望非北极国家能够参与到北极事务中来，增加其博弈的资本。挪威外长斯托雷表示：“中国在北极科学考察和研究方面的能力有目共睹，而且中国也是北极相关问题的参与者之一，挪威非常欢迎中国对北极的科考和研究，并希望中挪两国今后能在此领域加强合作。”[③]

---

① 陈玉刚，陶平国，秦倩. 北极理事会与北极国际合作研究［J］. 国际观察，2011（4）：18。

② Arctic Governance in an Era of Transformative Change: Critical Questions, Governance Principles, Ways Forward, http: //www. arcticgovernance. org.

③ 刘坤喆. 挪威外长：愿与中国加强北极科考合作［N］. 中国青年报，2010－08－31（5）。

中国要想参与到北极能源、航道的事务当中，完善与这些国家的合作机制就是有力的突破口。中国在某些机制当中受到的制约可以通过参与其他机制而“抵消”，只要保持政策的务实与灵活性，善于借重和平衡多方力量，中国在参与北极海洋生态安全机制问题上完全能够实现国家利益的最大化。[①] 加强同北极国家以及北极理事会等国际组织的交流与合作，积极探索符合我国利益的合作途径与方式，扩大和深化合作内容是我们的当务之急。

4.4 重视和非北极国家共同的利益

各国在加强竞争的同时，提出了进行“国际治理”的主张，但范围仅局限于北极国家内，这显示出北极地区国际合作的局限性和排他性。国家关系没有永远的朋友，也没有永远的敌人。北极治理机制也是合作与竞争共存的舞台。[②] 北极合作机制并不是开放的系统，环北极大国不愿别国涉足北极海洋生态问题，这一做法就必然与非北极国家的利益诉求相冲突。非北极国家参与北极事务的过程中，一定会出现共同的利益。同时，北极地区的环境保护，可持续发展等事务不可能局限在北极地区范围之内，必须得到包括非北极国家在内的广泛的国际社会的合作，这为中国参与北极事务提供了一条重要途径。而我国要做的就是完善与国际社会的信息沟通机制，加强沟通协作，寻找共同的利益点，加强国际间资源开发合作；尽快建立健全针对北极地区的生态环境语境系统，拓宽引进国外先进技术的渠道[③]。同时，我国应积极主导北极安全论坛、北极圆桌会议等能够与国际社会搁置争议、共同开发的新型北极海洋生态安全机制，与非极地国家合作维护北极海洋生态安全，减少因北极海洋生态安全所引发的外交冲突，切实维护我国自身利益。为了避免北极海洋生态环境危机的发生，与非极地国家合作，有重点地建立和完善专项的生态环境安全预警体系。并在此基础上形成国家相关的北极海洋生态环境安全预警网络系统，推动北极问题的国际化。

5 结语

面对纷繁复杂的北极生态安全形势，中国作为一个新兴的发展中大国和“和谐世界”理念的倡导者，应该密切关注北极生态环境变化，积极参与维护北极海洋生态安全。同时，加强在北极地区的国际合作，推动北极国际治理机制朝着公平、合理的方向发展，从而为北极地区的可持续发展、维护世界和平做出应有贡献。

---

① 杨毅．中国国家安全战略构想［M］．北京：时事出版社．2009 年版．P245。

② 陆俊元．北极国家新北极政策的共同取向及对策思考［M］．国际关系学院学报．2011 年 3 期，56。

③ Vladimir Afanasiev. Russia Flags up Intentions in Race for Aretic Treasure. Upstream. 2010，12.

北极法律秩序走向与中国北极权益新视野*

董　跃**

摘要：目前中国学界对于北极法律秩序的未来走向主要有“南极模式”、“斯瓦尔巴群岛模式”、“北极特定模式”、“发展海洋法公约模式”等不同观点，并由此对中国北极权益范围和相应策略有着不同的界定。但是从各方面因素综合考虑，对于中国北极权益不宜做过分的解读，主要应当定位于科学考察的权利和北极事务的基本参与权，其中气候变化治理是最佳的切入点之一。

关键词：北极法律秩序；中国北极权益；气候变化治理

在很长一段时间内，中国对于北极法律问题的研究始终处于沉寂状态，远逊于同处“极地”概念下的南极，这里固有自然环境因素之影响——冰封水域、遥远的地理位置和恶劣的自然条件使中国在北极开展活动难度超过南极；更重要的原因在于中国对于北极的基本认知：北极与南极不同，南极为开放式的大陆，历史上并无原住民和国家有效统治，其国际法地位也在南极条约体系中得以明确约定；北极则为环北极国家的陆地或岛屿所环绕，处于“封闭”状态。基于一种保守的心态，中国不愿过多地介入北极事务，而这样的态度也直接影响了中国对于北极法律问题研究的展开。但是近年来，伴随着全球化趋势以及气候变暖等要素的产生，北极对于中国的意义日益凸显。北极新航道的出现将影响中国的国际运输业，北极的环境变化对中国海洋、气候、生态环境系统包括社会经济发展都具有重要影响。作为《斯匹次卑尔根群岛条约》缔约国，中国有权进出该群岛地区从事科研及条约允许的其他活动。作为《联合国海洋法公约》缔约国，中国有权进入北极公海地区进行科研等活动，并享有对北极公海地区和区域的相关权利。中国如何保障和拓展自身的北极权益，逐渐成为学界关注的热点问题。本文希望对于中国目前关于北极国际法属性及法律秩序走向的研究情况作一简要总结，包括涉足的领域、争议与基本的观点，重点评析基于中国立场对于北极法律秩序走向的认识并阐述中国基于气候变化这一“全球共同关注事项”对北极所拥有的权益。

* 来源：原发文期刊《中国海洋大学学报》（社会科学版）2013 年第 4 期。

** 董跃（1978－），男，山东文登人，法学博士，中国海洋大学法政学院副教授，主要研究方向为国际法学。

一、中国学界对北极国际法地位及未来法律秩序走向的认识：以海洋法为视角

中国对于北极的人文社会科学研究在很长一段时间内局限于对其历史人文、地理资源的介绍及各国北极政策的评析。以法学研究为例，对于北极的国际条约体系、极地国家立法研究及法律争端研究甚少，相关著述匮乏，一些教科书略有涉猎，只是介绍一些有关北极领土的国际法规范，缺乏深入和全面地研究。中国学界自 2007 年插旗事件始高度关注并全面开展北极软科学研究，初始的个别专题研究主要是关注北极领土争端的国际法背景，仅为初步的分析。此后形成了若干研究平台，以中国参与北极事务为核心，先后形成了一系列以研究报告和论文形式为主的研究成果。较之中国政府在北极的行动，中国国内的学术研究范围更为宽广、观点也更为自由。主要涉及北极国际法律地位、适用北极的法律体系、航道管辖、科考管理、环境保护、《斯匹次卑尔根群岛条约》等。囿于篇幅及研究条件，下面本文仅对中国法学界对于北极问题的一些有代表性研究成果进行述评。

（一）北极的国际法律地位

中国国内学者谈及北极，几乎首先想到的都是北极国际法律地位问题，虽然从传统国际法角度来看，在定性层面已经有较为明确的答案。但从学术研究的角度，中国的学者力求在这一问题上提出独立的观点。

从总体上来说，中国学者普遍认为不应按“无主之地”或者依照“扇形原则”来认定北极的法律性质。目前来讲占主流的观点是利用现有的《联合国海洋法公约》所提供的制度框架来确定北极的法律性质，认为北冰洋沿岸国家可以主张其内水、领海、专属经济区和大陆架。除上述区域外，北冰洋的主体部分应属于公海或“国际海底区域”。根据《联合国海洋法公约》，前者实行公海自由原则，后者则作为“人类共同继承财产”由国际海底管理局负责管理和开发，它们都不能成为国家占有的对象。

此外，中国学者普遍注意到了北极国际法律地位的两个特别之处，一是斯瓦尔巴群岛所适用的特别国际法制度；二是俄罗斯、挪威等国提出的“外大陆架”主张。对于后者，分析的思路主要包括两种，一是技术分析，主要从现有《联合国海洋法公约》法律框架出发，对于俄罗斯、挪威的主张进行分析，指出这些主张对《联合国海洋法公约》现有的关于“外大陆架”的规定所提出的挑战以及现有规则的不足。另一种是从宏观角度指出这些主张对于相关法律秩序的影响，主要是对于现有的大陆架规则体系会产生的影响以及对于北极域外国家权益的影响。

虽然很少明确地提出反对意见，但是中国学者对于北冰洋沿岸国家对“外大陆架”所提出的权利主张是保持高度关注的，一般都认为应对其进行严格的审核，并且完善现有规则来进行应对。

（二）北极法律秩序的未来走向

由于北极法律秩序的未来走向牵扯到作为北半球大国的中国未来参与北极事务的深度和广度，因此这一问题引起了普遍的关注和重视，目前涉足北极政治法律研究的学者几乎都通过不同形式提出过学术性或评论性的观点。简单总结，可以分为以下三类。

第一种思路是从中国属于北极域外国家的立场出发，仿效“南极模式”及“斯瓦尔巴模式”，主张在北极建立类似南极条约体系模式，并且认为与南极条约体系相比较，《斯匹次卑尔根群岛条约》无论是内容还是缔约国的组成更接近于《南极条约》，所不同的是该条约仅针对北极地区的斯匹次卑尔根群岛。但是，该条约仍不失为当代解决国际权益争端的一个典范，它为冲突各方提供了解决问题的思路：搁置争议、共同开发。这也是避免冲突升级损害共同利益的唯一办法。因此，世界上所有国家的政府完全可以而且有必要按相同的思路，共同签署一个类似于《斯匹次卑尔根群岛条约》的北极条约，以“北极永远专为和平目的而使用，禁止在北极设立一切具有军事性质的设施以及从事任何军事性质的活动；冻结对北极的领土要求；各缔约国的公民在遵守有关法律的前提下可以自由进入北极从事正常的生产和商业活动；北极是人类共同继承财产，任何国家、任何自然人、法人均不得将北极据为已有”等为主要内容，将“北极环境保护战略”中的有关内容纳入并效仿《南极条约》中的内容予以细化，理顺各方关系、调和各方冲突。

第二种思路是建立“北极特定模式”，即根据北极的特殊情况在北极建立一个特别的“北极条约”。主张：①在承认北极国家有权根据《联合国海洋法公约》划定内水、领海、专属经济区和大陆架的前提下，冻结或者取消《联合国海洋法公约》有关外大陆架划界规定在北极海域的适用；②确立各国管辖范围之外的北极海域（包括根据《联合国海洋法公约》应属于公海、国际海底区域和外大陆架的部分）作为“人类共同继承财产”的法律地位；借鉴《南极条约》中的“协商国制度”，由各北极国家和符合一定条件（如在北极设有科考站）的其他国家组成《北极条约》协商国，共同制定在相关海域从事科考、环境保护、资源开发等活动的法律制度并监督其实施；③冻结北极地区（包括北极陆地和北冰洋海域）的军事化使用，最终实现该地区的完全非军事化；④以《北极条约》为核心，根据实践的需要和未来的发展，就其中环境保护、资源开发、非军事化等某些具体问题领域进一步缔结相关的议定书，形成一个相互补充的“北极条约体系”。

第三种思路则是“发展海洋法公约模式”，即充分利用现有的国际海洋法的制度框架，发展出可以适用于北极的特有制度和规则来解决相关问题。无论是仿效“南极模式”和“斯瓦尔巴模式”抑或“北极特有模式”，都有两点共通之处，第一是重起炉灶，为北极制定专门的条约体系；第二是冻结北冰洋沿岸国家的一些主张或者要求其放弃一些主张，并且实现北极的非军事化。而这些设想都是有很大的实施难度的，因为不论从地理位置抑或政治环境来看，北极并不具备形成一个独立的统一条约的基础，南极比北极有相对简单的政治环境使国际社会更容易形成一个综合性的条约——《南极条约》，去解决南极各个方面的法律问题。但是对北极问题要达成这种共识的前提是，周边各国首先要维护本国利益，然后才会考虑在此基础上是否需要建立一个国际条约以及符合本国利益的条约内容。这样的协议必然会遇到各种利益冲突。另外，就目前形势看，北冰洋沿岸国家对北极的争夺已经远远超出法律解决的范畴，一些国家甚至采取了激进的措施，加之各国在北极进行军事活动的历史，因此北极的非军事化也是很难实现的。

实际上，前两种模式的提出，背后都隐藏着相关学者基于中国立场的一种考量，即希望通过限制北冰洋沿岸国家对北极的控制，扩大北极的“人类公域”的范围，从而为类似于中国这样的可以参与北极开发的域外国家争取到更大的潜在的权益。但是正像在哲学上存在“应然”与“实然”不同的范畴一样，这种构想只是一种理想主义的观点。但是这种观点的产生也旁证了中国同北极关系的现状——即对于其实质性问题，仅仅是旁观者，而正因为是旁观者，研究者才可能发表较为超然或者说“前瞻性”的观点。

二、中国的北极权益主张：以气候变化为核心

从中国政府目前采取的行动和公开的文件来看，对于中国在北极的权益，中国政府所持有的态度是务实和谨慎的，仅仅限定于科学研究和适度参与的范畴，所关心的主要是北极气候与环境变化对中国带来的影响。但是基于中国在地理位置上邻近北极，同时又是正在快速发展在国际事务上发挥着日趋重要作用的大国，因此各国尤其是北冰洋沿岸国家对于中国对于北极的权益诉求是极为关注的，并且力求从中国学术界的相关讨论和实务的行动中解读出中国对于自身北极权益的定位及保障思路。

（一）对中国北极权益主张的过度解读及其根源

2011 年初，挪威斯德哥尔摩国际和平研究所的研究员琳达·雅各布森撰写了《中国为无冰北极进行准备》的研究报告，引起了巨大的反响。这篇研究报告虽然不带有官方性质，但是却可以从一定程度上被视为西方国家特别是北冰洋沿岸国家对于中国北极战略以及相应的对于北极权益的主张的代表性解读。在这部报告的第一部分，琳达强调了中国对北极地区日渐增加的兴趣；在第二部分中，指出有一些中国学者注意到了北极水域因海冰融解带来的商业和战略价值，并敦促中国政府关注这一点；在第三部分中，琳达认为中国正在小心翼翼地探索一条通向北极之路，“中国确实已经有了一个清晰的北极日程”。虽然这部报告的风格基本是写实的客观描述，多是转述中国官方或者学者的观点，不轻易地为中国的想法下断言，但是依然可以看出作者对于中国北极权益主张的判断和解读：第一，认为中国对于北极十分重视，并正在力求通过各种途径参与北极事务，“中国在北极问题上处于劣势……但

中国还可以寻求在决定未来北极活动的政治框架和法律基础方面发挥作用。”第二，虽然中国在表面上只是强调对于在北极开展科考活动以及对于北极气候和环境问题的关注，但实际上，学术界已经开始全面促进政府关注中国在北极的航道、资源甚至军事利益，而且政府也已经着手组织相关的研究，有着潜在的寻求这些方面利益的意图。第三也是最重要的一点，就是琳达认为中国对于北极权益的基本态度是将北极定位于“全球公域”，“呼吁北极国家考虑人类的利益……静悄悄推动北极在精神上应该属于所有国家的主张。”并且指出这一主张与中国一贯强调“尊重国家主权”的国际事务方针相悖。

实际上，琳达的报告对于中国北极权益主张的解读确有偏颇之处。第一，无论是中国政府的立场还是中国学界尤其是法学界的主流观点，从未简单地将北极定性为“人类共同遗产”，并且进而将北极权益归为人类共享。“北极是人类共享的”和“北极按海洋法体系可能存在人类共享的区域和公海”是两个截然不同的判断，不能混淆，中国持有的是后者所表述的观点，而这一观点同北冰洋沿岸国家在2008年《伊鲁伊塞特宣言》中所表述的立场是相同；第二，中国官方无论从实践还是规划上都一直谨守科考的范围；第三，报告过高地估计了北极工作在中国海洋工作中的权重，实际上即使在“极地工作”这一范畴内，中国北极工作的地位尚在南极之下。

报告出现上述问题的原因可能在于琳达在选取材料时过多地考量了中国较为激进的学者尤其是非法学背景学者的主张和论述。这些学者的研究有一些共同之处，一方面基本上都是强调北极的“全球公域”、“人类共同遗产”属性或者力主今后应当将北极定位于“全球公域”、“人类共同遗产”，从而使北极成为全人类的共同利益，中国当然有其中的一份；另一方面过度的扩大中国北极权益的范围，几乎将北极问题的全部因素都与中国的潜在利益相联系。而这些论断一方面没有考虑到中国开展与北极有关工作的实际情况、环境与能力；另一方面则忽视了现有国际法框架为解决北极争端、分配北极权益所确立的一些基本路线。

（二）中国北极权益的核心：气候变化事务的参与与合作

冷静的综合考虑各方面因素，虽然北极的海域划分、科学研究价值、环境生态变化、矿产生物资源开发、航道利用、军事安全价值都和中国有一定的关联，但是其中最值得中国关注，也是中国在很长一段时间内可以关注的主要权益所在，除了科考之外，只有气候变化事务，而并非是琳达所揣测的以“北极人类共享”为基础的“北极日程”，或是国内学者所主张的“北极航运”、“资源开发”和“军事价值”。其原因主要在于以下几个方面。

1. 客观因素：北极气候变化

北极所具有的独特自然条件和气候状况，决定了它对气候变化的敏感性。北极地区的年平均气温升高速度是地球上其他地区的两倍，其所造成的海冰融化，影响到北极及周边地区的大气环流和天气，引起包括欧洲和北美洲地区在内的气温和降水变化，从而严重影响到这些地区的农林业和供水系统。中国处于中纬度地区，来自北极的冷空气对中国冬季的雪灾和冷害、春季的沙尘暴发生以及夏季的旱涝过程等气候灾害都有直接的关系，对中国的冬季风系统起到重要的调控作用。来自北极地区的寒流，一般是经西北部、北部和东部三条路径进入中国境内，对中国工农业生产、人民生活和工程建设带来重大影响及危害。而与气候变化相关联的海冰状况的改变，也会对局地的能量收支和天气气候状况产生影响，进而对中乃至全球的气候变化产生影响。由此可见，北极地区气候变化绝不仅仅是一个地区性问题，而是全球性议题，而且同中国紧密相关。

另外，就现有的北极事务而言，很多问题都源起于北极气候变化。航道利用与管辖问题源起于气候变化引起的海冰融化，从而使通航成为可能；气候变化对北极生态产生巨大消极影响，使其成为北极地区生物品种损失的最主要驱动因素，进而引发生态保护和渔业资源养护问题；海冰减少和融化还将使北极地区的自然资源更容易获得，从而引发对于大陆架和海域的争夺。因此北极气候变化已经成为北极问题的一个枢纽，成为联系众多领域的关键点。

2. 主观因素：中国的必然选择

虽然在国际法的现行框架中，中国似乎可以找到在北极寻求航道、资源等权益的潜在空间，但是从各方面综合考虑，中国在很长一段时间内北极权益重心主要是加强科学考察以及保证对北极国际事务的“基本参与权”。后者主要是通过参与气候变化的相关国际事务议程来加以实现。这主要是因为，首先，从中国的北极规划来看，最为关心的问题是北极气候变化带给中国的影响，目前的科研活动也主要是围绕气候变化展开的；其次，从中国参与北极事务的实际情况来看，话语权和影响力有限，参与领域基本集中于科研，另外北冰洋沿岸国家对于中国参与北极事务实际上抱着近乎于“警觉”的态度，中国尚未跨过最基本的“门槛”；再次，中国在北极缺乏共同利益诉求和立场的合作伙伴和稳定的合作模式，这样也使得中国在北极事务区域合作舞台上显得形单影只，并进一步限制了我国的影响力。

因此，根据中国的实际情况，想要克服上述困境，气候变化无疑是中国最好的切入点，一方面北极气候变化在客观上对包括中国在内的世界各国都有着重要影响，并且中国的气候变化治理行动也将对北极产生重要影响；另一方面，气候变化事务属于低度政治领域，可以让北冰洋沿岸各国更好的接纳包括中国在内的域外国家参与其中。此外，国际法上的相关规则和理论也为这一途径提供了制度基础。

3. 法律背景：“人类共同关注事项”

前文已经提及，不宜将中国的立场解读为将北极定位于类似于国际海底区域和月球的“人类共同遗产”。因为中国并未在北极问题上放弃传统的尊重各国主权的原则，同样也不否认北冰洋沿岸国家在北极所拥有的主权和主权权利，中国只是强调要在现有海洋法框架下发展的解决相关问题。而人类共同遗产之所以不适用北极整体，就是因为它的概念是与主权特别是自然资源永久主权相悖的。

但是近年来国际法特别是国际环境法的发展为我们提供了另一种思路，即“人类共同关注事项”，这一概念最早恰是出现在气候变化领域。目前，人类共同关注事项成为专门调整以往属于国家主权范围内的，但国际社会对其具有共同利益的活动或资源的国际法概念。虽然人类共同事项概念尚未成为习惯国际法，但是它已经为国际社会绝大多数成员国所接受，并应用于气候变化和生物多样性两大领域，在短暂时间内已经有大量国家实践予以支持。而且从全球气候变化治理的实践来看，“人类共同关注事项”至少包含三个方面的内涵：①人类共同关注事项与国家主权是兼容的，它虽然强调各国为人类共同关注事项的重要性对相关活动和资源有进行共同保护和管理的义务，但它并不排除各国对国际社会共同关注事项的相关活动与资源的主权，而且各国的主权是各国不同的程度保护共同关注事项义务的前提和基础；②各国对人类共同关注事项承担共同但有区别责任；③发达国家在人类共同关注事项上负有“团结协助”（solidarity）任务。

北极是应对气候变化中极重要一环，北极气候变化也应属于“全球共同关注事项”，这一概念可以成为中国在相关的北极国际事务上参与的依据和基础。如前所述，北极地区的气候变化对全球气候公共治理具有“牵一发而动全身”的影响作用，理应成为全球气候公共治理的重要议题之一。而在气候变化的视野之下，与之保护有关的法律问题，例如北极的生物多样性保护、航道利用、渔业资源管理、原住民权利等的部分内容可以考虑被纳入到全球气候变化磋商的讨论之中。在气候变化主题下，很多矛盾迎刃而解，北冰洋沿岸国家的主权和主权权利可以得到充分尊重，各国基于其主权管辖范围、地理位置和自然条件对于北极气候变化事务承担共同但有区别责任——北冰洋沿岸国家可以在这一议题中发挥主导作用并且注意将更多域外国家“团结”进来，包括中国在内的域外国家可以共同分担保护北极气候的责任和义务。并且这一主题既可以将其他北极问题联系起来，同时又不触及其他北极核心权益的分配。

三、结论与建议

虽然有部分中国学者提出了中国应当将北极定位于“人类共同遗产”，并且提出中国应当加入到北极新兴水域的商业与战略利益的“分配与争夺”中去，而且也有西方学者对中国的态度进行了揣摩，但是从中国的现实出发，中国的北极权益主要应定位于科学考察以及对北极事务的“基本参与权”之上。这不仅是中国政府的现有立场，同时也应是相关研究的基点。对于中国对北极事务的“基本参与权”，应当以“北极气候变化”为切入点，利用这一“全球共同关注事项”展开。中国可以在北极事务战略规划中进一步明确“气候变化”这一核心主题，并且尽快推出相应的《北极考察活动管理条例》，以表明对北极问题的基本立场以及对北极权益的基本主张；在国际事务中，中国可以考虑以气候变化治理为核心，同欧盟、俄罗斯、加拿大、美国等展开合作，这一合作机制还可以吸纳其他北半球气体排放大国参与。

对于中国北极研究而言，目前对于北极和全球气候变化关系的研究成果多集中于自然科学领域。若能在社会科学研究中以气候变化的主要作用地区“北极”为着眼点，将北极政治与法律问题和全球气候变化公共治理相结合，也许是一条颇具挑战性和尝试性的研究进路。

欧盟的北极政策和与中国合作的可能性[*]

程保志[**]

摘要：近年来，出于自身应对气候变化与能源安全的多重战略考量，欧盟政治机构陆续出台多个北极政策文件；2012 年 7 月由欧盟委员会和外交与安全事务高级代表联合发布的《发展中的欧盟北极政策》文件，为欧盟北极战略的整体发展打下坚实基础。本文在对欧盟推出的一系列北极政策文件进行梳理、分析的基础上，探析欧盟北极政策实践的最新发展及其特点，并初步探讨了中欧之间就北极问题加强政策协调与合作的可能性。

关键词：欧盟　北极政策　中欧合作

作为北极域外的特殊行为体，欧盟近年来对参与北极事务表现出日益浓厚的兴趣，以欧盟委员会、理事会及欧洲议会为代表的欧盟三大政治机构连续推出有关北极战略的官方战略文件，宣示欧盟在北极地区的利益关切，展示欧盟作为北极治理公共产品提供者的角色定位，并积极谋求北极理事会的常任观察员资格。在北极问题上，中欧之间存在着相近的利益诉求、相似的政策立场和类似的身份定位，因此研究欧盟的北极政策及其实践，对于我国今后更为积极而有效地参与北极事务有着重要的借鉴和启示意义。

一、欧盟北极政策的演进与发展

自 2007 年 8 月俄罗斯在北冰洋底插旗以来，鉴于北极生态保护上的紧迫挑战、巨大的能源与资源利益、新航路开辟的诱人前景以及“领土”拓展的巨大诱惑等因素的刺激，欧盟对于北极事务表现出更为积极主动的态度。①英国、法国、德国、波兰、荷兰和瑞典等国虽没有可能直接参与北极海域划界，但它们却有意积极加入北极地区资源开发进程以分享丰厚的经济回报；这一立场也得到了挪威等北欧国家中从事油气开采及加工业的公司集团的支持。

2007 年，欧盟委员会通过附于《综合性海洋政策》文件中的行动计划首次宣示欧

---

* 来源：原发文期刊《和平与发展》2013 年第 3 期。本文获南北极环境综合考察与评估专项资助，同时也是中国极地科学战略研究基金项目“欧盟北极战略的走向与中欧北极合作”（项目编号：20100101）和中国海洋发展研究中心项目“我国应对海洋权益突出问题的策略研究”（项目编号：AOCZD201202）的阶段性成果。

** 程保志，上海国际问题研究院海洋与极地中心助理研究员，法学博士，德国国际事务研究所（SWP）欧盟对外关系访问学者。主要研究方向：国际法与北极治理。原文发表于《和平与发展》2013 年第 3 期。

① 欧盟对北极事务的积极介入某种程度上也是其对俄北冰洋底插旗举动的一种战略反制举措。

盟在北极的利益。2008 年 3 月欧盟委员会与外交事务高级代表联合发布的《气候变化与安全》战略文件提出欧盟应发展整体一致的北极政策以应对北极地缘战略的演变。2008 年 11 月，欧盟委员会发布其首份北极政策报告《欧盟与北极地区》，强调无论在历史、地理、经济、科学等方面，欧盟都与北极具有重要而密切的联系。[①]丹麦、芬兰与瑞典这三个欧盟成员国均为北极理事会正式成员，法国、德国、荷兰、波兰、英国及西班牙等六个欧盟成员国则是北极理事会的常任观察员；冰岛与挪威虽未加入欧盟，但却是“欧洲经济区”（European Economic Area）成员国，依条约应与欧盟进行环境、科学、旅游与公民保护等合作；美国、加拿大与俄罗斯为欧盟的战略伙伴，在安全事务上与欧盟维持着对话与合作关系。基于此，欧盟认为它有必要也有义务，通过各种渠道积极参与北极事务。欧盟强调应在《联合国海洋法公约》架构下，推动北极多边治理体系的发展，以确保区域的安全稳定、环境保护以及资源的可持续利用。同时，欧盟持续加强与北冰洋沿岸国家之间的对话，反对任何将欧盟或欧洲经济区成员国排除在外的政策安排，并主张将北极事务纳入到更为广泛的欧盟政策与协商进程之中。欧盟委员会认为，在渐进发展的北极政策问题上，应强调欧盟的利益和责任并同时顾及成员国在北极的合法权益。

2009 年 12 月，欧盟外交部长理事会通过的关于北极事务的决议及 2011 年 1 月欧洲议会通过的《可持续的欧盟北方政策》决议均是对上述委员会政策文件的进一步阐释与发展。同时，《里斯本条约》的正式生效与实施，则使欧盟对内与对外政策得到高度整合，其中欧盟对外行动署在北极事务上的协调功能将得到极大的提高。[②] 2012 年 3 月，在“欧债危机”持续发酵的大背景下，欧盟外交事务与安全政策高级代表阿什顿访问了芬兰、瑞典、挪威三个北欧国家，表示希望通过与有关北极国家的沟通和交流，推进欧盟在北极地区的战略政策。阿什顿在访问后表示，欧盟将出台一份新的关于北极问题的战略文件，并将于近期公布。[③] 2012 年 7 月 3 日欧盟委员会正式发表《发展中的欧盟北极政策：2008 年以来的进展和未来的行动步骤》这一最新战略文件，强调要加大欧盟在知识领域对北极的投入，并以负责任和可持续的方式开发北极，同时要与北极国家及原住民社群开展定期对话与协商。[④]欧盟不断地出台北极战略文件、高调宣示自身在北极的利益，一方面是为了应对美、加、俄等北冰洋沿岸国垄断北极事务的企图，另一方面也反映了其避免在北极地缘政治竞争中被边缘化的战略意图。

结合以上一系列官方文件，欧盟的北极政策目标大致可归纳为北极环境保护、北

---

① http：//eeas. europa. eu/arctic_ region/index_ en. htm，2013 年 2 月 21 日访问。

② Steffen Weber and Andreas Raspotnik：EU – Arctic strategy，http：//www. theparliament. com/latest – news/article/newsarticle/eu – arctic – strategy – steffen – weber/，2013 年 2 月 22 日访问。

③ 《欧盟重申北极战略，北极权益之争加剧》，http：//news. hexun. com/2012 – 03 – 30/139901367. html，2013 年 1 月 31 日访问。

④ European Commission and The High Representative，“Developing a European Union Policy Towards the Arctic Region：Progress Since 2008 and Next Steps，” DG Maritime Affairs and Fisheries（Brussels，2012），http：//ec. europa. eu/maritimeaffairs/policy/sea_ basins/arctic_ ocean/documents/join_ 2012_ 19_ en. pdf.

极资源的绿色开发和提升北极多边治理“三个要素”。

在北极环境保护方面，欧盟首先从气候变化入手，指出气候变化是北极未来需要面对的主要挑战，而作为应对气候变化和促进可持续发展的引领者，欧盟应加入全球行动以应对北极变暖。欧盟的主要目标是尽最大努力防止和减轻气候变化的负面影响，与国际社会一道，加强国际减缓气候变化的努力，保护北极的自然生态和社会生态。欧盟强调，在制定和实施有可能影响到北极的相关举措或政策时，应尊重北极的独特性，尤其是生态系统的敏感性及其多样性，对包括原住民在内的北极居民也应予以充分尊重。

对于北极资源的绿色开发，欧盟采取的是广义视角，具体包括油气资源、渔业资源、航运资源和旅游资源四个方面。欧盟强调，由于气候变化及海冰融化的影响导致北极航运、自然资源开发及其他企业化行为成为可能，因此相关行为必须采取负责任、可持续和审慎的方式。

对于北极多边治理，欧盟认为应通过切实强化实施相关国际、区域及双边协定、制度框架及机制安排来进一步发展与促进多边治理；《联合国海洋法公约》及其他有关国际法律文件是北极治理的重要制度基础，而北极理事会是北极治理的首要机构。

作为一种新型的战略实体，欧盟在国际气候政策谈判中发挥着全球引领作用；因此，从北极治理对国际气候政策的期待角度而言，欧盟可被看做是一个“全球性的北极博弈者”。这正好能解释欧盟为何在官方文件中一再强调其在北极地区的“软价值”导向，即突出北极环境保护、资源的可持续利用、原住民生活方式和权益的保护等。①

二、欧盟的北极政策实践及其特点

在2012年发布的最新北极战略文件中，欧盟更为强调从“知识、责任与参与”三个层面进行政策阐释，即通过进一步加大在北极生物多样性维护、基于生态系统的管理、持久性有机污染物的防治、国际海运环境标准与海事安全标准的制定及可再生能源产业等知识领域的投资以保护北极环境、促进地区和平与可持续发展，强调对商业机遇的开发采取负责任的方法，并与北极国家及原住民进行建设性的接触与对话。欧盟将北极突出的环境保护、航行安全及基础设施问题内化为其“北极责任”，试图将自身界定为北极治理公共产品提供者的身份，以便其更加有效地介入北极事务。②

（一）致力于成为北极治理公共产品的提供者

从其发布的一系列北极战略文件可以看出，欧盟十分明晰自身在北极的利益诉求，但在形象塑造上一直着力将自己扮演成对北极国家而言具有吸引力的合作者及公共产品提供者的角色。基于北极环境的脆弱性远远高于世界其他地区，欧盟运用其在全球

① Lassi Heininen, Arctic Strategies and Policies: Inventory and comparative Study, The Northern Research Forum & The University of Lapland, 2011, p64.

② 程保志：《北极治理论纲：中国学者的视角》，《太平洋学报》2012年第10期。

气候治理及其他众多政治领域业已建立起来的环境保护者的影响力，积极倡导北极资源的绿色开发和可持续利用。在一些北极国家看来，欧盟应对气候变化的目标及其对北极研究的积极贡献对于该地区所有的利益攸关方而言均至关重要。就应对气候变化而言，为达到《京都议定书》规定的目标，欧盟已将其减排 20% 温室气体的承诺变为法律，并继续承诺到 2050 年将减排 85% ~90% 温室气体的长期目标；2012 年 4 月，欧盟委员会加入了旨在削减短暂气候污染物的气候与清洁空气联盟，这一联盟倡议是联合国致力于削减全球温室气体排放行动的必要补充。就支持可持续发展而言，在 2007 年至 2013 年的财政期限内，欧盟将提供 11.4 亿欧元的资金以支持欧盟北极区域及邻近区域的经济、社会和环境潜力的发展；为有利于当地居民及原住民社团的利益，欧盟将动用资金最大限度地促进北极可持续发展，支持并促进北极地区的采矿业和航运业采用环境友好型技术。在科学研究方面，欧盟在最近十年已通过第七框架项目（FP7）提供了约 2 亿欧元的资金以支持北极国际研究活动的开展；欧盟委员会专门在 2020 年研究与创新项目项下支持北极科学研究，并通过发射新一代的观测卫星促进北极搜救能力的提高。

（二）积极谋求北极理事会常任观察员资格

2008 年北冰洋沿岸五国（美国、俄罗斯、加拿大、挪威与丹麦）通过的《伊鲁利萨特宣言》强化了五国在北极事务中的决定性地位，排斥包括欧盟在内的域外行为体在地区事务中的作用。①对此，欧盟及其德、法等成员国均表达了强烈不满，从而催生了有关《欧盟与北极地区》的战略文件，强调欧盟与北极在历史和地理上具有紧密的联系。2011 年 5 月，北极理事会第七届外长会议发布《努克宣言》，对申请常任观察员资格从程序和实体方面提出了更为苛刻的要求。② 针对北极国家一再排斥域外行为体参与北极事务的做法，欧盟采取了更为务实的应对策略，积极而稳妥的开展外交运作。2011 年底，欧盟向北极理事会递交了由欧盟外交事务与安全政策高级代表阿什顿及海洋与渔业事务委员达玛娜奇共同签署的文件，正式申请成为北极理事会常任观察员。其次，2012 年 3 月阿什顿赴芬兰、瑞典、挪威 3 个北极国家访问时，在多个场合均重申欧盟在北极地区的战略、经济和环境利益，表示希望通过与有关北极国家的沟通和交流，推进欧盟在北极地区的战略政策。最后，欧盟委员会于 2012 年 7 月 3 日正式发表《发展中的欧盟北极政策：2008 年以来的进展和未来的行动步骤》。以上三项举措均是欧盟为谋求北极理事会常任观察员资格而做的外交努力。欧盟的官方文件一再强调，保持北极地区良好的国际合作态势，促进该地区和平稳定是欧盟的主要利益所在；

① Canada, Denmark, Norway, the Russian Federation and the United States of America, The Ilulissat Declaration, Arctic Ocean Conference, Ilulissat, Greenland, 27 – 29 May 2008, http://www.oceanlaw.org/downloads/arctic/Ilulissat_Declaration.pdf (15 December 2012).

② Arctic Council, Senior Arctic Officials Report to Ministers, Nuuk, Greenland, May 2011, http://www.arctic-council.org/index.php/en/about/documents/category/20-main-documents-from-nuuk?download=76:sao-report-to-the-ministers (15 September 2012).

因此，对欧盟而言，获得北极理事会常任观察员资格意味着其可以进一步强化与北极理事会的合作，并在理事会的框架内清晰地认识北极伙伴国的具体关切，而这对欧盟发展其对内政策也是至关重要的。北极理事会常任观察员资格也是欧盟通过巴伦支——欧洲北极理事会及其北方政策介入北极事务的必要补充。欧盟试图利用其北欧成员国瑞典担任北极理事会2011—2013 年轮值主席国的机会，积极谋求常任观察员地位，为其有效参与北极事务扫清政治和法律障碍。

（三）运用市场及资金优势支持北极地区发展

作为世界上最大的单一市场，欧盟试图成为北极国家经济、社会发展的市场支撑和投资来源。欧盟最新的北极战略文件明确宣示：“由于是能源、原材料的主要消费方、进口方及技术提供方，欧盟在北极国家资源政策的发展方面拥有利益。”欧盟将试图与加拿大、挪威、俄罗斯、美国及其他伙伴国等资源供应方建立长期稳定的伙伴关系。在原材料战略对外支柱范畴内，欧盟将优先开展与相关北极国家的原材料外交，通过战略伙伴关系和政策对话以确保原材料的获取。对欧盟而言，资源的可持续管理将明显有助于巴伦支地区的社会和经济发展。欧盟通过与格陵兰建立伙伴关系架构，将加强有关北极问题的对话。格陵兰希望利用气候变化带来的机遇促进自身经济的多样性发展；欧盟则有意在保护环境的前提下，开展对当地自然资源的可持续利用。2011 年 12 月 7 日，欧盟委员会递交了关于延续欧盟——格陵兰伙伴关系（2014—2020）的法律提案；2012 年 6 月 13 日，欧盟与格陵兰签署了有关矿产资源领域合作的意向书。正在进行中的冰岛入盟谈判也为欧盟介入北极事务提供了一个新的渠道。2009 年 7 月，冰岛政府向欧盟轮值主席国瑞典正式递交加入欧盟的申请书。冰岛有意借欧盟的力量解决其经济困难，寻求在包括北极事务在内的国际事务中的背景支持。①而冰岛又恰恰是欧盟介入北极事务的跳板，并最终使欧盟成为一个北极超国家组织。此外，欧盟极其重视北极原住民群体的经济和社会发展以及权利保障问题。在北极理事会中，原住民代表作为“永久参与者”与主权国家一样享有在北极事务上的决策权。自 2007 以来，欧盟及其成员国通过各种渠道向包括原住民在内的当地居民提供了累计达 19.8 亿欧元的财政资助；欧盟委员会及对外行动署决定还将定期与北极原住民代表举行对话，进行政策沟通。

（四）重视在北极问题上的知识积累和技术优势

北极地区气候和环境条件极端恶劣，因此无论是对其海冰情况进行监测，还是对其蕴藏的丰富资源进行勘探开采，都在知识和技术上极具挑战性。欧盟则在北极的知识积累和技术进步上则加大投入，并取得了较大的优势。2008 年以来，欧盟前后约有

---

① 在 2011 年 12 月结束的新一轮冰岛入盟谈判中，欧盟认为冰岛在政治已经达到标准，经济也已从 2008 年的金融危机及随后的经济衰退中缓慢复苏，但同时认为冰岛的宏观金融风险仍然偏高，在金融服务、资本自由流动、农业及农村发展、渔业、环境、税收及关税方面可能面临挑战。Communication from the Commission to the European Parliament and the Council “Enlargement Strategy and Main Challenges 2011 - 2012”, COM（2011）666 final.

20个科研项目上马，这些项目集中于可持续发展、环境监测、生态保护等多方面，提升了北极地区长期监测能力，建立了领先的研究网络和基础设施。除了研究内容本身的重要意义外，这些开放性的研究项目，拉近了挪威、冰岛等国在北极事务上与欧盟的距离。在这些项目合作中，挪威、冰岛等国的研究机构享有欧盟内部研究机构同等的权利。欧盟通过双边科技合作协议，也加强了与美国、俄罗斯、加拿大的合作；双边合作涵盖了环境、卫生、渔业、航运、能源和空间技术等领域。鉴于北极地区矿业及油气开采不断升温，欧盟将与包括北欧矿产公司及有关大学和研究机构等北极伙伴共同致力于开发适用于采矿业的环境友好型技术。2011年10月27日，欧盟委员会还递交了《有关海上油气勘探前景及生产安全条例》的法律提案。在北极航运海事安全方面，欧盟支持国际海事组织制定强制性的《极地航运规则》，并密切跟踪北极海运的发展状况，包括北极水域内商船及游轮的运输及频率，以及沿海国有关可能影响到国际航行的政策与实践。此外，计划于2014年运转的伽利略卫星定位系统将于其他类似的系统一起有助于提高北极地区的安全和搜救能力。欧盟愿意与北极国家就海洋生物资源的可持续管理开展良好合作，欧盟支持在尊重沿海国当地社群的情形下，在科学建议的基础上对北极渔业资源加以可持续利用。

（五）充分发挥在北极治理问题上的议题设定和多边协调能力

欧盟利用在治理制度建设上的优势，充分发挥其议题设定能力、多边协调能力和网络效应，对涉北极事务施加有效影响。欧盟相关机构和人员积极参与北极理事会下属专门工作组，如北极海洋环境保护工作组的工作。欧盟委员会在“欧洲海事安全署”（the European Maritime Safety Agency）的协助下，支持北极理事会采取海上应急、防止和响应措施。欧盟还利用其主导的各种次区域组织架构开展与北极国家的合作与交流。欧盟透过巴伦支——欧洲北极理事会与俄罗斯、挪威、冰岛、芬兰、瑞典等国进行政策协调和领域合作，在航运、渔业、环境、能源等领域进行综合治理。通过冰岛、挪威作为欧洲自由贸易联盟（European Free Trade Association）和欧洲经济区成员的身份，欧盟试图将与冰岛和挪威的北极事务合作纳入其欧洲事务的范畴。作为欧盟的主要立法机构，欧洲议会已成为北极地区议员会议的正式成员，从而为欧盟提供了一个信息搜集、分享与发布的平台，促进欧盟与北极国家间的对话，增强其对北极政策决策体系的影响；欧洲议会还于2010年初设立欧盟北极论坛，①该论坛是一个跨越党派、跨越问题领域的桥梁，旨在帮助欧洲政界、学界、企业界及非政府组织和国际机构人员全面了解北极所发生的深刻变化，对涉及北极问题的政治和经济决策施加高效影响。此外，欧盟还拨出100万欧元的专款支持进行北极发展及其评估项目，建立以芬兰拉普兰大学北极中心为主干，涵盖全欧洲主要研究机构的北极信息中心，从而能与北极国家分享包括北极监测、遥感、科研，以及北极社会传统知识等方面的信息，为其科学

① http：//eu－arctic－forum.org/，2013年2月15日访问。

决策提供参考。

（六）具体举措上讲究一定的灵活性

在某些具体问题（如北极海豹制品和航运问题）上，欧盟也试图与加拿大和俄罗斯达成某种妥协或默契。在海豹问题上，欧盟准备对其第2009/1007号条例①进行修改，将因纽特人等北极原住民生产的海豹产品作为特例，允许其在欧盟成员国境内销售；并将就此问题与世贸组织和欧盟法院进行沟通。在北极航运问题上，欧盟在其战略文件中就采纳了俄罗斯官方通用的“北方海航线”，而未采用“东北航道”这一国际称谓。

简而言之，近年来欧盟的北极政策实践更加强调其北极战略的连贯性和针对性，对外更加注重与北极域内主要行为体的合作，对内则整合不同部门的资源，将北极事务纳入到海洋、渔业、气候、环境、能源等政策领域。2012年的欧盟最新北极战略文件是对其前期分别由委员会、部长理事会及欧洲议会推出的一系列北极政策文件的进一步发展和细化，同时更加强调与美加俄等北极国家进行合作与妥协的必要性。欧盟试图通过加强与包括主权国家及原住民团体在内的北极主要行为体在地缘、经济及科技上的纽带与协作关系，实现其率先成为北极理事会常任观察员国的目标。欧盟认为在参与北极事务方面，自己比其他非北极国家更具有历史、地理、文化、法律上的关联性。但在当前欧洲主权债务危机持续，部分成员国“离心”倾向日益显露的背景下，如何协调欧盟内部不同地区、不同国家之间对于北极利益或北极政策的不同取向是其必须解决的问题，因此欧盟北极政策未来的实施效果还有待进一步观察。

三、中欧开展北极事务合作的可行性分析

在北极政策立场方面，中欧之间存在着颇多相似之处：中欧都试图打破美加俄等北冰洋沿岸国的垄断，扩大北极事务的参与权；在北极相关水域的法律定位问题上，双方均认为应为北极航道的自由航行奠定制度基础等。不同点则在于欧盟更为强调北极资源开发、航道利用上严苛的环保及减排标准。积极借鉴欧盟北极政策实践的一些做法也有助于我国今后更为有效地参与北极事务。未来中欧之间甚至可探讨将北极事务合作纳入到中欧全面战略伙伴关系的框架之中。

（一）中欧既有合作机制概览

自1975年中国与欧盟的前身——欧共体正式建交以来，近40年来，双边关系已取得了巨大的进展，并已构建了中欧全方位、宽领域、多层次的合作渠道。2003年10月，中欧双方决定建立和发展全面战略伙伴关系，为中欧进行更加具有广度与深度的交流与合作构筑了全新的平台。2006年10月中欧进行了题为“中国与欧盟：深入合

① Regulation (EC) No 1007/2009 of the European Parliament and of the Council on Trade in Seal products adopted on 16 September 2009, Official Journal of the European Union, L286,

作、加强责任”的交流活动、签署了旨在加强全面伙伴关系的政策文件。2007 年 1 月，中欧双方就新伙伴关系与合作协定开展协商以期充分反映中欧全面战略伙伴关系的广度和深度。

在现有双边合作机制中，中欧领导人峰会是最高级别的政治磋商机制，始于 1998 年，每年在北京和欧洲理事会轮值主席国的首都轮流举行，会后都要发表联合声明。迄今为止，中欧领导人峰会已举行 15 次。峰会议题广泛，不仅涉及双边关系中的政治、经济、贸易、文化、教育、科技、人权、社会等领域的重要事项，还包括全球和地区和平、安全、发展、环境、治理等重大问题。第十五届中欧峰会于 2012 年 9 月 20 日在比利时首都布鲁塞尔举行。此次会议对于中国和欧盟来说都意味深远，全球经济下滑，国际环境趋势日益恶化。双方都意识到要想早日摆脱困境就必须继续强化中欧战略合作伙伴关系。双方一致强调全球多元化和以联合国为中心来处理全球事务，表示将会加强双边合作来解决国际金融危机，可持续发展，环境保护，气候变化，食品及水安全，能源和核安全等全球性挑战。在会后发布的联合新闻公报有关“全球问题”的阐述中，明确提及双方“认识到北极地区的日益重要性，尤其是在气候变化、科学研究、环境保护、可持续发展、海洋运输等相关方面，同意就北极事务交换意见”。[①]这为未来双方在各个部门和层级就北极事务展开政策协调与合作奠定了基础。

除领导人峰会外，中欧之间还在多个领域设立了双边对话与协商机制，最早始于 1985 年《贸易与经济合作协定》下的中欧经贸混委会。从 20 世纪 90 年代开始，中欧之间的对话机制从原来的贸易和经济合作领域不断地拓展到政治、战略以及科技、气候、能源等各个具体部门政策领域。例如，国际气候变化谈判的发展需要广泛的参与促进协同全球减排温室气体。欧盟和《京都议定书》规定的国家很难独立承担减缓气候变暖的责任。因此，对话和协调可以增加各国的接触和互信。虽然还存在认识和实践中的冲突和障碍，中欧一直以来都非常重视双方的合作机制和框架的建设。[②] 2005 年 9 月 5 日在中欧领导人峰会上发表了《中欧气候变化联合宣言》，从而正式在气候变化问题上建立了伙伴关系。在“中欧气候变化滚动工作计划”、“中欧能源和环境项目”的框架下，中欧之间的“近零排放项目”、“清洁发展机制促进项目”、“中国省级气候变化方案”、“中欧清洁能源中心”等项目，以及气候变化预警等方面的合作成果已经非常丰富。此外，欧盟“第七研究与技术开发框架计划”已完全对中国开放。在该计划下，2007 年至 2013 年间有关能源和气候变化的预算已经增加到 84 亿欧元。

（二）既有合作机制对中欧北极事务合作的影响

中欧之间的全面战略伙伴关系为双方在北极政策层面开展务实合作提供了必要的制度基础。2012 年 4 月，国务院总理温家宝访问了冰岛与瑞典，冰岛总理西于尔扎多蒂表示，冰岛支持中国成为北极理事会观察员，参与北极地区的和平开发利用，冰方

---

① http://politics.people.com.cn/n/2012/0921/c1024-19074767-9.html

② 于宏源：《环境变化和权势转移》，上海：上海人民出版社 2011 年 1 月，第 171 页。

愿与中方在现有基础上加强合作。中冰两国政府之间还签署了《关于北极合作的框架协议》以及《海洋与极地研究合作谅解备忘录》。这是中国首次与北极国家签署此类协议。瑞典首相赖因费尔特则表示，中国是瑞典在亚洲最大的贸易伙伴。面对全球化的挑战，瑞中两国应加强在环保和可持续发展及创新领域的合作，双方还发布了《中瑞关于在在可持续发展方面加强战略合作的框架文件》。同年6月在参加二十国集团峰会之前，国家主席胡锦涛对时任欧盟轮值主席国的丹麦进行了国事访问，此访是中国对遭受“欧债危机”冲击背景下的欧盟的一次重大外交行动，也是两国建交62年来，中国国家元首对丹麦进行的首次访问；访问期间，两国签署了包括节能环保、可再生能源合作以及城市可持续发展在内的十余项协议。尤其是在第十五届中欧领导人峰会上，双方首脑已明确认识到北极问题的重要性，并为未来双方在“气候变化、科学研究、环境保护、可持续发展、海洋运输”等涉北极的“溢出”性政策领域开展合作指明了方向。

事实上，中国与包括欧盟和北欧国家在内的欧洲国家间在极地科考方面早已进行了良好的合作。据中国极地研究中心对1993年至2009年的数据统计，中国与挪威联系最多，合作领域较广，层次也较高；与丹麦、瑞典、芬兰、冰岛的合作则较少；与欧盟英、法、德、意等国的合作较多，但是仅限于南极；2010年9月冰岛总统访华时主动提出希望在北极航道方面与中方合作。2012年8月，中国第五次北极科学考察队乘“雪龙”船顺利完成北极东北航道的首航任务，并在北冰洋大西洋扇区展开水文大气、地球物理、海洋化学、海洋生态等多学科的综合调查。这在某种程度上标志着中欧之间新的贸易和航运通道已经试航成功，同样引起德国等欧盟主要成员国学界和政界人士的关注。未来中欧在北极航运、造船、卫星导航、港口基础设施建设、搜救能力培训等方面拥有广阔的合作空间，北极事务合作有望成为进一步发展中欧全面战略伙伴关系的新兴增长点。

尽管目前国际科学界关于北极“升温”对全球气候变化的影响还存在着争议，但北极作为全球气候变化的“预警器”功能已得到公认，业已成为全球气候变化多边谈判中的一项重要议题，这也是中国作为“北极域外国家”参与北极治理的一个战略支点。欧盟目前的政策是推动中国为2012年后全球减排做出实质性贡献这一基点上。中国则积极参与和欧盟在应对气候变化领域的全面合作，在国家战略政策层面上已将应对气候变化纳入到国家整体发展战略之中；但基于自身发展需要并非全面认同欧盟促使中国参与减排的主张。因此，目前中欧在气候变化领域的合作只能在互利双赢的前提下，将双方合作的重点集中在务实合作的技术和资金领域。①但这并不妨碍双方合作的未来发展，因为在应对气候变化的国际格局中，各大国都试图在多边框架内谋取领导权，即使是拥有传统战略互信的欧美之间也矛盾重重，因此，中欧合作的长期性和一贯性将促使中欧在未来应对气候变化上的伙伴关系进一步加深。此外，中欧目前都

① 于宏源：《环境变化和权势转移》，上海：上海人民出版社2011年1月，第176页。

处于经济转型与产业结构调整的关键时期，这不仅为双方深挖传统领域的合作潜力创造了有利条件，也为拓展双方在低碳技术、生物科技、新能源等新兴产业领域的合作提供了广阔空间。

当然，中欧之间在北极事务上开展务实合作还存在着一些体制和机制上的障碍：欧盟和中国都有复杂的、形式各异的管理体系，体系中各部门在开展对话和跟进合作时难免出现不协调的情况。例如，有时不同政府部门会同时就同一议题展开工作，从而导致工作重复低效甚至被延误。北极事务涉及海洋、渔业、气候、环境、能源、交通运输等众多政策领域。就目前而言，欧盟对外行动署及海洋与渔业事务总司在欧盟北极政策实践的协调上发挥了重要作用。我国近期则成立了以外交部牵头，交通部、国家海洋局、国家能源局、农业部渔业局等10多个部门参加的北极事务跨部门协调机制，这将有助于我国更好的统筹国内、国外两个大局，整合相关资源，在平等互利的基础上开展与欧盟的北极事务合作。

中欧在北极事务上开展合作当然是主流，但也应该看到，“中国威胁论”在欧洲还有一定的市场，双方在包括获取北极油气及矿产资源方面也确实存在相互竞争的一面。据报道，欧盟副主席塔贾尼2012年6月来到格陵兰首府努克，①就提出以提供数亿欧元的发展援助作为条件，要求格陵兰不让中国独享其稀土资源。这更提醒我们要加强对欧盟北极外交政策与实践的研判，把握主流，消除误解，实现双赢。

总之，中欧在与北极事务密切相关的气候、航运、能源及可持续发展等方面合作空间巨大，我国相关业务管理部门应加强与外交部门的政策沟通与协调，借助双方在第十五次领导人峰会上就北极问题达成的共识，逐步推进与欧盟及欧洲国家在北极事务上的务实合作

① http：//www. zaobao. com/gj/gj120920_ 002. shtml

基于北极航线的俄罗斯北极战略解析*

姜秀敏**1　朱小檬***2　王正良****3　窦　博***** 4

（1. 2. 3 大连海事大学，辽宁 大连 116026；4. 中国海洋大学 法政学院 山东 青岛 266100）

摘要： 北极航线问题目前是学术界关注的热点问题之一，目前我国学者多从中国的视角进行研究，而且研究俄罗斯北极航线战略的成果较少。未来北极航线开发中俄罗斯将处于核心地位，研究俄罗斯的北极航线战略问题意义深远。该文通过对大量第一手俄文资料的分析整理，对俄罗斯的北极航线战略进行了深入的解析，以期对我国的北极航线战略起到启示和借鉴作用。

关键字： 俄罗斯；北极航线；战略

中图分类号：　　　**文献标识码：** A

近几年来，随着全球气候变暖、北极冰层加速融化，关于北极航线问题的研究已逐渐成为学术界的热点问题。我国学者多从中国视角进行研究，据掌握的资料显示，目前国内学术界专门研究俄罗斯北极航线的学术成果非常少，还未发现一篇专门研究俄罗斯北极航线问题的文章，而对于俄罗斯北极航线问题的研究，对我国北极航线政策的制定具有不可低估的理论和现实意义。

俄罗斯很早就对北极航线进行了探索。北极航线不仅是欧洲和俄罗斯远东之间最短的水上路线，而且许多国家对于建立经济的洲际航线也有相当大的兴趣。北极航线从喀拉海峡到普罗维登斯湾长约 5 600 千米。它比广泛使用的苏伊士运河和巴拿马运河航线拥有更大的优势。从圣彼得堡到符拉迪沃斯托克通过北极航线为 14 280 千米的路线，通过苏伊士运河为 23 200 千米，绕好望角是 29 400 千米。北极航线也是西欧和亚太地区最短的运输路线。俄罗斯非常重视北极航线的开发，当前更是把它当成重要的外交资源加以利用。

---

* 来源：原发文期刊 2012 年 9 月《世界地理研究》第 21 卷第 3 期。教育部人文社科规划基金：关于俄罗斯海洋战略的基础性研究（11YJACJW004）；辽宁省社科基金项目（L11BZZ014）；中央高校基本科研业务费专项资金资助；辽宁省社科联经济社会发展一般项目（2011lslktfx－51）；中国海洋发展研究中心项目资助（AOCQN201011）。

** 姜秀敏（1975－），女，吉林公主岭人，大连海事大学公共管理与人文学院副教授，法学博士，大连理工大学博士后研究人员，主要从事政府治理与改革、公共危机管理、文化问题研究。

*** 朱小檬：（1978－），女，辽宁大连人，大连海事大学马克思主义学院教师，基础教研室主任，管理学博士。

**** 王正良（1968－），男，江苏东海人，大连海事大学外语学院教授，文学博士，主要从事俄罗斯文化研究。

***** 窦博（1964－），女，中国海洋大学教授，法学博士，研究方向为俄罗斯极其大国关系。

一、俄罗斯北极航线开发的历史

俄罗斯对北极航线的开发有长期的、数百年的历史。在西伯利亚殖民化的初期阶段，一些诺夫哥罗德人沿西部路段的路线航行。这些勇敢的先驱们具有独特的实践技能，能够在极端气候条件下利用小而脆弱的船只实现很远的航程。在11世纪俄罗斯探险家来到北冰洋海域，在第12～13世纪发现了崴佳奇岛，新地群岛，并在15世纪发现了斯匹次卑尔根、熊岛等岛屿。在16、17世纪积极开发了北极航线的路段，从北德韦纳到鄂毕河口的塔佐夫湾。俄罗斯外交官梅德格拉西莫夫在1525年第一个提出在俄罗斯和中国之间开辟东北航道（20世纪之前被称为北极航线）的想法。然后，意大利人巴蒂斯塔根据他的想法绘制了一张标注北冰洋部分路段的最早的地图。

在15世纪下半叶，英国和荷兰航海家曾多次试图通过东北航道的东段。在英格兰，甚至建立了“开发国家、土地、岛屿、各国和财产，甚至迄今未知的北海的企业家协会。”在其赞助下一系列的探险队参加了在北极海域的探险。他们的主要目标之一是打开一个去往中国的新的贸易航线。

在16世纪末期，俄罗斯航海家开始定期航行到了鄂毕河口，以后进入叶尼塞河流域的海湾。在17世纪初，俄罗斯水手经常到达叶尼塞河和皮亚细纳河。在1622年至1623年，彭达指挥探险队从叶尼塞河沿下通古斯河上行，越过分水岭，来到勒拿河。东北通道通向太平洋的最后一段是谢苗·迭日涅夫和费多托夫·波波夫开发的。通过捕鱼之旅，1648年他们在世界上首先证明了亚洲和美洲之间存在海峡。

因此，俄罗斯探险考察了整个欧亚大陆的北部海岸及其周边海域。他们所作的贡献载入地理大发现的史册，实际上解决了从东北航道到东方的问题。

在18世纪，最重要的贡献是由维图斯·白令领导的远征队发现了亚洲和北美洲之间的海峡和堪察加半岛。对北极航线东段的重大贡献由俄罗斯航海家兰格尔在1820年至1824年实现。他们探索并绘制了从科雷马河河口海岸到大陆克留其海湾的地图。

俄罗斯从1877年开始计划开发新航线，以定期把西伯利亚的农业和矿产资源运往世界市场，为此，他们开始对新的航线进行探险。不过由于技术水平的限制，直到1919年在122次航行中只有75次是成功的。

二、当前俄罗斯北极政策的主要目标和战略重点

俄罗斯联邦在北极地区的基本国家利益主要有四点：其一，把北极地区作为俄罗斯联邦的战略资源基地，从而解决目前俄罗斯的社会经济发展问题；其二，维护北极地区的和平与合作；其三，保护北极地区独特的生态系统；其四，使北极航线（东北航道）成为俄罗斯全国的综合运输线。因此，北极航线开发是俄罗斯的一个重要战略，为实施这一战略，俄罗斯按照国际法规定的主权权利和管辖权以及俄罗斯联邦法规，确立了北极的范围，包括雅库特、摩尔曼斯克和阿尔汉格尔斯克地区、克拉斯诺亚尔斯克地区，涅涅茨、亚马尔－涅涅茨和楚科奇自治区，即俄罗斯毗邻北冰洋的土地和

岛屿，领海，专属经济区和大陆架。

1. 俄罗斯在北极公共政策的主要目标

俄罗斯在北极公共政策的主要目标包括：①社会经济发展方面：扩大俄罗斯联邦北极地区的资源基地，可以做很多工作来确保俄罗斯的油气资源，水生生物资源和其他战略原料的需求；②在军事安全方面：保护俄罗斯联邦北极区域中的国家边境安全领域，以确保在俄罗斯联邦北极区拥有良好的发展环境，主要通过以下力量实现：包括能提供所需作战能力部队的俄罗斯联邦武装力量、其他部队、军事组织和本地区的机构；③在环境安全领域：在进行经济活动的同时，增强环境保护，在全球气候变化背景下，关注经济活动增多所带来的环境后果；④在信息技术和通讯领域：考虑到俄罗斯联邦在北极地区的自然特征，该区域应形成一个统一的信息空间；⑤在科学和技术领域：在北极地区应确保基础研究和应用研究具有一定的水平，以积累知识、建立北极资源的现代科学和地理信息管理框架，包括解决国防和安全问题的手段以及在北极自然气候条件下如何保障生命活动和生产系统的可靠运行；⑥国际合作方面：俄罗斯联邦将遵守与北极国家之间的相关的国际条约和协定，开展互惠互利的双边和多边合作。

2. 俄罗斯联邦在北极地区国家政策的战略重点

其一，就国家海洋边界的国际法问题，考虑到俄罗斯联邦的国家利益，俄罗斯联邦与在北极地区的国家之间正展开积极合作，同时也研究解决俄罗斯联邦北极地区以外的边界的国际法律问题；

其二，凝聚北极地区各个国家的力量，致力于创建一个统一的区域搜索和救援系统，防止人为灾害，消除后患，包括救援力量的协调；

其三，加强在双边基础上，通过区域组织，包括北极理事会和巴伦支海欧洲北极地区、俄罗斯和北极国家的睦邻友好关系，加强经济、科学、技术和文化合作以及跨边界合作，包括在北极地区对自然资源的有效利用，保护环境。

其四，促进并有效利用在北极地区的过境航空运输，同时根据俄罗斯联邦的法规以及相关国际条约有效利用北极航线；

其五，促使俄罗斯联邦国家机构和民间团体积极参加有关北极问题的国际论坛，包括俄欧伙伴关系框架下的议会间合作；

其六，划定北冰洋的海洋边界。通过在北极扩展基础和应用研究，改善俄罗斯联邦在北极区的公共管理和社会经济条件；提高当地居民在北极经济活动社会条件下的生活质量；通过先进技术的使用加大开发北极地区的资源基地，通过基础设施的现代化，促进俄罗斯联邦在北极地区的交通运输系统以及北极区渔业的发展等等。

三、俄罗斯北极政策实施的主要任务和措施

俄罗斯北极政策实施的主要任务如下。

1. 在社会经济方面

提供地质和地球物理、水文和制图方面的材料，以支持俄罗斯联邦确立北极区的外部边界的准备工作；通过北极海上油日提供矿产资源和俄罗斯联邦大陆架发展的国家方案，在北极包括冰覆盖的地区开发海洋矿产资源和水资源，发展航空技术园区以及捕捞船队，引进新技术，提供必要的基础设施，优化北极地区的经营条件；优化“北交货”，通过使用可再生和替代的本地资源建设现代化发电厂，引进节能材料和技术；确保北极航线的货运量，国家支持建造破冰船、救援船队以及沿海基础设施，包括：建立监测航行安全和交通流量的系统，通过水文气象研究以及在俄罗斯联邦北极地区的区域导航支持实施管理；建立一个综合防卫体系来保护俄罗斯联邦在北极地区的领土、人口和关键设施。

俄罗斯联邦在北极地区发展实施的主要措施是：政府支持在俄罗斯联邦的北极区从事油气资源和其他矿产以及水资源开发，发展创新技术、建设运输和能源基础设施，制定、完善海关关税和税收法规；促进企业共同融资，利用俄罗斯联邦各级预算资金和预算外资金，国家担保付款实施新的北极区的经济发展项目；建设现代化的社会基础设施，包括教育、卫生、住房等国家优先项目；提供能在北极条件下从事高等和中等特殊教育工作的专家，对于那些在俄罗斯联邦北极区工作的居民提供国家社会保障和补偿；通过扩大辅助和急救医疗工作，提高俄罗斯联邦在北极地区所有人口群体的生活质量；改进俄罗斯联邦在北极地区居民的教育条件，特别是保证在极端的气候条件背景下，通过远程学习的方式为偏远地区的儿童建设现代化的教育机构和设施。确保环境的可持续性，开发环境友好型旅游地区，保护传统的耕作方式和当地民族文化遗产、语言、民间艺术和手工艺等等。

2. 在军事安全方面

为保护俄罗斯联邦的国家边界，确保北极区域中的运输安全，计划创建俄罗斯联邦武装力量的北极部队，主要包括各类型部队、海岸警卫队和俄罗斯联邦北极区机构（主要是边境当局），能够控制整个区域的正常秩序，包括俄罗斯联邦海上航线边境检查站的边境管制；与邻国联合打击海上恐怖主义、走私、非法移民，进行水生物资源保护；加强俄罗斯联邦北极地带边境机构设备和基础设施的建设；创建一个综合控制监视状态，对俄罗斯联邦北极地带的捕鱼活动加强控制。

3. 在环境安全领域

加大对北极植物群和动物群的保护力度，包括生物多样性的保护，重视经济活动加剧与全球气候变化对国家利益的影响；加强核动力船舶的废弃处理。建立俄罗斯联邦北极区的环境管理体制，包括环境污染的环保专项监测制度；恢复自然景观，安全处置有毒工业废物、化学品，特别是在人口高度集中的地区。

4. 在信息技术和通讯领域

引入现代信息和通讯技术工具（包括移动）通信，支持广播、船舶交通管理和航空、遥感、冰雪覆盖面的调查以及水文气象和水文系统科学领域的研究；通过创建格洛纳斯全球导航卫星系统，包括多用途空间系统，提供导航、气象和信息服务，提供在北极经济、军事和环境领域进行有效的控制活动，以及紧急情况的预测和预防，减少灾害的危害程度。开发和利用先进技术，包括在地理上分散的各种用途的网络空间资源的广泛使用。

5. 在科学和技术领域

引进能够适应北极气候条件、消除岛屿、沿海和海洋区域的人为污染的清洁新技术；确保俄罗斯联邦北极区域，其中也包括在深海活动和水利方面进行适应极地研究、实地研究的科研船队的国家项目的实施。研究长远规划及在北极的各种活动发展的主要方向；研究各类危险和重要的自然现象，开发和引进现代技术和气候变化中的数值预报方法；从中期和长期来看预测俄罗斯联邦的北极地带自然和人为因素的影响，包括改善基础设施的可持续发展对全球气候变化的影响评估；研究历史，文化和经济区域以及在北极的管理活动；研究环境对公众健康的危害影响，实施极地探险活动，增加人口、预防疾病、保护生活区。

总之，要想在俄罗斯联邦北极社会经济发展战略规划和俄罗斯国家安全保障框架下解决俄罗斯联邦北极政策的主要问题，必须做到以下四点：

1）在确保国家安全的前提下制定和实施俄罗斯联邦北极的发展战略；

2）建设一个综合监测系统，包括改善统计监测国家安全指标的俄罗斯联邦北极区信息系统；

3）制订对俄罗斯联邦北极地区的划界法规，包括划入该区域内的地方机构名录；

4）提高俄罗斯联邦北极区的管理效能。

四、俄罗斯北极政策实施的主要机制及步骤

1. 俄罗斯北极政策实施的主要机制

俄罗斯联邦北极政策的实施主要通过联邦行政机构、地方政府、企业、非营利组织按照公共和私营合作的伙伴关系原则来实施，以及同世界各国、国际组织之间的合作，具体包括以下框架：

（1）科考活动领域的国际合作。考虑到俄罗斯联邦的国家利益，改善俄罗斯社会经济发展、环境保护、军事安全、国防等方面的立法环境，在国际法和国际义务的基础上，俄罗斯联邦在北极开展科学研究和国际合作；

（2）提供各级财政预算资金。制定和通过基于俄罗斯联邦预算和预算外来源各级财政预算资金的有针对性的方案并付诸实施；

（3）战略和政策支持。俄罗斯联邦各主体负责制定联邦的社会经济发展战略，俄罗斯联邦区域规划方案和社会经济发展计划；

（4）学术活动的开展。针对俄罗斯联邦在北极的国家利益，应开展包括展览会、

学术大会、圆桌会议等形式的活动，专门讨论俄罗斯研究人员对北极的勘探历史，以树立俄罗斯的正面形象；监督分析俄罗斯联邦在北极政策执行方面的情况。

2. 俄罗斯北极政策的实施步骤

俄罗斯北极政策的推行是分三个阶段实施：

第一阶段（2008—2010 年）：通过对地质，地球物理，水文，制图和其他领域的研究工作为划定俄罗斯联邦北极区的外部边界打下基础；加强国际合作，有效利用俄罗斯联邦北极地区的自然资源，实施有针对性的方案，由俄罗斯联邦预算和预算外资金支持，制订俄罗斯联邦北极地区在 2020 年之前的发展规划并据此建立高科技制造、能源生产和渔业集群的各级财政预算资金支持的特别经济区；通过实施有前途的投资项目发展俄罗斯联邦在北极地区的国营和私有企业；这一任务已完成。

第二阶段（2011—2015 年）：通过国际法对俄罗斯联邦在北极区的外部边界界定，并在此基础上形成俄罗斯对其能源资源的开采和运输的优先权；解决俄罗斯联邦在北极地区的矿产资源和区域水资源开发中经济结构存在的问题；发展基础设施，为在北极航线开展欧亚过境业务建立一个通信管理系统；形成俄罗斯联邦北极区域共同的信息空间；

第三阶段（2016—2020 年）：确保俄罗斯联邦在北极的领导地位，把北极打造成俄罗斯联邦的战略资源基地。

总之，在中期内，俄罗斯联邦在北极地区政策重点将是维持俄罗斯在北极的主导作用。在未来战略将进一步转变为构建起俄罗斯联邦在北极地区全方位的竞争优势，以加强俄罗斯在北极的地位，加强国际安全，维护北极地区的和平与稳定。

五、对我国的启示

通过对俄罗斯联邦在北极地区的发展战略分析，我们可以看出，俄罗斯近几年的海洋战略关注重点一方面在开发和利用海洋资源，另一方面，也试图通过对北极航线开发权的掌控来达到其政治目的，以此为外交资源与相关各个国家展开外交攻势，在北极航线问题的处理上，俄罗斯的国家地位得以提升。

俄罗斯的北极航线战略对我国有着重要的启示、借鉴和警示作用，我们可以从以下几个方面进行重点关注：

第一，俄罗斯在北极航线战略制定以及相关问题的处理上，重视相关法律依据以及相关配套的法律制度建设，这样既能保证国家战略的长久时效性，也为其合理、合法性构建了基础，避免了来自国际社会的质疑。在这方面，我国在坚持《联合国海洋法公约》的同时，也应该在我国涉海法律制度建设方面下大力度。

第二、加强海军力量等硬实力建设。我国应加大对海军建设的力度，力争于 2020 年前建设海军强国；大力发展海上石油运输船队；重视海洋渔业资源的开发和利用；支持造船业，包括军舰、运输船舶和渔船等；积极参与北极航线相关事务。

第三，俄罗斯的北极航线战略反映了俄罗斯恢复海洋大国和强国地位的野心，俄罗斯通过北极理事会等机构的构建，意图使北极成为俄罗斯掌控的北极，极力避免外部势力的介入，这警示着我们在北极问题的处理上一定要讲究策略，做好各方面的准备，坚持北极是全人类的北极的立场，同时，充分做好应对各种突发情况的准备。